U0162649

TensorFlow AI 移动项目开发实战

〔美〕杰夫·唐（Jeff Tang） 著

连晓峰 谭励 等译

机械工业出版社

本书主要介绍使用 TensorFlow 为多个移动平台构建智能深度学习和强化学习应用程序。内容涵盖了 10 余个由 TensorFlow 提供支持并从头开始构建的完整的 iOS、Android 和树莓派应用程序，可在设备上离线运行各种 TensorFlow 模型：从计算机视觉、语音识别和自然语言处理到生成对抗网络以及 AlphaZero（如深度强化学习）。你将学习如何使用或再训练现有的模型、构建模型以及开发能运行这些模型的智能移动应用程序，并通过分步教程快速掌握如何构建此类应用程序，同时学会利用大量宝贵的故障排除技巧来避免实现过程中的许多陷阱。

本书主要适合构建和再训练 TensorFlow 模型并在移动应用程序中运行该模型的 iOS 和 Android 开发人员，或是在移动设备上运行新开发模型的 TensorFlow 开发人员阅读。

原书序

在过去的十年里，机器学习和智能手机都经历了爆炸式的快速发展；如今，这些技术最终融合，产生了各种各样的在几年前还认为是未来科幻式的应用程序。人们已经习惯了直接与手机对话，或是用手机来导航，或是在手机日程表中安排行程。手机摄像头会跟踪人脸并识别物体。随着机器程序越来越智能，游戏也变得越来越有趣及富有挑战性。在这些海量的应用程序背后其实都隐含地使用了某种形式的人工智能技术，如推荐偏好内容、预测下次出行并提醒出发时间、联想输入等。

近年来，所有智能运算都转移到服务器端执行，这意味着用户必须联网，且理想情况下要快速稳定连接。由此可见，对于许多应用程序而言，时延和服务中断是影响有效应用的极大障碍。但如今，由于硬件性能的极大改进和提供了更好的机器学习库，智能应用可以尽在掌握。

最重要的是，这些技术现在都已开放：任何一名软件开发工程师都可以通过学习 Google 公司发布的功能强大且开源的深度学习库——TensorFlow，来编写基于深度神经网络的智能移动应用程序。Jeff Tang 所著的这本书将通过包含详细教程和故障排除技巧的多个具体实例来介绍如何基于 TensorFlow 开发设备端的 iOS、Android 和树莓派应用程序：从图像分类、目标检测、图像标注和绘图识别到语音识别、时间序列预测、生成对抗网络、强化学习，甚至是基于 AlphaZero（这是在击败围棋世界冠军李世石和柯洁的 AlphaGo 技术基础上提出的一种改进方法）的智能游戏开发。

这将是广受读者欢迎的一本书。本书内容是关于一个非常重要的领域，且收集写作这些内容不易。所以，请做好准备，迎接一个奇妙的学习之旅吧！试试看自己能开发出什么样的智能移动应用程序。

Aurélien Géron

曾任 **YouTube** 视频分类团队负责人，畅销书 *Hands – On Machine Learning with Scikit – Learn and TensorFlow* 的作者

原书前言

　　人工智能（AI）是一种在计算机上模拟人类智能的历史悠久的方法。自从 1956 年人工智能的概念正式诞生以来，人工智能经历了几次繁盛和萧条。目前的人工智能复兴，或称之为新的人工智能革命，是始于 2012 年在深度学习方面的突破，深度学习是机器学习领域的一个分支，正是由于深度卷积神经网络（Deep Convolutional Neural Network，DCNN）以 16.4% 的错误率赢得 ImageNet 大规模视觉识别挑战赛（相比之下，排名第二的非 DCNN 方法的错误率为 26.2%），而使其成为人工智能最热门的研究领域。自 2012 年以来，基于 DCNN 的改进算法每年都在 ImageNet 挑战赛中获胜，深度学习技术在计算机视觉之外的许多人工智能难题应用上取得一个又一个的突破，如语音识别、机器翻译、围棋比赛等。2016 年 3 月，Google 公司 DeepMind 团队采用深度强化学习技术开发的 AlphaGo，以 4:1 的比分击败人类世界围棋冠军李世石。在 2017 年 Google I/O 大会上，Google 公司宣布将从移动互联优先转向人工智能优先。Amazon、Apple、Facebook 和 Microsoft 等行业领先的公司也都在人工智能领域投入巨资，并推出许多人工智能驱动的产品。

　　TensorFlow 是 Google 公司发布的用来构建机器学习人工智能应用程序的开源框架。在 2015 年 11 月 TensorFlow 首次发布时，市场上已有一些主流的深度学习开源框架，但自此以后，TensorFlow 在不到两年的时间里迅速发展成为最受欢迎的深度学习开源框架。每周都会构建新的 TensorFlow 模型，以处理可能需要人类甚至超人类智能的各种任务。目前，已陆续出版了众多关于 TensorFlow 的图书。同时，网络上也提供了更多的关于 TensorFlow 的博客、教程、课程和视频。显然，人工智能和 TensorFlow 非常热门，但为何还要再出版一本书名中包含 "TensorFlow" 一词的图书呢？

　　这是因为本书所具有的独特性，本书是一本将基于 TensorFlow 的人工智能与移动计算相结合，将未来发展与当今繁荣世界连接起来的图书。在过去的十年里，我们都见证和经历了 iOS 和 Android 智能手机的革命性发展，而现在开始的人工智能革命可能会对整个世界产生更深远的影响。有什么能比一本融合了两个领域最热门的主题，并介绍如何在移动设备上随时随地开发 TensorFlow 人工智能应用程序的图书更好的呢？

　　的确也可以利用许多现有的云智能 API 来开发人工智能应用程序，且有些时候也非常有意义。但是，完全在移动设备上运行人工智能应用程序的好处是，即使在没有可用或可靠的网络连接，无法负担云服务器费用，或用户不想将手机数据发送给他人时，也可以运行这些应用程序。

　　同样，在 TensorFlow 开源项目中，已经有一些基于 TensorFlow 的 iOS 和 Android 应用程序可以进行移动 TensorFlow 的开发。但如果尝试过在 iOS 或 Android 设备上运行一个性能优越的 TensorFlow 模型之后，就会发现在手机上成功运行该模型之前，很可能会遇到很多问题。

本书通过介绍如何解决在移动设备上运行 TensorFlow 模型时可能遇到的各种常见问题，来帮助你节省大量时间和精力。本书提供了 10 余个从头开始构建的 TensorFlow 支持的 iOS、Android 和树莓派的完整应用程序，能运行各种性能强大的 TensorFlow 模型，包括目前最新且性能最强大的生成对抗网络（Generative Adversarial Network，GAN）和类似 AlphaZero 的模型。

本书读者

本书主要适用于构建和再训练他人提出的 TensorFlow 模型并在移动应用程序中运行该模型的 iOS 和 Android 开发人员，或是在移动设备上运行新开发的 TensorFlow 模型的 TensorFlow 开发人员。另外，本书也适用于对 TensorFlow Lite、Core ML 或树莓派上的 TensorFlow 应用感兴趣的开发人员。

本书主要内容

第 1 章移动 TensorFlow 入门，主要介绍了如何在 MacOS 和 Ubuntu 操作系统中安装 TensorFlow，以及如何安装 Xcode 和 Android Studio。另外，还探讨了 TensorFlow Mobile 和 TensorFlow Lite 之间的区别及各自的应用场合。最后，展示了如何运行 TensorFlow iOS 和 Android 示例应用程序。

第 2 章基于迁移学习的图像分类，涵盖了迁移学习的基本概念及其优点，如何再训练 Inception v3 和 MobileNet 模型以更准确更快地实现犬种识别，以及如何在 iOS 和 Android 示例应用程序中使用再训练模型。展示如何将 TensorFlow 添加到以 Objective – C 和 Swift 开发的犬种识别 iOS 应用程序和 Android 应用程序中。

第 3 章目标检测与定位，首先对目标检测进行了概述，然后介绍了如何安装 TensorFlow 目标检测 API，并用于再训练 SSD – MobileNet 和 Faster RCNN 模型。另外，还展示了如何通过手动构建 TensorFlow iOS 库以支持非默认的 TensorFlow 操作，在基于 TensorFlow 的 Android 和 iOS 示例应用程序中使用这些模型。最后，介绍了如何训练另一种主流的目标检测模型——YOLO2，以及如何应用于 TensorFlow Android 和 iOS 应用程序。

第 4 章图像艺术风格迁移，首先概述了神经风格迁移及其在过去几年中的快速发展。然后，介绍了如何训练快速神经风格迁移模型，并应用于 iOS 和 Android 应用程序中。之后，还探讨了如何在个人 iOS 和 Android 应用程序中利用 TensorFlow Magenta 多风格模型来轻松创建令人惊叹的艺术风格。

第 5 章理解简单语音命令，概述了语音识别，并介绍了如何训练一个简单的语音命令识别模型。然后展示了将其如何应用于 Android 应用程序，以及由 Objective – C 和 Swift 开发的 iOS 应用程序中。另外，还讨论了在修复移动设备上可能出现的模型加载和运行错误时的更多技巧。

第 6 章基于自然语言的图像标注，首先介绍了图像标注的工作原理，然后讨论了如何在 TensorFlow 中训练和冻结图像标注模型。接下来，进一步讨论了如何转换和优化复杂模型，使其能够在移动设备上运行。最后，给出了使用生成图像自然语言描述模型的完整 iOS 和 Android 应用程序。

第 7 章基于 CNN 和 LSTM 的绘图识别，阐述了绘图分类的工作原理，并介绍了如何训练、预测和准备模型。接着，展示了如何构建一个自定义的 TensorFlow iOS 库，以便将其应用于一个有趣的 iOS 涂鸦识别程序。最后，探讨了如何构建一个自定义的 TensorFlow Android 库来修复一个新的模型加载错误，并将该模型应用于 Android 应用程序中。

第 8 章基于 RNN 的股票价格预测，首先了解 RNN 以及如何预测股票价格。然后，介绍了如何利用 TensorFlow API 构建一个 RNN 模型来预测股票价格，以及如何利用更易于实现的 Keras API 构建一个 RNN LSTM 模型来实现同样目标。同时测试了这些模型是否优于随机买入卖出策略。最后，展示了如何在 iOS 和 Android 应用程序中运行 TensorFlow 和 Keras 模型。

第 9 章基于 GAN 的图像生成与增强，概述了 GAN 的工作原理及其强大的优势。然后，讨论了如何构建和训练一个用于生成手写体数字的基本 GAN 模型和一个能够将低分辨率图像增强为高分辨率图像的改进模型。最后，探讨了如何在 iOS 和 Android 应用程序中使用这两种 GAN 模型。

第 10 章移动设备上类 AlphaZero 的游戏应用程序开发，首先介绍了最新且功能强大的 AlphaZero 的工作原理，以及如何训练和测试类 AlphaZero 的模型，然后，以 TensorFlow 为后端在 Keras 中玩一个简单但有趣的游戏——Connect 4。接下来，展示了在移动设备上利用上述模型玩 Connect 4 游戏的完整 iOS 和 Android 应用程序。

第 11 章 TensorFlow Lite 和 Core ML 在移动设备上的应用，首先阐述了 TensorFlow Lite，然后介绍了如何使用预构建的 TensorFlow 模型、用于 TensorFlow Lite 的再训练 TensorFlow 模型，以及一个 iOS 中的自定义 TensorFlow Lite 模型。另外还展示了如何在 Android 中使用 TensorFlow Lite。之后，概述了 Apple 公司的 Core ML，并介绍了如何在 Scikit Learn 实现的机器学习中应用 Core ML。最后，讨论了如何将 Core ML 与 TensorFlow 和 Keras 配合使用。

第 12 章树莓派上的 TensorFlow 应用程序开发，首先介绍了如何安装和运行树莓派，以及如何在树莓派上安装 TensorFlow。然后，介绍了如何利用 TensorFlow 图像识别模型和音频识别模型，以及文本 – 语音转换 API 和机器人运动 API，来构建一个可以实现移动、听、说、看等功能的树莓派机器人。最后，详细讨论了如何利用 OpenAI Gym 和 TensorFlow 在仿真环境中从头开始建立和训练一个功能强大的基于神经网络的强化学习策略模型，实现机器人通过自主学习来保持平衡。

如何充分利用本书

建议先按顺序阅读前四章，并运行 http：//github. com/jeffxtang/mobiletfbook 源代码库所附带的本书 iOS 和 Android 应用程序。这有助于确保为 TensorFlow 移动应用程序开发配置好所需的开发环境，以及理解如何将 TensorFlow 集成到个人 iOS 和/或 Android 应用程序中。如果你是 iOS 开发人员，那么还将学习到如何在 TensorFlow 中使用 Objective – C 或 Swift，以及何时和如何使用 TensorFlow pod 或手动构建的 TensorFlow iOS 库。

接下来，如果需要构建一个自定义的 TensorFlow Android 库，请参阅第 7 章；如果要学习在移动应用程序中如何使用 Keras 模型，请参阅第 8 章和第 10 章。

如果对 TensorFlow Lite 或 Core ML 感兴趣，请参阅第 11 章；如果对树莓派上的 TensorFlow 感兴趣，或对 TensorFlow 中的强化学习感兴趣，请参阅第 12 章。

除此之外，可以仔细阅读第 5～10 章，学习如何训练 CNN、RNN、LSTM、GAN 和 Alp-haZero 等不同类型的模型，以及如何将其应用于移动设备中，建议在研究具体实现之前，先运行每章的 iOS 和/或 Android 应用程序。或者，也可以直接跳转到讲解你最感兴趣的模型的章。值得注意的是，后面的内容可能会引用前面的内容，以获得一些重复的细节，例如在 iOS 应用程序中添加自定义的 TensorFlow iOS 库，或通过构建自定义 TensorFlow 库来修复一些模型加载或运行错误等步骤。不过，请放心，本书绝对不会让你感到困惑，至少我们已竭尽全力，提供了用户友好、循序渐进的教程，偶尔会参考以前教程的一些步骤，以帮助你尽量避免在开发 TensorFlow 移动应用程序时可能遇到的所有问题，同时也避免重蹈覆辙。

何时阅读本书

人工智能，或其最热门的分支——机器学习，或最热门的子分支——深度学习，近年来取得了快速发展。TensorFlow 的新版本也因此得到 Google 公司的大力支持，并拥有所有开源机器学习框架中最受欢迎的开发人员社区。书中所有的 iOS、Android 和 Python 代码已经过相关 TensorFlow 版本的测试。当然，当你阅读本书时，最新的 TensorFlow 版本会更高。

事实证明，不必过于担心 TensorFlow 版本的问题；本书中的代码极大概率可以在最新的 TensorFlow 版本上正常运行。在以后的版本中，默认情况下可能会支持更多的 TensorFlow 操作，从而无须再构建自定义的 TensorFlow 库，或可以采用更简单的方式来进行自定义。

当然，并不能保证所有代码都会在未来 TensorFlow 版本中运行而无须任何修改，但本书也提供了各种详细教程和故障排除技巧，因此，无论是何时阅读本书，在 TensorFlow 更高版本的基础上，都可以无障碍地阅读并运行书中所有应用程序。

 由于写作本书时必然会是基于某一特定的 TensorFlow 版本，因此，今后会继续在每一版新的 TensorFlow 版本中不断测试运行本书中的所有代码，并相应地在本书的源代码库（http://github.com/jeffxtang/mobiletfbook）上更新代码和测试结果。如果你对代码或本书内容有任何疑问，也可以直接在代码库上发布问题。

另一个问题是如何在 TensorFlow Mobile 和 TensorFlow Lite 之间进行选择。本书在大多数章（第 1～10 章）中是使用 TensorFlow Mobile。而 TensorFlow Lite 可能是未来在移动设备上运行 TensorFlow 的发展趋势，这就是为何 Google 公司希望用户"使用 TensorFlow Mobile 来覆盖实际案例"。根据 Google 公司的说法，"TensorFlow Mobile 也不会很快消失"——事实上，根据在本书出版之前已测试过的 TensorFlow 的性能表现，发现使用 TensorFlow Mobile 会更加简单。

如果有一天在所有用例中 TensorFlow Lite 能够完全取代 TensorFlow Mobile，那么从本书中所学习到的技能也会帮你做好充足准备。同时，在未来发展中，可以通过阅读本书，了解如何使用 TensorFlow Mobile，并在移动应用程序中运行所有功能强大的 TensorFlow 模型。

示例代码下载

本书的代码包也托管在 GitHub 上（https://github.com/PacktPublishing/Intelligent‐Mo-bile‐Projects‐with‐TensorFlow）。如果代码有更新，也将在现有的 GitHub 代码库中同步更

新。另外在 https：//github. com/PacktPublishing/上的大量图书和视频目录中还有其他代码包。请参阅！

约定惯例

在本书中，采用了许多文本约定惯例。

代码块设置如下：

```
syntax = "proto2";
package object_detection.protos;
message StringIntLabelMapItem {
  optional string name = 1;
  optional int32 id = 2;
  optional string display_name = 3;
};

message StringIntLabelMap {
  repeated StringIntLabelMapItem item = 1;
};
```

任何命令行的输入或输出都表示如下：

```
sudo pip install pillow
sudo pip install lxml
sudo pip install jupyter
sudo pip install matplotlib
```

 表示警告或重要信息。

 表示提示和技巧。

关于作者

20 多年前，Jeff Tang 喜爱上了经典的人工智能。在获得计算机科学硕士学位之后，从事了几年的机器翻译研究工作，然后在人工智能发展的低迷期，他在初创公司及美国在线、百度和高通等公司从事企业应用程序、语音应用程序、网页应用程序和移动应用程序等研究工作。他开发了一款畅销的 iOS 应用程序，下载量达到数百万次，还被 Google 公司认定为 Android 市场顶级开发者。在 2015 年重返现代人工智能领域，并坚信在未来 20 年中人工智能将是其全部的激情与目标。他最喜欢的一个话题就是要让人工智能随时随地可用，因此本书应运而生。

在此要感谢 Larissa Pinto 提出出版邀请，感谢 Flavian Vaz 和 Akhil Nair 在本书写作过程中提出的各种反馈意见。非常感谢 Google 公司 TensorFlow 移动业务主管 Pete Warden 在本书技术审校过程中给予的帮助，并感谢另一位技术审校者 Amita Kapoor 提出的非常宝贵的反馈意见。特别感谢畅销书 *Hands – On Machine Learning With Scikit – Learn and TensorFlow* 的作者 Aurélien Géron，其积极热情地回复了所有电子邮件，并分享了个人见解，以及拨冗为本书作序，非常感谢 Aurélien。另外，除了 Lisa 和 Wozi 之外，也非常感谢我的家人给予的理解和支持，以及感谢 Amy、Anna、Jenny、Sophia、Mark、Sandy 和 Ben。

关于技术审校者

Pete Warden 是 Google 大脑团队移动和嵌入式 TensorFlow 研究小组的技术负责人。

Amita Kapoor 是德里大学 SRCASW 电子系副教授。其曾获得德国著名的 DAAD 奖学金，并在德国卡尔斯鲁厄理工学院从事研究工作。在 2008 年光子学国际会议上获得最佳演讲奖。她是多个专业机构的成员，在国际期刊和会议上发表论文 40 余篇。目前的研究领域包括人工智能、机器学习、神经网络、机器人和人工智能伦理。

目　录

第1章
移动 TensorFlow 入门

本章将介绍如何配置开发环境，以便使用 TensorFlow 开发 iOS 或 Android 应用程序，这些都将在本书的其余部分内容中进行讨论。在此，并不会详细讨论所有支持的 TensorFlow 版本、OS 版本、Xcode 和 Android Studio 版本，因为这些信息可以在 TensorFlow 网站（http：// www. tensorflow. org）或通过网络搜索获得。本章主要是简要介绍示例工作环境，从而可以快速深入了解通过环境构建可以开发出的应用程序。

如果已安装了 TensorFlow、Xcode 和 Android Studio，并且可以运行和测试 TensorFlow iOS 和 Android 示例应用程序，同时进一步如果为了快速训练深度学习模型已安装了 NVIDIA GPU，则可以跳过本章，或者也可以直接选择阅读不熟悉的部分。

本章的主要内容包括（如何配置树莓派开发环境将在第 12 章中讨论）：

1）TensorFlow 的安装。

2）Xcode 的安装。

3）Android Studio 的安装。

4）TensorFlow Mobile 与 TensorFlow Lite 对比。

5）运行 TensorFlow iOS 示例应用程序。

6）运行 TensorFlow Android 示例应用程序。

1.1 TensorFlow 的安装

TensorFlow 是一种性能领先的机器智能框架。在 Google 公司于 2015 年 11 月作为一个开源项目发布 TensorFlow 时，已有一些类似的深度学习开源框架：Caffe、Torch 和 Theano。GitHub 上的 TensorFlow 已达到 99k 星，且在 4 个月内增加了 14k 星，而 Caffe 仅从 2k 星增加到 24k 星。两年后，TensorFlow 已成为训练和部署深度学习模型的最主流的开源框架（对传统机器学习也有很好的支持）。TensorFlow 在 GitHub 上已拥有 165k 星（https：//github. com/ tensorflow/tensorflow，而其他三种优秀的深度学习开源框架：Caffe（https：//github. com/BV-LC/caffe）、CNTK（https：//github. com/Microsoft/CNTK）和 MXNet（https：//github. com/ apache/incubator－mxnet）分别拥有 32k、17k 和 20k 星。

如果对机器学习、深度学习、机器智能和人工智能（AI）这些热门词汇尚有点困惑，那么此处进行简要总结：机器智能和人工智能其实是一回事；机器学习是人工智能的一个研究领域，也是目前最主流的一个；深度学习是机器学习的一种特殊类型，也是当前解决计算机视觉、语音识别与合成、自然语言处理等复杂问题的最有效途径。因此在本书中，提到人工智能，主要是指深度学习，这是将人工智能从低谷带到巅峰的一种方法。有关人工智能低潮期和深度学习的更多信息，请访问 https：//en. wikipedia. org/wiki/AI_winter 和 http：//www. deeplearningbook. org。

希望读者已对 TensorFlow 具有基本了解，如果尚不了解，请参阅 TensorFlow 网站的入门部分（https：//www. tensorflow. org/get＿started）和教程部分（https：//www. tensorflow. org/tutorials）或 Awesome TensorFlow 教程部分（https：//github. com/jtoy/awesome－tensorflow），以及关于 TensorFlow 的两本优秀的图书，由 Sebastian Raschka 和 Vahid Mirjalili 编著的 *Python Machine Learning：Machine Learning and Deep Learning with Python，scikit－learn，and Tensor-Flow，2nd Edition* 和由 Aurélien Géron 编著的 *Hands－On Machine Learning with Scikit－Learn and TensorFlow：Concepts，Tools，and Techniques to Build Intelligent Systems*。

TensorFlow 可安装在 MacOS、Ubuntu 或 Windows 操作系统上。接下来将介绍在 MacOS X El Capitan（10. 11. 6）、macOS Sierra（10. 12. 6）和 Ubuntu 16. 04 上安装 TensorFlow 的具体步骤。如果是不同的操作系统或版本，可参考 TensorFlow 安装文档（https：//www. tensorflow. org/install）以获取更多信息。

TensorFlow 已经发布了多个官方版本，可从 https：//github. com/tensorflow/tensorflow/releases 或 TensorFlow 源代码库（https：//github. com/tensorflow/tensorflow）下载。最新版本的 TensorFlow 默认支持 NVIDIA CUDA 和 cuDNN 的最新版本（相关详细信息参见 1. 1. 2 节），最好是按照 TensorFlow 官网文档来安装最新的 GPU 支持的 TensorFlow 版本。在本章和随后内容中，是以特定 TensorFlow 版本为例，不过也会对所有 iOS、Android 和 Python 代码进行测试，如果需要，在本书的源码库 https：//github. com/jeffxtang/mobiletfbook 上更新了针对最新 TensorFlow、Xcode 和 Android Studio 版本的代码。

综上，本书将介绍在 Mac 操作系统上利用 TensorFlow 来开发 iOS 和 Android TensorFlow 应用程序，以及在 Ubuntu 操作系统上利用 TensorFlow 来训练应用程序中所用到的深度学习模型。

1.1.1　在 MacOS 上安装 TensorFlow

通常，应使用 virtualenv、Docker 或 Anaconda 安装程序在一个隔离环境中安装 Tensor-Flow。但由于需要利用 TensorFlow 源代码来开发 iOS 和 Android TensorFlow 应用程序，因此可从源代码构建 TensorFlow 本身，在这种情况下，使用本地 pip 安装程序可能会比其他方式更容易。如果想尝试不同的 TensorFlow 版本，建议使用 virtualenv、Docker 和 Anaconda 中的任一种方式来安装其他版本的 TensorFlow。此处，将通过本地 pip 和 Python 在 MacOS 上直接安装 TensorFlow。

下载和安装 TensorFlow 的步骤如下：

1）从 GitHub 网站上的 TensorFlow 发布页面（https：//github. com/tensorflow/tensorflow/releases）下载 TensorFlow 源代码（zip 或 tar. gz 格式）。

2）解压缩下载的文件，并将文件夹 tensorflow – 1. 4. 0 复制到主目录下。

3）确保已安装了 Xcode 8. 2. 1 或更新版本（如果尚未安装，请参阅 1. 2 节）。

4）打开一个新的终端，输入 cd   tensorflow – 1. 4. 0。

5）运行 xcode – select – – install 来安装命令行工具。

6）运行以下命令来安装 TensorFlow 开发所需的其他工具和包。

```
sudo pip install six numpy wheel
brew install automake
brew install libtool
./configure
brew upgrade bazel
```

7）由仅支持 CPU 的 TensorFlow 源代码来构建（在下节将介绍 GPU 支持的 TensorFlow），并生成一个文件扩展名为 . whl 的 pip 文件包。

```
bazel build --config=opt
//tensorflow/tools/pip_package:build_pip_package

bazel-bin/tensorflow/tools/pip_package/build_pip_package
/tmp/tensorflow_pkg
```

8）安装 TensorFlow CPU 包。

```
sudo pip install --upgrade /tmp/tensorflow_pkg/tensorflow-1.4.0-
cp27-cp27m-macosx_10_12_intel.whl
```

如果在安装过程中遇到任何问题，坦白地讲，在网上搜索错误信息是最佳解决方法，正如本书的目的主要是重点针对在长期开发和调试实际 TensorFlow 移动应用程序中积累得到的在其他地方不易获得的技巧和知识。在运行 sudo pip install 命令时，可能会看到一个具体错误是 Operation not permitted。要解决这个问题，可以重启 Mac 操作系统并按 Cmd + R 键进入恢复模式，然后在 Utilities – Terminal 下，运行 csrutil disable 来禁用 System Integrity Protection（SIP）。如果不习惯禁用 SIP，那么也可以按照 TensorFlow 文档来尝试一种更复杂的安装方法，如 virtualenv。

如果一切顺利，那么就应该能够在终端窗口中运行 Python 或 IPython，然后运行 import tensorflow as tf 和 tf. __ version __，此时输出 1. 4. 0。

1.1.2　在 GPU 驱动的 Ubuntu 操作系统上安装 TensorFlow

使用一个好的深度学习框架（如 TensorFlow）的好处是可以在模型训练过程中无缝支持图形处理单元（GPU）。在 GPU 上训练一个基于 TensorFlow 的重要模型要比在 CPU 上快得多，目前，NVIDIA 提供了 TensorFlow 支持的性价比最高、性能最好的 GPU。同时，Ubuntu

操作系统是运行 NVIDIA GPU 和 TensorFlow 的最佳操作系统。可以很容易地花几百美元购买一块 GPU，然后将其安装在一个 Ubuntu 操作系统的设备上。另外，也可以在 Windows 操作系统上安装 NVIDIA GPU，但 TensorFlow 对 Windows 操作系统的支持不如对 Ubuntu 操作系统那么好。

为训练本书给出的应用程序中部署的模型，在此采用了 NVIDIA GTX 1070。Tim Dettmers 的博客文章详细介绍了如何选择 GPU 用于深度学习（http：//timdettmers.com/2017/04/09/whichgpu – for – deep – learning）。获得上述 GPU 并将其安装在 Ubuntu 操作系统的设备上，不过在安装支持 GPU 的 TensorFlow 之前，还需要安装 NVIDIA CUDA 8.0（或以上）和 cuDNN（CUDA – 深度神经网络库）6.0（或以上），这些都是 TensorFlow 1.4 所支持的。

另一种在 TensorFlow 下安装 GPU 驱动的 Ubuntu 操作系统的方法是在支持 GPU 的云服务中使用 TensorFlow，如 Google 公司的云平台——云机器学习引擎（https：//cloud.google.com/ml – engine/docs/using – gpus）。两种方法各有利弊。云服务通常是根据时间计费的。如果目的是训练或再训练模型以将其部署在移动设备上，这意味着模型不会特别复杂，但如果计划长时间进行机器学习训练，那么在个人 GPU 上性价比及满意度更高。

按照以下步骤在 Ubuntu 16.04 操作系统上安装 CUDA 8.0 和 cuDNN 6.0（以同样方式可下载和安装 CUDA 9.0 和 cuDNN 7.0）：

1）在 https：//developer.nvidia.com/cuda – 80 – ga2 – download – archive 上找到 NVIDIA CUDA 8.0 并进行选择，如图 1.1 所示。

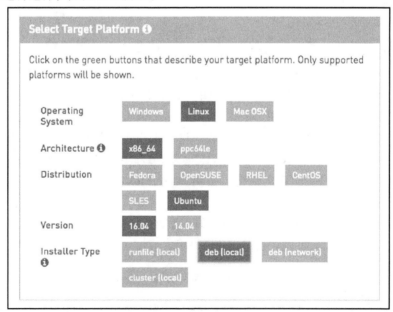

图 1.1　在 Ubuntu 16.04 操作系统上下载 CUDA 8.0

2）下载基本安装程序，如图 1.2 所示。

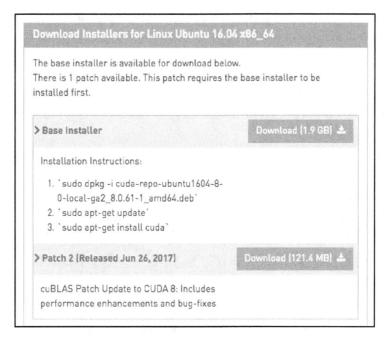

图 1.2　选择适用于 Ubuntu 16.04 操作系统的 CUDA 8.0 安装文件

3）打开一个新的终端，并运行以下命令（还需将最后两条命令添加到 . bashrc 文件中，以便这两个环境变量在下次启动新终端时生效）。

```
sudo dpkg -i /home/jeff/Downloads/cuda-repo-ubuntu1604-8-0-local-
ga2_8.0.61-1_amd64.deb
sudo apt-get update
sudo apt-get install cuda-8-0
export CUDA_HOME=/usr/local/cuda
export LD_LIBRARY_PATH=/usr/local/cuda/lib64:$LD_LIBRARY_PATH
```

4）从 https：//developer. nvidia. com/rdp/cudnn – download 下载适用于 CUDA 8.0 的 NVIDIA cuDNN 6.0。在下载之前，需要先注册 NVIDIA 开发人员账户（免费），如图 1.3 所示（选择其中高亮显示的 cuDNN v6.0 Library for Linux）。

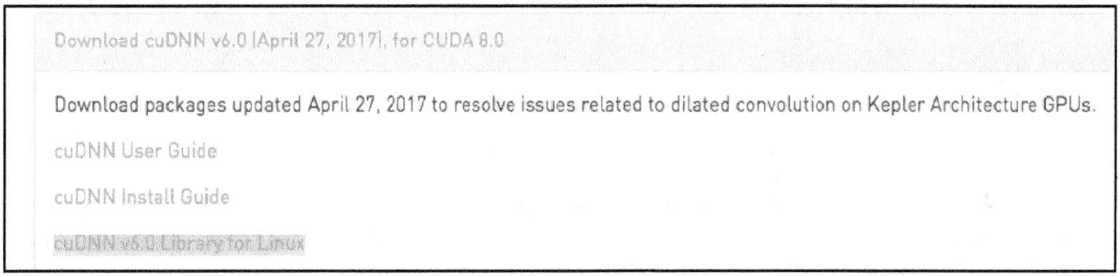

图 1.3　选择适用于 Linux 操作系统 CUDA 8.0 的 cuDNN 6.0

5）解压缩下载的文件，假设其在默认的 ~/Downloads 文件夹下，这时将会看到一个名为 cuda 的文件夹，其中有两个子文件夹分别是 include 和 lib64。

6）将 cuDNN 的 include 和 lib64 两个文件夹中的所有文件复制到 CUDA_HOME 的 lib64 和 include 文件夹中。

```
sudo cp ~/Downloads/cuda/lib64/* /usr/local/cuda/lib64
sudo cp ~/Downloads/cuda/include/cudnn.h /usr/local/cuda/include
```

接下来，准备在 Ubuntu 操作系统上安装支持 GPU 的 TensorFlow（此处的前两个步骤与 1.1.1 节中所介绍的步骤相同）：

1）在 GitHub 的 TensorFlow 发布页面（https://github.com/tensorflow/tensorflow/releases）中下载 TensorFlow 的源代码。

2）解压缩下载的文件并将该文件夹拖放到主目录下。

3）在 https://github.com/bazelbuild/bazel/releases 下载 bazel 安装程序 bazel - 0.5.4 - installer - linux - x86_64.sh。

4）打开一个新的终端窗口，然后运行以下命令来安装编译 TensorFlow 所需的工具和软件包。

```
sudo pip install six numpy wheel
cd ~/Downloads
chmod +x bazel-0.5.4-installer-linux-x86_64.sh
./bazel-0.5.4-installer-linux-x86_64.sh --user
```

5）编译支持 GPU 的 TensorFlow 源代码，并生成一个扩展名为 .whl 的 pip 软件包文件。

```
cd ~/tensorflow-1.4.0
./configure
bazel build --config=opt --config=cuda
//tensorflow/tools/pip_package:build_pip_package
bazel-bin/tensorflow/tools/pip_package/build_pip_package
/tmp/tensorflow_pkg
```

6）安装 TensorFlow GPU 软件包。

```
sudo pip install --upgrade /tmp/tensorflow_pkg/tensorflow-1.4.0-
cp27-cp27mu-linux_x86_64.whl
```

现在，如果一切顺利，就可以启动 IPython 并输入以下脚本来查看 TensorFlow 正在使用的 GPU 信息。

```
In [1]: import tensorflow as tf

In [2]: tf.__version__
Out[2]: '1.4.0'

In [3]: sess=tf.Session()
2017-12-28 23:45:37.599904: I
tensorflow/stream_executor/cuda/cuda_gpu_executor.cc:892] successful NUMA
node read from SysFS had negative value (-1), but there must be at least
one NUMA node, so returning NUMA node zero
2017-12-28 23:45:37.600173: I
tensorflow/core/common_runtime/gpu/gpu_device.cc:1030] Found device 0 with
properties:
```

```
name: GeForce GTX 1070 major: 6 minor: 1 memoryClockRate(GHz): 1.7845
pciBusID: 0000:01:00.0
totalMemory: 7.92GiB freeMemory: 7.60GiB
2017-12-28 23:45:37.600186: I
tensorflow/core/common_runtime/gpu/gpu_device.cc:1120] Creating TensorFlow
device (/device:GPU:0) -> (device: 0, name: GeForce GTX 1070, pci bus id:
0000:01:00.0, compute capability: 6.1)
```

至此，我们已准备好为训练本书中的应用程序所要用的深度学习模型。在开始熟悉开发模型并进行模型训练，然后在移动设备上部署和运行之前，首先了解一下开发移动应用程序还需要准备些什么。

1.2　Xcode 的安装

Xcode 用于开发 iOS 应用程序，需要一台 Mac 计算机和一个免费的 Apple ID 来下载并安装。如果 Mac 计算机相对较旧，且是 X EI Captian 操作系统（10.11.6 版），则可从 https：//developer. apple. com/download/more 下载 Xcode 8.2.1。如果已安装了 macOS Sierra（10.12.6 版）或更高版本，则可从上述链接下载 Xcode 9.2 或更高版本。本书中的所有 iOS 应用程序都已在 Xcode 8.2.1、9.2 和 9.3 中进行了测试。

要安装 Xcode，只需双击下载的文件并按照屏幕上提示的步骤操作即可。整个安装过程非常简单。接下来，就可以在 Xcode 自带的 iOS 模拟器或个人 iOS 设备上运行应用程序了。从 Xcode 7 开始，可以在 iOS 设备上免费运行和调试 iOS 应用程序，但如果想要发布或公开自行开发的应用程序，则需以个人身份付费注册 Apple 开发者计划会员（https：//developer. apple. com/programs/enroll）。

尽管可以在 Xcode 模拟器上测试运行本书中的许多应用程序，但其他一些应用程序需要实际 iOS 设备上的摄像头来采集图像以便在 TensorFlow 中训练的深度学习模型进行处理。此外，通常最好是在实际设备上测试模型，以获得准确的性能评估和内存使用情况：在模拟器上运行良好的模型可能会在实际设备中崩溃或运行很慢。因此，强烈建议，至少在实际 iOS 设备上测试并运行本书中的 iOS 应用程序一次。

比较好的情况是读者已熟悉 iOS 编程，但如果是 iOS 开发新手，也可以根据许多优秀的在线教程来学习，例如 Ray Wenderlich 的 iOS 教程（https：//www. raywenderlich. com）。本书并不会涉及非常复杂的 iOS 编程，而主要是介绍如何在 iOS 应用程序中使用 TensorFlow C++ API 来运行 TensorFlow 下训练的模型，以完成各种智能任务。同时，也会通过 Objective-C 和 Swift 代码（Apple 公司建议的两种官方 iOS 编程语言）与移动 AI 应用程序中的 C++ 代码进行混合编程。

1.3　Android Studio 的安装

Android Studio 是开发 Android 应用程序的最佳工具，且 TensorFlow 对其提供了很好的支持。与 Xcode 不同，可在 Mac、Windows 或 Linux 操作系统上安装并运行 Android Studio。有关详细的系统要求，请参阅 Android Studio 网站（https：//developer. android. com/studio/index. html）。在此，仅介绍如何在 Mac 操作系统上安装 Android Studio 3.0 或 3.0.1，本书中

的所有应用程序均在这两个版本上进行了测试。

首先，从上述链接下载 Android Studio 3.0.1 或最新版本。另外，也可从链接 https：//developer. android. com/studio/archive. html 中的存档文件下载。

然后，双击下载的文件并将 Android Studio. app 图标拖放到应用程序中。如果曾安装过 Android Studio，则会弹出一个提示消息——是否要替换为新的 Android Studio，选择 Replace。

接下来，打开 Android Studio，此时需要提供 Android SDK 的路径，如果安装了以前版本的 Android Studio，默认情况下是在 ~/Library/Android/sdk 中，或者可选择 Open an existing Android Studio project，然后转到在 1.1.1 节中创建的 TensorFlow 源文件夹，在其中打开 ten-sorflow/examples/android 文件夹。之后，可以通过单击 Install Build Tool 消息的链接或在 Android Studio's Tools | Android | SDK Manager 中下载 Android SDK，如图 1.4 所示。在 SDK Tools 选项卡中，选中 Android SDK Tools 具体版本旁边的复选框，然后单击 OK 按钮安装相应版本。

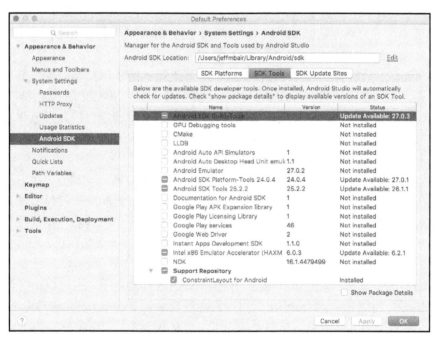

图 1.4　安装 SDK 工具和 NDK 的 Android SDK 管理器

最后，由于 TensorFlow Android 应用程序需要通过 C++ 中的 TensorFlow 本地库来加载和运行 TensorFlow 模型，因此需要安装 Android 的 Native Development Kit（NDK），这可通过在图 1.4 中显示的 Android SDK 管理器或直接从 https：//developer. android. com/ndk/downloads/index. html 下载 NDK。NDK r16b 和 r15c 版均已经过测试，可运行本书中的 Android 应用程序。如果直接下载 NDK，可能还需要在打开工程并选择 Android Studio 中的 File | Project Structure 来设置 Android NDK 的位置，如图 1.5 所示。

安装并配置好 Android SDK 和 NDK 之后，就可以测试运行 TensorFlow Android 示例应用

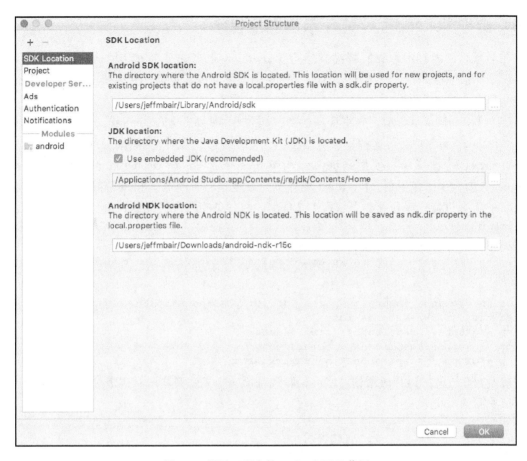

图 1.5　设置工程中的 Android NDK 位置

程序了。

1.4　TensorFlow Mobile 与 TensorFlow Lite 对比

在开始运行 TensorFlow iOS 和 Android 示例应用程序之前，先明确一个基本概念。Tensor-Flow 目前有两种方法在移动设备上开发和部署深度学习应用程序：TensorFlow Mobile 和 Ten-sorFlow Lite。TensorFlow Mobile 从一开始就是 TensorFlow 的一部分，而 TensorFlow Lite 是一种开发和部署 TensorFlow 应用程序的新方法，其提供的性能更优且应用程序规模更小。本书主要关注 TensorFlow Mobile，在目前开发面向实际应用的 TensorFlow 移动应用程序时，还需要使用 TensorFlow Mobile，正如 Google 公司所推荐的。

同时，主要关注 TensorFlow Mobile 的另一个原因是，TensorFlow Lite 仅提供有限支持，而 TensorFlow Mobile 则支持自定义以添加 TensorFlow Mobile 默认不支持的新运算符，这在不同类型的 AI 应用程序模型中经常发生。

我们将在后面内容中详细介绍 TensorFlow Lite。

1.5　运行 TensorFlow iOS 示例应用程序

在本章后面内容中，我们将测试运行 TensorFlow 附带的三个 iOS 示例应用程序和四个 Andorid 示例应用程序，以确保移动 TensorFlow 开发环境设置正确，并简要了解 TensorFlow 移动应用程序的一些功能。

三个 TensorFlow iOS 示例应用程序的源代码位于 tensorflow/examples/ios：simple、camera 和 benchmark。要成功运行这些示例应用程序，首先需要下载一个 Google 公司推出的名为 Inception 的预训练深度学习模型（https：//github. com/tensorflow/models/tree/master/research/inception）以用于图像识别。Inception 现有多个版本，版本越高，精度越好。在此，将使用 Inception v1 来进行程序开发。下载模型文件后，将模型相关文件复制到每个示例应用程序的 data 文件夹中。

```
curl -o ~/graphs/inception5h.zip
https://storage.googleapis.com/download.tensorflow.org/models/inception5h.z
ip

unzip ~/graphs/inception5h.zip -d ~/graphs/inception5h
cd tensorflow/examples/ios
cp ~/graphs/inception5h/* simple/data/
cp ~/graphs/inception5h/* camera/data/
cp ~/graphs/inception5h/* benchmark/data/
```

接着，在打开并运行应用程序之前，转到每个 app 文件夹并运行以下命令来下载每个应用程序所需的 pod。

```
cd simple
pod install
open tf_simple_example.xcworkspace
cd ../camera
pod install
open tf_camera_example.xcworkspace
cd ../benchmark
pod install
open tf_benchmark_example.xcworkspace
```

可以在 iOS 设备上运行这三个应用程序，或在 iOS 模拟器上运行简单的基准应用程序。如果在运行简单的应用程序后单击 Run Model 按钮，则会显示一条文本消息，TensorFlow Inception 模型已加载，然后是前几个识别结果及其置信度值。

如果在运行基准应用程序后单击 Benchmark Model 按钮，则会显示模型运行 20 次以上的平均时间。例如，在我的 iPhone 手机上，平均时间为 0.2089s，而在 iPhone 模拟器上平均需要 0.0359s。

最后，在 iOS 设备上运行摄像头程序并控制摄像头四处转动，以显示应用程序实时采集并识别的对象。

1.6　运行 TensorFlow Android 示例应用程序

在 tensorflow/examples/android 中有四个名为 TF Classify、TF Detect、TF Speech 和 TF

Stylize 的 TensorFlow Android 示例应用程序。运行这些示例应用程序的最简单方法是在 Android Studio 中打开上述文件夹中的工程文件，如 1.3 节所述，然后编辑工程中的 build.gradle 文件，只需将 def nativeBuildSystem = 'bazel' 更改为 def nativeBuildSystem = 'none'。

接下来，将 Android 设备连接到计算机上，通过选择 Android Studio 中的 Run|Run 'android' 来编译、安装和运行应用程序。这时将在设备上安装四个名为 TF Classify、TF Detect、TF Speech 和 TF Stylize 的 Android 应用程序。TF Classify 类似于 iOS 的摄像头应用程序，使用 TensorFlow Inception v1 模型通过设备摄像头进行实时目标分类。TF Detect 是使用称为单发多框检测器（Single Shot Multibox Detector，SSD）的另一种模型，结合 Google 公司推出的一套专门针对移动和嵌入式设备的深度学习新模型 MobileNet 来进行目标检测，并对检测到的对象绘制矩形框。TF Speech 是使用另一种不同的深度学习（语音识别）模型来采集和识别一组单词，如 Yes、No、Left、Right、Stop 和 Go。TF Stylize 则是使用其他模型来改变摄像头采集图像的风格。有关这些应用程序的更多详细信息，可查看 https://github.com/tensorflow/tensorflow/tree/master/tensorflow/examples/android 上的 TensorFlow Andorid 示例应用程序说明文档。

1.7 小结

本章介绍了如何在 Mac 操作系统和 Ubuntu 操作系统上安装 TensorFlow，如何在 Ubuntu 操作系统上安装性价比高的 NVIDIA GPU，以便快速进行模型训练，以及如何配置 Xcode 和 Android Studio 来开发移动 AI 应用程序。另外，还展示了如何运行一些酷炫的 TensorFlow iOS 和 Android 示例应用程序。在本书的其他章将详细讨论如何在 GPU 驱动的 Ubuntu 操作系统上编译、训练和再训练应用程序中所用的每个模型，并介绍如何在 iOS 和 Android 应用程序中部署模型，以及编写在移动 AI 应用程序中使用这些模型的代码。现在已万事俱备，可以开始进行本书的探索之旅了。接下来，就从人类最好的朋友开始，学习如何开发一个犬种识别应用程序。

第 2 章
基于迁移学习的图像分类

第 1 章中介绍的 TensorFlow iOS 示例应用程序——simple 和 camera，以及 Android 应用程序 TF Classify 都使用了 Inception v1 模型，这是一个由 Google 公司公开发布的预训练图像分类深度神经网络模型。该模型是针对 ImageNet（http：//image－net. org）训练的，ImageNet 是目前最大且最著名的图像数据库之一，具有超过 1000 万幅标注为对象类的图像。Inception 模型（位于 http：//image－net. org/challenges/LSVRC/2014/browse－synsets）可用于将图像分类为 1000 个类。这 1000 个对象类中包括各种各样的对象，其中包含许多犬种。但犬种的识别精度并不高，约为 70%，这是因为该模型是用于识别大量对象，而不是具体针对犬种这样的特定对象而训练的。

如果想要提高精度，并在智能手机上开发一个使用改进模型的移动应用程序，能够在散步过程中看到一只有趣的狗时，马上可以通过该应用程序识别出这是一只什么品种的狗的话，该如何实现呢？

本章将首先讨论针对这类图像分类任务，迁移学习或再训练已预训练的深度学习模型为什么是最终完成该任务的最经济有效的方法。然后，介绍如何利用一个好的犬数据集来再训练一些最优的图像分类模型，以及如何在第 1 章介绍的 iOS 和 Android 应用程序中部署和运行再训练模型。此外，还将详细分析如何将 TensorFlow 添加到由 Objective－C 或 Swift 编程实现的 iOS 和 Android 应用程序中。

综上，本章的主要内容包括：

1）迁移学习的基本原理与应用。

2）利用 Inception v3 模型进行再训练。

3）利用 MobileNet 模型进行再训练。

4）再训练模型在 iOS 示例应用程序中的应用。

5）再训练模型在 Android 示例应用程序中的应用。

6）在 iOS 应用程序中添加 TensorFlow。

7）在 Android 应用程序中添加 TensorFlow。

2.1 迁移学习的基本原理与应用

人类不会从一无所知开始学习新事物。相反，会有意识地或不自觉地尽可能利用所学的知识。人工智能中的迁移学习正是试图完成同样的工作，这是一种从一个较大的训练模型中提取其中一小部分，然后在一个新模型中重用以完成相关的任务，而无须大量训练数据和计算资源来训练原始模型的技术。总的来说，迁移学习目前在人工智能领域仍是一个开放性问题，因为在许多情况下，人类在学习掌握新知识之前只需要几个试错的示例，而人工智能需要更多的时间来训练和学习。但在图像识别领域，迁移学习已被证明是非常有效的。

用于图像识别的现代深度学习模型通常是具有多层的深度神经网络，或更具体地说，是深度卷积神经网络（Convolutional Neural Network，CNN）。在这种 CNN 架构中，低层负责学习和识别低层特征，如图像的边缘、轮廓和局部，而最后一层决定图像的类别。对于不同类型的对象，如犬种或花型，无须重新学习网络低层的参数或权重。事实上，要从零开始学习用于图像识别的现代 CNN 的所有权重（通常是数百万个甚至更多）需要为期多周的训练。在图像分类情况下，迁移学习允许利用一组特定图像来再训练 CNN 的最后一层（通常不到 1h），而保持其他所有层的权重不变，达到的精度与从零开始训练数周的整个网络相同。

迁移学习的第二个好处主要是仅需少量的训练数据就可以再训练 CNN 的最后一层。如果必须从头开始训练深度 CNN 的数百万个参数，则需要大量训练数据。例如，对于犬种的再训练，只需每个犬种的 100 多幅图像，即可建立一个比原始图像分类模型更好进行分类犬种的模型。

如果不熟悉 CNN，可查看这方面最好的资源，如斯坦福大学 CS231n 课程用于视觉识别的 CNN 的视频和笔记（http：//cs231n. stanford. edu）。有关 CNN 的另一个好资源是 Michael Nielsen 的在线图书 *Neural Networks and Deep Learning* 的第 6 章（http：//neuralnetworksanddeeplearning. com/chap6. html#introducing_convolutional_networks）。

在下面两节中，将利用 TensorFlow 下两种最好的预训练 CNN 模型和一个犬种数据集来再训练模型，并生成更好的犬种识别模型。第一种模型是 Inception v3，这是一个比 Inception v1 更精确的模型，针对精度进行了优化，但模型规模也较大。另一种模型是 MobileNet，针对在移动设备上的应用优化了模型大小和效率。TensorFlow 支持的预训练模型的详细列表见 https：//github. com/tensorflow/models/tree/master/research/slim#pre－trained－models。

2.2　利用 Inception v3 模型进行再训练

在第 1 章中设置的 TensorFlow 源代码中，有一个 Python 脚本 tensorflow/examples/image_retraining/retrain. py，可用于再训练 Inception v3 模型或 MobileNet 模型。在运行脚本再训练 Inception v3 模型进行犬种识别之前，需要先下载斯坦福大学的犬类数据集（http：//vision. stanford. edu/aditya86/ImageNetDogs），其中包含了 120 种犬种的图像（只需下载链接中的图像文件，而无须下载相应的注释文件）。

将下载的犬类 images. tar 文件解压缩到 ~/Downloads 文件夹中，在 ~/Downloads/Images 目录下会生成如图 2.1 所示的文件夹列表。其中每个文件夹对应一个犬种，包含大约 150 幅图像（无须提供图像的显式标签，因为文件夹名即可标记文件夹中包含的图像类别）。

图 2.1　由文件夹分割的犬类图像数据集或犬种标签

下载数据集，然后在 Mac 操作系统上运行 retrain. py 脚本，由于该脚本是在相对较小的数据集（总共约 2 万幅图像）上运行，因此时间不长（不到 1h），但如果在第 1 章中配置的 GPU 驱动的 Ubuntu 操作系统上运行，则可在几分钟内执行完脚本。此外，若使用大型图像数据集进行再训练，则在 Mac 操作系统上运行可能需要数小时或数天，因此在 GPU 驱动的机器上运行非常有必要。

假设已创建/tf_file 文件夹和/tf_file/dogs_bottleneck 文件夹，则模型再训练命令如下：

```
python tensorflow/examples/image_retraining/retrain.py
--model_dir=/tf_files/inception-v3
--output_graph=/tf_files/dog_retrained.pb
--output_labels=/tf_files/dog_retrained_labels.txt
--image_dir ~/Downloads/Images
--bottleneck_dir=/tf_files/dogs_bottleneck
```

在此，对下列 5 个参数进行解释：

1）－－model_dir 指定由 retrain. py 自动下载的 Inception v3 模型的目录路径，除非已在目录中。

2）－－output_graph 指示再训练模型的名称和路径。

3）－－output_labels 是一个包含图像数据集文件夹（标签）名的文件，随后将与再训练模型一起用于新图像的分类。

4）－－image_dir 是用于再训练 Inception v3 模型的图像数据集的路径。

5）－－bottleneck_dir 用于缓存位于最后一层之前的瓶颈层上生成的结果；最后一层根据这些结果进行分类。在再训练期间，会多次使用每幅图像，但图像的瓶颈层值保持不变，即使是对于重新运行的再训练脚本也是如此。因此，第一次运行需要较长时间，因为要创建瓶颈层结果。

在再训练过程中，默认总共执行 4000 步，每执行 10 步会产生 3 个值。前 20 步和后 20步以及最终的精度如下：

```
INFO:tensorflow:2018-01-03 10:42:53.127219: Step 0: Train accuracy = 21.0%
INFO:tensorflow:2018-01-03 10:42:53.127414: Step 0: Cross entropy =
4.767182
INFO:tensorflow:2018-01-03 10:42:55.384347: Step 0: Validation accuracy =
3.0% (N=100)
INFO:tensorflow:2018-01-03 10:43:11.591877: Step 10: Train accuracy = 34.0%
INFO:tensorflow:2018-01-03 10:43:11.592048: Step 10: Cross entropy =
4.704726
INFO:tensorflow:2018-01-03 10:43:12.915417: Step 10: Validation accuracy =
22.0% (N=100)
...
...
INFO:tensorflow:2018-01-03 10:56:16.579971: Step 3990: Train accuracy =
93.0%
INFO:tensorflow:2018-01-03 10:56:16.580140: Step 3990: Cross entropy =
0.326892
INFO:tensorflow:2018-01-03 10:56:16.692935: Step 3990: Validation accuracy
= 89.0% (N=100)
INFO:tensorflow:2018-01-03 10:56:17.735986: Step 3999: Train accuracy =
93.0%
INFO:tensorflow:2018-01-03 10:56:17.736167: Step 3999: Cross entropy =
0.379192
INFO:tensorflow:2018-01-03 10:56:17.846976: Step 3999: Validation accuracy
= 90.0% (N=100)
INFO:tensorflow:Final test accuracy = 91.0% (N=2109)
```

训练精度是指针对用于训练的图像的神经网络分类精度,验证精度是指针对未用于训练的图像的神经网络分类精度。因此,验证精度是一个衡量模型精度的更可靠指标,如果训练过程收敛且顺利进行,也就是说,训练模型既不过拟合也不欠拟合,验证精度通常应稍低于训练精度,但不能低太多。

如果训练精度很高,但验证精度仍然很低,则表明模型过拟合。如果训练精度也很低,则表明模型欠拟合。另外,损失函数的值是交叉熵,如果再训练执行较好,该值总体上应越来越小。最后,测试精度是取决于没有用于训练或验证的图像。一般来说,这是表明再训练模型精度的一个最精确值。

由上述输出结果可知,再训练结束时,验证精度与训练精度相似(分别为90%和93%,而训练开始时分别仅为3%和21%),最终测试精度为91%。交叉熵也从最初的4.767下降到最终的0.379。由此表明现在得到一个很好的犬种识别再训练模型。

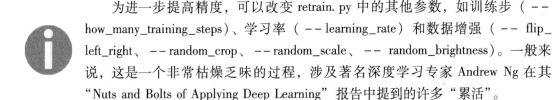

为进一步提高精度,可以改变 retrain.py 中的其他参数,如训练步(——how_many_training_steps)、学习率(——learning_rate)和数据增强(—— flip_left_right、——random_crop、——random_scale、——random_brightness)。一般来说,这是一个非常枯燥乏味的过程,涉及著名深度学习专家 Andrew Ng 在其 "Nuts and Bolts of Applying Deep Learning" 报告中提到的许多 "累活"。

利用实际图像(例如/tmp/lab1.jpg 中的拉布拉多猎犬图像)对再训练模型进行快速测试的另一个 Python 脚本是 label_image,在第一次编译之后运行如下:

```
bazel build tensorflow/examples/image_retraining:label_image

bazel-bin/tensorflow/examples/label_image/label_image
--graph=/tf_files/dog_retrained.pb
--image=/tmp/lab1.jpg
--input_layer=Mul
--output_layer=final_result
--labels=/tf_files/dog_retrained_labels.txt
```

得到的前五个分类结果大致如下（由于网络随机变化，结果可能不完全相同）：

```
n02099712 labrador retriever (41): 0.75551
n02099601 golden retriever (64): 0.137506
n02104029 kuvasz (76): 0.0228538
n02090379 redbone (32): 0.00943663
n02088364 beagle (20): 0.00672507
```

－－input_layer（Mul）和－－output_layer（final_result）的值非常重要，它们必须与模型中定义的值完全相同，才能完成分类任务。如果想要得到这些值（从 dog_retrained. pb 图文件（又称 aka 模型文件）中），可借助两个 TensorFlow 工具。第一个是适当命名的 summarize _graph。以下是如何构建和运行该工具的代码：

```
bazel build tensorflow/tools/graph_transforms:summarize_graph

bazel-bin/tensorflow/tools/graph_transforms/summarize_graph --
in_graph=/tf_files/dog_retrained.pb
```

得到的类似摘要结果如下：

```
No inputs spotted.
No variables spotted.
Found 1 possible outputs: (name=final_result, op=Softmax)
Found 22067948 (22.07M) const parameters, 0 (0) variable parameters, and 99
control_edges
Op types used: 489 Const, 101 Identity, 99 CheckNumerics, 94 Relu, 94
BatchNormWithGlobalNormalization, 94 Conv2D, 11 Concat, 9 AvgPool, 5
MaxPool, 1 DecodeJpeg, 1 ExpandDims, 1 Cast, 1 MatMul, 1 Mul, 1
PlaceholderWithDefault, 1 Add, 1 Reshape, 1 ResizeBilinear, 1 Softmax, 1
Sub
```

一个可能的输出结果名为 final_result。遗憾的是，有时 summarize_graph 工具并未具体给出输入节点名，因为不确定真正用于训练的节点。只有在剥离出仅用于训练的节点（稍后将讨论）之后，summarize_graph 工具才能返回正确的输入节点名。另一种工具是 TensorBoard，其提供了一个较为完整的模型图。如果是直接以二进制文件安装的 TensorFlow，那么应该能够运行 TensorBoard，默认情况下，其安装在/usr/local/bin 文件夹中。但如果是按前面所述那样从源代码安装 TensorFlow，则需运行以下命令来编译 TensorBoard：

```
git clone https://github.com/tensorflow/tensorboard
cd tensorboard/
bazel build //tensorboard
```

现在，确保已存在/tmp/retrained_logs（是在执行 retrain. py 时自动创建的），接下来运行：

```
bazel-bin/tensorboard/tensorboard --logdir /tmp/retrain_logs
```

然后在浏览器上输入 URL 地址 http：//localhost：6006。此时会显示如图 2.2 所示的精度图。
前面所述的 retrain. py 运行输出结果为如图 2.3 所示的交叉熵图。

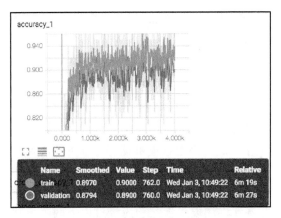

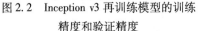

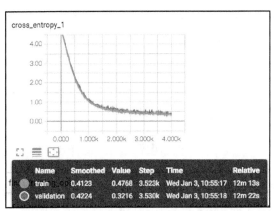

图 2.2　Inception v3 再训练模型的训练
精度和验证精度

图 2.3　Inception v3 再训练模型的训练
交叉熵和验证交叉熵

现在单击 GRAPHS 选项卡，将看到一个名为 Mul 的操作和另一个名为 final_result 的操作，如图 2.4 所示。

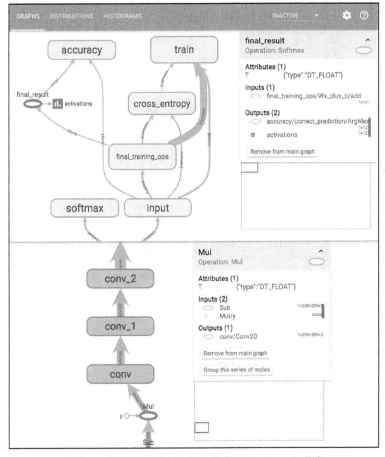

图 2.4　再训练模型中的 Mul 节点和 final_result 节点

实际上，如果不想与 TensorFlow 过多交互，可尝试执行几行 Python 代码来查找输出层节点名和输入层节点名，在 IPython 中的执行命令如下：

```
In [1]: import tensorflow as tf
In [2]: g=tf.GraphDef()
In [3]: g.ParseFromString(open("/tf_files/dog_retrained.pb", "rb").read())
In [4]: x=[n.name for n in g.node]
In [5]: x[-1:]
Out[5]: [u'final_result']
```

注意，上述代码段并不总是有效，因为节点顺序不定，但通常能够提供一些可能需要的信息或验证结果。

接下来，讨论如何进一步修改再训练模型，以便可在移动设备上部署并运行。再训练模型文件 dog_retrained.pb 较大（约为 80MB），在部署到移动设备上之前应经过以下两个步骤进行优化：

1）剥离未使用的节点：移除模型中仅用于训练过程而在推断时不需要的节点。

2）量化模型：将所有 32 位浮点数的模型参数转换为 8 位。这将使得模型大小减小到原始的 25% 左右，同时保持推断精度不变。

 TensorFlow 相关文档（https：//www.tensorflow.org/performance/quantization）中提供了有关量化以及工作原理的更多细节。

现有两种方法可执行上述两个任务：使用 strip_unused 工具的早期方法和使用 transform_graph 工具的新方法。

先介绍早期方法的工作过程：首先运行以下命令来创建一个去除所有未使用节点的模型。

```
bazel build tensorflow/python/tools:strip_unused

bazel-bin/tensorflow/python/tools/strip_unused
  --input_graph=/tf_files/dog_retrained.pb
  --output_graph=/tf_files/stripped_dog_retrained.pb
  --input_node_names=Mul
  --output_node_names=final_result
    --input_binary=true
```

如果根据输出图运行上述 Python 代码，则可以得到正确的输入层节点名，如下：

```
In [1]: import tensorflow as tf
In [2]: g=tf.GraphDef()
In [3]: g.ParseFromString(open("/tf_files/ stripped_dog_retrained.pb",
"rb").read())
In [4]: x=[n.name for n in g.node]
In [5]: x[0]
Out[5]: [u'Mul']
```

接着，运行以下命令来量化模型。

```
python tensorflow/tools/quantization/quantize_graph.py
    --input=/tf_files/stripped_dog_retrained.pb
--output_node_names=final_result
--output=/tf_files/quantized_stripped_dogs_retrained.pb
    --mode=weights
```

之后，将在本章后面内容中介绍如何将准备好的 quantized_stripped_dogs_retrained.pb 模型在 iOS 和 Android 应用程序中进行部署和使用。

去除未使用的节点并量化模型的另一种方法是使用一种称为 transform_graph 的工具。这是在 TensorFlow 中推荐的一种新方法，可很好地与 label_image Python 脚本配合使用，但在部署到 iOS 和 Android 应用程序时仍会导致识别结果不正确。

```
bazel build tensorflow/tools/graph_transforms:transform_graph
bazel-bin/tensorflow/tools/graph_transforms/transform_graph
  --in_graph=/tf_files/dog_retrained.pb
  --out_graph=/tf_files/transform_dog_retrained.pb
  --inputs='Mul'
  --outputs='final_result'
  --transforms='
    strip_unused_nodes(type=float, shape="1,299,299,3")
    fold_constants(ignore_errors=true)
    fold_batch_norms
    fold_old_batch_norms
    quantize_weights'
```

使用 label_image 脚本在 quantized_stripped_dogs_retrained. pb 和 transform_dog_retrained. pb 两个模型上测试正常。但只有第一个模型在 iOS 和 Android 应用程序中正常工作。

有关图转换工具的详细文档，参见 GitHub 上的 README 文件（https：//github. com/tensorflow/tensorflow/blob/master/tensorflow/tools/graph_transforms/README. md）。

2.3 利用 MobileNet 模型进行再训练

上节中生成的经剥离和量化的模型仍超过 20MB。这是因为用于再训练的预构建 Inception v3 模型是一个包含超过 2500 万个参数的大规模深度学习模型，且 Inception v3 模型并不是以移动应用为优先目标而创建的。

2017 年 6 月，Google 公司发布了 MobileNets v1 模型，其中包含 16 个基于 TensorFlow 的以移动应用为优先目标的深度学习模型。这些模型只有几 MB 大小，含有 47 万 ~ 424 万个参数，但仍可以达到相当高的精度（只是比 Inception v3 模型稍低一点）。更多相关信息参见 https：//github. com/tensorflow/models/blob/master/research/slim/nets/mobilenet _v1. md 上的 README 文件。

前面讨论的 retrain. py 脚本也支持 MobileNet 模型的再训练。只需运行如下命令：

```
python tensorflow/examples/image_retraining/retrain.py
  --output_graph=/tf_files/dog_retrained_mobilenet10_224.pb
  --output_labels=/tf_files/dog_retrained_labels_mobilenet.txt
  --image_dir ~/Downloads/Images
  --bottleneck_dir=/tf_files/dogs_bottleneck_mobilenet
  --architecture mobilenet_1.0_224
```

生成的标签文件 dog_retrained_labels_mobilenet. txt 实际上与使用 Inception v3 模型在再训练期间生成的标签文件相同。其中，-- architecture 参数用于指定 16 个 MobileNet 模型中的一个，mobilenet_1. 0_224 是指使用以 1. 0 为参数大小的模型（参数的其他三个可能值为 0. 75、0. 50 和 0. 25，大多情况下选择参数 1. 0，精度最高但模型最大，参数 0. 25 则正好相反），224 是指输入图像大小（其他三个值为 192、160 和 128）。如果在 -- architecture 参数值的末尾增加了_quantized，即 − − architecture mobilenet_1.0_224_quantized，表明会对模型进行量化，使得再训练模型大小约为 5.1MB，而未量化的模型大小约为 17MB。

可按照以下命令测试之前由 label_image 脚本生成的模型：

```
bazel-bin/tensorflow/examples/label_image/label_image
--graph=/tf_files/dog_retrained_mobilenet10_224.pb
--image=/tmp/lab1.jpg
--input_layer=input
--output_layer=final_result
--labels=/tf_files/dog_retrained_labels_mobilenet.txt
--input_height=224
--input_width=224
--input_mean=128
--input_std=128

n02099712 labrador retriever (41): 0.824675
n02099601 golden retriever (64): 0.144245
n02104029 kuvasz (76): 0.0103533
n02087394 rhodesian ridgeback (105): 0.00528782
n02090379 redbone (32): 0.0035457
```

注意，在运行 label_image 脚本时，输入层命名为 input。通过 IPython 交互代码或前面介绍的 summarize_graph 工具可查看此名称。

```
bazel-bin/tensorflow/tools/graph_transforms/summarize_graph
--in_graph=/tf_files/dog_retrained_mobilenet10_224.pb
Found 1 possible inputs: (name=input, type=float(1), shape=[1,224,224,3])
No variables spotted.
Found 1 possible outputs: (name=final_result, op=Softmax)
Found 4348281 (4.35M) const parameters, 0 (0) variable parameters, and 0
control_edges
Op types used: 92 Const, 28 Add, 27 Relu6, 15 Conv2D, 13 Mul, 13
DepthwiseConv2dNative, 10 Dequantize, 3 Identity, 1 MatMul, 1 BiasAdd, 1
Placeholder, 1 PlaceholderWithDefault, 1 AvgPool, 1 Reshape, 1 Softmax, 1
Squeeze
```

那么，何时在移动设备上使用 Inception v3 或 MobileNet 再训练模型呢？如果想要达到最大可能的精度，可采用基于 Inception v3 的再训练模型。如果首要考虑运行速度的话，则应采用参数最少且输入图像大小最小的 MobileNet 再训练模型，以弥补一些精度损失。

能够提供一个准确的模型基准的工具是 benchmark_model。首先，按如下方式编译：

```
bazel build -c opt tensorflow/tools/benchmark:benchmark_model
```

然后，以基于 Inception v3 或 MobileNet v1 的再训练模型运行，如下：

```
bazel-bin/tensorflow/tools/benchmark/benchmark_model
--graph=/tf_files/quantized_stripped_dogs_retrained.pb
--input_layer="Mul"
--input_layer_shape="1,299,299,3"
--input_layer_type="float"
--output_layer="final_result"
--show_run_order=false
--show_time=false
--show_memory=false
--show_summary=true
```

此时会得到一个很长的输出，最后结果是一个类似于 FLOPS（浮点运算）估计值：11.42B，这意味着基于 Inception v3 的再训练模型需执行大约 11B FLOPS 才能得到推断结果。iPhone 手机执行大约为 2B FLOPS，因此在 iPhone 手机上运行这个模型大约需要 5~6s。其他智能手机执行大约为 10B FLOPS。

将图文件替换为基于 MobileNet 模型的再训练模型 dog_retrained_mobilenet10_224.pb，并重新运行基准工具，将会发现 FLOPS 估计值变为 1.14B，大约快了 10 倍。

2.4　再训练模型在 iOS 示例应用程序中的应用

在第 1 章介绍的 iOS 简单示例应用程序中采用了 Inception v1 模型。为了在该应用程序中采用再训练的 Inception v3 模型和 MobileNet 模型来更好地识别犬种，需要对应用程序进行一些修改。接下来，首先分析如何在 iOS 示例应用程序中使用再训练的 quantized_stripped_dogs_retrained.pb 模型。

1）双击 tensorflow/examples/ios/simple 中的 tf_simple_example.xcworkspace 文件，在 Xcode 环境下打开应用程序。

2）将 quantized_stripped_dogs_retrained.pb 模型文件、dog_retrained_labels.txt 标签文件，以及用于测试 label_image 脚本的 lab1.jpg 图像文件拖放到工程的数据文件夹中，并确保选择 Copy items if needed 和 Add to targets 操作，如图 2.5 所示。

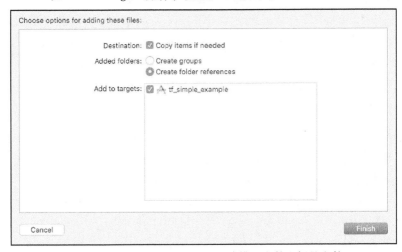

图 2.5　在应用程序中添加再训练模型文件和标签文件

3）在 Xcode 工程中单击 RunModelViewController.mm 文件，利用 TensorFlow C++ API 处理输入图像后，运行 Inception v1 模型，得到图像分类结果，并更改以下代码行：

```
NSString* network_path =
FilePathForResourceName(@"tensorflow_inception_graph", @"pb");
NSString* labels_path =
FilePathForResourceName(@"imagenet_comp_graph_label_strings",
@"txt");
NSString* image_path = FilePathForResourceName(@"grace_hopper",
@"jpg");
```

输入正确的模型文件名、标签文件名和测试图像名。

```
NSString* network_path =
FilePathForResourceName(@"quantized_stripped_dogs_retrained",
@"pb");
NSString* labels_path =
FilePathForResourceName(@"dog_retrained_labels", @"txt");
NSString* image_path = FilePathForResourceName(@"lab1", @"jpg");
```

4）同样在 RunModelViewController. mm 文件中，为保证与 Inception v3 （来自于 Inception v1） 再训练模型所需的输入图像大小一致，需将 const int wanted_width = 224 和 const int wanted_height = 224 代码中的值 224 改为 299，并将 const float input_mean = 117. 0f 和 const float input_std = 1. 0f 中的值改为 128. 0f。

5）将输入节点名和输出节点名的值由下面：

```
std::string input_layer = "input";
std::string output_layer = "output";
```

改为以下正确值：

```
std::string input_layer = "Mul";
std::string output_layer = "final_result";
```

6）最后，编辑 dog_retrained_labels. txt 文件以删除每行中的 nxxxx 字符串前缀 （例如，删除 n02099712 labrador retriever 中的 n02099712），在 Mac 操作系统上，可按住 option 键，进行块选择和删除来执行此操作，这样使得识别结果更具可读性。

现在，运行应用程序并单击 Run Model 按钮，在 Xcode 的控制台窗口或应用程序的编辑框中，将出现以下识别结果，与执行 label_image 脚本所得的结果完全一致。

```
Predictions: 41 0.645  labrador retriever
64 0.195  golden retriever
76 0.0261  kuvasz
32 0.0133  redbone
20 0.0127  beagle
```

要使用 MobileNet （mobilenet_1. 0_224_quantized） 再训练模型 dog_retrained_mobilenet10_224. pb，执行与上面类似的步骤，只是在步骤 2） 和步骤 3） 中，使用的是 dog_retrained_mobilenet10_224. pb 模型文件，而在步骤 4） 中，保持 const int wanted_width = 224 和 const int wanted_height = 224 不变，仅将 const float input_mean 和 const float input_std 改为 128。最后，在步骤 5） 中，使用 std:: string input_layer = " input" ；和 std:: string output_layer = " final_result" ；。这些参数与执行 dog_retrained_mobilenet10_224. pb 模型文件的 label_image 脚本中所用的参数相同。

再次运行应用程序，得到的识别结果类似。

2.5　再训练模型在 Android 示例应用程序中的应用

在 Android 的 TF Classify 应用程序中使用再训练的 Inception v3 模型和 MobileNet 模型也非常简单。在此，按照以下步骤来测试两个再训练模型。

1）在 Android Studio 中打开位于 tensorflow/examples/android 文件夹中的 TensorFlow Android 示例应用程序。

2）将两个再训练模型 quantized_stripped_dogs_retrained. pb 和 dog_retrained_mobilenet10_224. pb 以及标签文件 dog_retrained_labels. txt 拖放到 Android 应用程序的 assets 文件夹中。

3）打开 ClassifierActivity. java 文件，若应用 Inception v3 再训练模型，则将以下代码：

```
private static final int INPUT_SIZE = 224;
private static final int IMAGE_MEAN = 117;
private static final float IMAGE_STD = 1;
private static final String INPUT_NAME = "input";
private static final String OUTPUT_NAME = "output";
```

替换为

```
private static final int INPUT_SIZE = 299;
private static final int IMAGE_MEAN = 128;
private static final float IMAGE_STD = 128;
private static final String INPUT_NAME = "Mul";
private static final String OUTPUT_NAME = "final_result";
private static final String MODEL_FILE =
"file:///android_asset/quantized_stripped_dogs_retrained.pb";
private static final String LABEL_FILE =
"file:///android_asset/dog_retrained_labels.txt";
```

4）若应用 MobileNet 再训练模型，则上述代码替换为

```
private static final int INPUT_SIZE = 224;
private static final int IMAGE_MEAN = 128;
private static final float IMAGE_STD = 128;
private static final String INPUT_NAME = "input";
private static final String OUTPUT_NAME = "final_result";
private static final String MODEL_FILE =
"file:///android_asset/dog_retrained_mobilenet10_224.pb";
private static final String LABEL_FILE =
"file:///android_asset/dog_retrained_labels.txt";
```

5）将 Android 设备连接到计算机并运行应用程序，然后单击 TF Classify 应用程序，将摄像头对准宠物狗图片，则在屏幕上会显示识别结果。

上述就是在 TensorFlow iOS 和 Android 示例应用程序中应用两种再训练模型所需执行的全部工作。现在已了解了如何在示例应用程序中使用再训练模型，接下来将讨论如何将 TensorFlow 添加到新的或现有的 iOS 或 Android 应用程序中，以便在移动应用程序中添加强大的人工智能。这就是在本章后续将要详细讨论的内容。

2.6　在 iOS 应用程序中添加 TensorFlow

在 TensorFlow 的早期版本中，将 TensorFlow 添加到应用程序非常烦琐，需要手动编译 TensorFlow 以及一些其他手动设置。现在在 TensorFlow 中，这个过程非常简单，但在 Tensor-Flow 网站中没有提供实现步骤的详细文档。另外，还缺少如何在基于 Swift 的 iOS 应用程序中使用 TensorFlow 的相关文档。基于 TensorFlow 的 iOS 示例应用程序都是调用 TensorFlow 的 C ++ API，并在 Objective – C 下编程实现的。接下来，讨论如何改进实现方式。

2.6.1　在 Objective – C 的 iOS 应用程序中添加 TensorFlow

首先，按照以下步骤将具有图像分类功能的 TensorFlow 添加到 Objective – C 的 iOS 应用

程序中（将从一个新的应用程序开始，如果是将 TensorFlow 添加到一个现有应用程序中，可省略第一步）：

1）在 Xcode 环境下，单击 File|New|Project…，选择 Single View App，然后单击 Next，输入 HelloTensorFlow 作为 Product Name，选择 Objective－C 作为 Language，然后单击 Next，并在单击 Create 之前选择工程的保存路径。关闭 Xcode 中的工程窗口（鉴于后面将用到 pod，因此需打开工程的工作区文件）。

2）开启一个终端窗口，跳转到工程所在位置，然后创建一个名为 Podfile 的新文件，其中包含以下内容：

```
target 'HelloTensorFlow'
pod 'TensorFlow-experimental'
```

3）运行 pod install 命令，下载并安装 TensorFlow pod。

4）在 Xcode 中打开 HelloTensorFlow. xcworkspace 文件，然后将用于处理来自于 Tensor-Flow iOS 示例文件夹 TensorFlow/examples/ios/simple 中的图像的两个文件（ios＿image＿load. mm 和 ios_image_load. h）拖放到 HelloTensorFlow 工程文件夹中。

5）将两个模型 quantized_stripped_dogs_retrained. pb 和 dog_retrained_mobilenet10_224. pb、标签文件 dog_retrained_labels. txt，以及一些测试图像文件拖放到工程文件夹中，执行后，结果如图 2.6 所示。

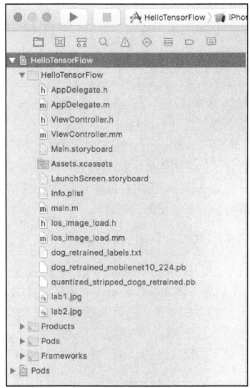

图 2.6　添加效用文件、模型文件、标签文件和图像文件

6）将 ViewController. m 重命名为 ViewController. mm，这是因为将在该文件中混合 C + + 代码和 Objective – C 代码，以调用 TensorFlow C + + API 来处理输入图像和推断结果。然后，在@ interface ViewController 之前，添加以下#include 语句和函数原型。

```
#include <fstream>
#include <queue>
#include "tensorflow/core/framework/op_kernel.h"
#include "tensorflow/core/public/session.h"
#include "ios_image_load.h"

NSString* RunInferenceOnImage(int wanted_width, int wanted_height,
std::string input_layer, NSString *model);
```

7）在 ViewController. mm 文件的末尾处，添加从 tensorflow/example/ios/simple/RunModel-ViewController. mm 中复制的以下代码，并对函数 RunInferenceOnImage 稍加更改，以接受各种具有不同输入大小和输入层名称的再训练模型。

```
namespace {
    class IfstreamInputStream : public
::google::protobuf::io::CopyingInputStream {
...
static void GetTopN(
...
bool PortableReadFileToProto(const std::string& file_name,
...
NSString* FilePathForResourceName(NSString* name, NSString*
extension) {
...
NSString* RunInferenceOnImage(int wanted_width, int wanted_height,
std::string input_layer, NSString *model) {
```

8）同样在 ViewController. mm 中，在 viewDidLoad 方法的末尾处，先增加添加标签的代码，以使得用户明确针对应用程序可执行哪些操作。

```
UILabel *lbl = [[UILabel alloc] init];
[lbl setTranslatesAutoresizingMaskIntoConstraints:NO];
lbl.text = @"Tap Anywhere";
[self.view addSubview:lbl];
```

然后将标签限定在屏幕中间，如下：

```
NSLayoutConstraint *horizontal = [NSLayoutConstraint
constraintWithItem:lbl attribute:NSLayoutAttributeCenterX
relatedBy:NSLayoutRelationEqual toItem:self.view
attribute:NSLayoutAttributeCenterX multiplier:1 constant:0];

NSLayoutConstraint *vertical = [NSLayoutConstraint
constraintWithItem:lbl attribute:NSLayoutAttributeCenterY
relatedBy:NSLayoutRelationEqual toItem:self.view
attribute:NSLayoutAttributeCenterY multiplier:1 constant:0];

[self.view addConstraint:horizontal];
[self.view addConstraint:vertical];
```

最后，添加单击手势识别函数，如下：

```
UITapGestureRecognizer *recognizer = [[UITapGestureRecognizer
alloc] initWithTarget:self action:@selector(tapped:)];
[self.view addGestureRecognizer:recognizer];
```

9）在单击处理程序中，首先创建两个 alert 操作，以允许用户选择再训练模型。

```
UIAlertAction* inceptionV3 = [UIAlertAction
actionWithTitle:@"Inception v3 Retrained Model"
style:UIAlertActionStyleDefault handler:^(UIAlertAction * action) {
        NSString *result = RunInferenceOnImage(299, 299, "Mul",
@"quantized_stripped_dogs_retrained");
        [self showResult:result];
}];
UIAlertAction* mobileNet = [UIAlertAction
actionWithTitle:@"MobileNet 1.0 Retrained Model"
style:UIAlertActionStyleDefault handler:^(UIAlertAction * action) {
        NSString *result = RunInferenceOnImage(224, 224, "input",
@"dog_retrained_mobilenet10_224");
        [self showResult:result];
}];
```

然后创建一个 none 操作，将所有三个 alert 操作添加到警告控制器中，并显示，如下：

```
UIAlertAction* none = [UIAlertAction actionWithTitle:@"None"
style:UIAlertActionStyleDefault
        handler:^(UIAlertAction * action) {}];

UIAlertController* alert = [UIAlertController
alertControllerWithTitle:@"Pick a Model" message:nil
preferredStyle:UIAlertControllerStyleAlert];
[alert addAction:inceptionV3];
[alert addAction:mobileNet];
[alert addAction:none];
[self presentViewController:alert animated:YES completion:nil];
```

10）推断结果作为 showResult 方法中的另一个警告控制器进行显示，如下：

```
-(void) showResult:(NSString *)result {
    UIAlertController* alert = [UIAlertController
alertControllerWithTitle:@"Inference Result" message:result
preferredStyle:UIAlertControllerStyleAlert];
    UIAlertAction* action = [UIAlertAction actionWithTitle:@"OK"
style:UIAlertActionStyleDefault handler:nil];
    [alert addAction:action];
    [self presentViewController:alert animated:YES completion:nil];
}
```

与调用 TensorFlow 相关的核心代码是在 RunInferenceOnImage 方法中（在 TensorFlow iOS 示例应用程序的基础上稍作修改）包含 TensorFlow 会话和图的创建。

```
tensorflow::Session* session_pointer = nullptr;
tensorflow::Status session_status = tensorflow::NewSession(options,
&session_pointer);
...
std::unique_ptr<tensorflow::Session> session(session_pointer);
tensorflow::GraphDef tensorflow_graph;
NSString* network_path = FilePathForResourceName(model, @"pb");
PortableReadFileToProto([network_path UTF8String], &tensorflow_graph);
tensorflow::Status s = session->Create(tensorflow_graph);
```

然后加载标签文件和图像文件，并将图像数据转换为适当的张量数据。

```
NSString* labels_path = FilePathForResourceName(@"dog_retrained_labels",
@"txt");
...
NSString* image_path = FilePathForResourceName(@"lab1", @"jpg");
std::vector<tensorflow::uint8> image_data = LoadImageFromFile([image_path
UTF8String], &image_width, &image_height, &image_channels);
tensorflow::Tensor image_tensor(tensorflow::DT_FLOAT,
tensorflow::TensorShape({1, wanted_height, wanted_width,
wanted_channels}));
auto image_tensor_mapped = image_tensor.tensor<float, 4>();
tensorflow::uint8* in = image_data.data();
float* out = image_tensor_mapped.data();
for (int y = 0; y < wanted_height; ++y) {
    const int in_y = (y * image_height) / wanted_height;
...
}
```

最后，以图像张量数据和输入层名称调用 TensorFlow 会话中的 run 方法，并对所得的返回输出结果进行处理，最终得到置信度大于阈值的前五个结果。

```
std::vector<tensorflow::Tensor> outputs;
tensorflow::Status run_status = session->Run({{input_layer,
image_tensor}},{output_layer}, {}, &outputs);
...
tensorflow::Tensor* output = &outputs[0];
const int kNumResults = 5;
const float kThreshold = 0.01f;
std::vector<std::pair<float, int> > top_results;
GetTopN(output->flat<float>(), kNumResults, kThreshold, &top_results);
```

在本书的后面内容中，将实现不同版本的 RunInferenceOnxxx 方法，以通过不同的输入运行不同的模型。如果没有完全理解之前的一些代码，无须担心；只要再多开发一些应用程序，就可以针对自定义的新模型熟练地编写相应的推断逻辑了。

此外，在本书的源代码库中提供了完整的 HelloTensorFlow iOS 应用程序代码。

现在，在模拟器或实际的 iOS 设备上运行应用程序，首先将弹出要求选择再训练模型的消息框，如图 2.7 所示。

然后，在选择模型后，会得到相应的推断结果，如图 2.8 所示。

值得注意的是，MobileNet 再训练模型在 iPhone 手机上运行时间大约为 1s，要比 Inception v3 再训练模型在同一个 iPhone 手机上的运行时间（大约为 7s）少得多。

图 2.7　选择用于推断的不同再训练模型

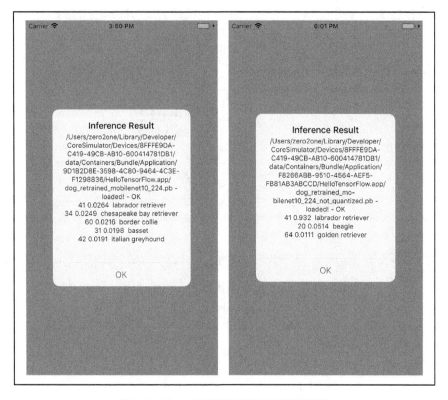

图 2.8 基于不同再训练模型的推断结果

2.6.2 在 Swift 的 iOS 应用程序中添加 TensorFlow

自 2014 年 6 月诞生以来，Swift 现已成为最简洁的现代编程语言之一。因此，对于某些开发人员来说，将 TensorFlow 集成到基于 Swift 的 iOS 应用程序中会非常有用。实现步骤与基于 Objective – C 的应用程序中的步骤类似，不过会有一些与 Swift 相关的技巧。如果已按照 Objective – C 部分所介绍的步骤执行过，那么会发现有一些步骤是重复的，但在此出于为可能跳过 Objective – C 部分而直接阅读 Swift 实现的读者考虑，仍给出了完整步骤。

1）在 Xcode 环境中，单击 File | New | Project...，选择 Single View App，然后单击 Next，输入 HelloTensorFlow_Swift 作为 Product Name，选择 Swift 作为 Language，接着单击 Next，在单击 Create 之前选择工程保存路径。关闭 Xcode 中的工程窗口（由于随后使用 pod 而会打开工程的工作区文件）。

2）打开终端窗口，跳转到工程所在目录，然后创建一个名为 Podfile 的新文件，其中包含如下内容：

```
target 'HelloTensorFlow_Swift'
pod 'TensorFlow-experimental'
```

3）执行 pod install 命令来下载和安装 TensorFlow pod。

4）打开 Xcode 中的 HelloTensorFlow_Swift. xcworkspace 文件，然后将处理图像加载的两

个文件（ios_image_load. mm 和 ios_image_load. h）从 TensorFlow iOS 示例文件夹 tensorflow/ex-amples/ios/simple 拖放到 HelloTensorFlow_Swift 工程文件夹中。在工程中添加这两个文件后，将会弹出一个如图 2.9 所示的消息框，询问是否愿意配置一个 Objective – C 桥接头，这是 Swift 代码调用 C + + 或 Objective – C 代码所需要的。因此，需单击 Create Bridging Header 按钮。

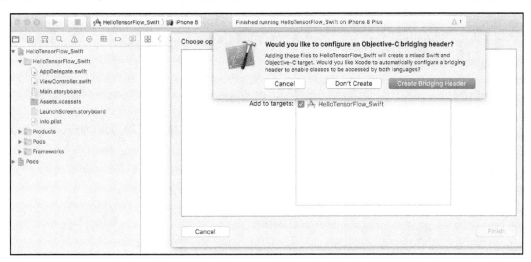

图 2.9　在添加 C + + 文件时创建桥接头文件

5）另外，将两个模型文件 quantized _ stripped _ dogs _ re-trained. pb 和 dog_retrained_mo-bilenet10 _ 224. pb、标签文件 dog _ retrained _ labels. txt，以及两个测试图像文件拖放到工程文件夹中，完成后将会得到如图 2.10 所示的结果。

6）通过以下代码创建一个名为 RunInference. h 的新文件（一个技巧是必须在 Swift 代码实现的下一步中使用一个 Ob-jective – C 类作为 RunInferen-ceOnImage 方法的封装器，以便能够间接调用。否则，会产生编译错误）。

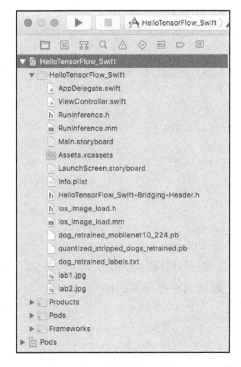

图 2.10　添加效用文件、模型文件、标签文件和图像文件

```
#import <Foundation/Foundation.h>
@interface RunInference_Wrapper : NSObject
    - (NSString *)run_inference_wrapper:(NSString *)name;
@end
```

7）创建另一个名为 RunInference. mm 的文件，首先包括 include 对象和原型。

```
#include <fstream>
#include <queue>
#include "tensorflow/core/framework/op_kernel.h"
#include "tensorflow/core/public/session.h"
#include "ios_image_load.h"

NSString* RunInferenceOnImage(int wanted_width, int wanted_height,
std::string input_layer, NSString *model);
```

8）在以下代码中添加 RunInference. mm，实现在 . h 文件中定义的 RunInference_Wrapper 方法。

```
@implementation RunInference_Wrapper
- (NSString *)run_inference_wrapper:(NSString *)name {
    if ([name isEqualToString:@"Inceptionv3"])
        return RunInferenceOnImage(299, 299, "Mul",
@"quantized_stripped_dogs_retrained");
    else
        return RunInferenceOnImage(224, 224, "input",
@"dog_retrained_mobilenet10_224");
}
@end
```

9）在 RunInference. mm 的最后，添加与 Objective – C 部分中 ViewController. mm 完全相同的方法，而仅与 tensorflow/example/ios/simple/RunModelViewController. mm 中的方法略有不同。

```
class IfstreamInputStream : public namespace {
    class IfstreamInputStream : public
::google::protobuf::io::CopyingInputStream {
...
static void GetTopN(
...
bool PortableReadFileToProto(const std::string& file_name,
...
NSString* FilePathForResourceName(NSString* name, NSString*
extension) {
...
NSString* RunInferenceOnImage(int wanted_width, int wanted_height,
std::string input_layer, NSString *model) {
```

10）现在，打开 ViewController. swift，在 viewDidLoad 方法的最后，首先增加用于添加标签以便用户了解应用程序用途的代码。

```
let lbl = UILabel()
lbl.translatesAutoresizingMaskIntoConstraints = false
lbl.text = "Tap Anywhere"
self.view.addSubview(lbl)
```

然后，添加将标签置于屏幕中心的约束代码。

```
let horizontal = NSLayoutConstraint(item: lbl, attribute: .centerX,
relatedBy: .equal, toItem: self.view, attribute: .centerX,
multiplier: 1, constant: 0)

let vertical = NSLayoutConstraint(item: lbl, attribute: .centerY,
relatedBy: .equal, toItem: self.view, attribute: .centerY,
multiplier: 1, constant: 0)

self.view.addConstraint(horizontal)
self.view.addConstraint(vertical)
```
最后，添加单击手势识别代码。
```
let recognizer = UITapGestureRecognizer(target: self, action:
#selector(ViewController.tapped(_:)))
self.view.addGestureRecognizer(recognizer)
```
11）在单击处理程序中，首先添加一个 alert 操作，以允许用户选择 Inception v3 再训练
模型。
```
let alert = UIAlertController(title: "Pick a Model", message: nil,
preferredStyle: .actionSheet)
alert.addAction(UIAlertAction(title: "Inception v3 Retrained
Model", style: .default) { action in
    let result =
RunInference_Wrapper().run_inference_wrapper("Inceptionv3")
    let alert2 = UIAlertController(title: "Inference Result",
message: result, preferredStyle: .actionSheet)
    alert2.addAction(UIAlertAction(title: "OK", style: .default) {
action2 in
    })
    self.present(alert2, animated: true, completion: nil)
})
```
然后，在显示之前，创建针对 MobileNet 再训练模型的另一个操作，以及一个 none 操作。
```
alert.addAction(UIAlertAction(title: "MobileNet 1.0 Retrained
Model", style: .default) { action in
    let result =
RunInference_Wrapper().run_inference_wrapper("MobileNet")
    let alert2 = UIAlertController(title: "Inference Result",
message: result, preferredStyle: .actionSheet)
    alert2.addAction(UIAlertAction(title: "OK", style: .default) {
action2 in
    })
    self.present(alert2, animated: true, completion: nil)
})
alert.addAction(UIAlertAction(title: "None", style: .default) {
action in
})

self.present(alert, animated: true, completion: nil)
```
12）打开 HelloTensorFlow_Swift - Bridging - Header. h 文件，添加一行代码：#include
" RunInference. h"。

现在，在模拟器中运行应用程序，将会显示一个要求选择模型的警告控制器，如图 2. 11
所示。

不同再训练模型的推断结果如图 2.12 所示。

图 2.11 选择一个再训练
模型用于推断

图 2.12 不同再训练模型的推断结果

至此，整个实现过程完成。现在已了解了在 iOS 应用程序中添加功能强大的 TensorFlow 模型（不管是 Objective - C 还是 Swift 实现的）所需要做的工作，因此，接下来就能够轻松地在移动应用程序中增加人工智能了。不过，本书也会介绍针对 Android 的实现过程。

2.7 在 Android 应用程序中添加 TensorFlow

将 TensorFlow 添加到实际的 Android 应用程序会比 iOS 应用程序更容易。下面将介绍实现步骤：

1）如果已有一个现有的 Android 应用程序，就忽略这一步。否则，在 Android Studio 中，选择 File | New | New Project...，然后选择所有默认设置，单击 Finish。

2）打开 build. gradle（Module：app）文件，在依赖项｛...｝最后添加编译 'org. tensorflow：tensorflow - android：+'。

3）建立 gradle 文件，生成 libtensorflow_inference. so，即与 Java 代码接口的 TensorFlow 本地库，位于 app 目录下 app/build/intermediates/transforms/mergeJniLibs/debug/0/lib 的子文件夹中。

4）如果是一个新工程，可通过首先切换到 Packages，然后右键单击应用程序，选择 New | Folder | Assets Folder（见图 2.13），最后从 Packages 切换回 Android 来创建 assets 文件夹。

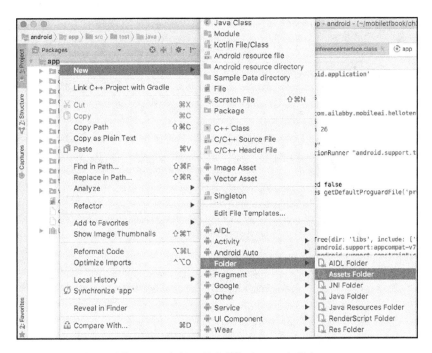

图 2.13　在新工程中添加 Assets 文件夹

5）将两个再训练的模型文件和标签文件，以及两个测试图像拖放到 assets 文件夹中，如图 2.14 所示。

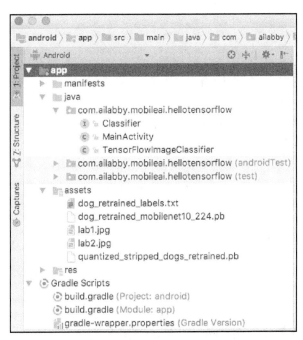

图 2.14　在 assets 文件夹中添加模型文件、标签文件和测试图像

6）按住选项按钮，将 TensorFlowImageClassifier. java 和 Classifier. java 文件从 tensorflow/ examples/android/src/org/tensorflow/demo 拖放到工程的 Java 文件夹中，如图 2.15 所示。

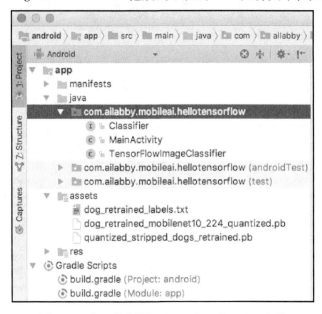

图 2.15　在工程中添加 TensorFlow Classifier 文件

7）打开 MainActivity 文件，首先创建与再训练 MobileNet 模型相关的常量——输入图像大小、节点名称、模型文件名和标签文件名。

```
private static final int INPUT_SIZE = 224;
private static final int IMAGE_MEAN = 128;
private static final float IMAGE_STD = 128;
private static final String INPUT_NAME = "input";
private static final String OUTPUT_NAME = "final_result";

private static final String MODEL_FILE =
"file:///android_asset/dog_retrained_mobilenet10_224.pb";
private static final String LABEL_FILE =
"file:///android_asset/dog_retrained_labels.txt";
private static final String IMG_FILE = "lab1.jpg";
```

8）现在，在 onCreate 方法中，先创建一个 Classifier 实例。

```
Classifier classifier = TensorFlowImageClassifier.create(
                getAssets(),
                MODEL_FILE,
                LABEL_FILE,
                INPUT_SIZE,
                IMAGE_MEAN,
                IMAGE_STD,
                INPUT_NAME,
                OUTPUT_NAME);
```

然后，从 assets 文件夹读取测试图像，调整为模型指定的大小，并调用推断方法 recognizeImage。

```
Bitmap bitmap = BitmapFactory.decodeStream(getAssets().open(IMG_FILE));
Bitmap croppedBitmap = Bitmap.createScaledBitmap(bitmap, INPUT_SIZE,
INPUT_SIZE, true);
final List<Classifier.Recognition> results =
classifier.recognizeImage(croppedBitmap);
```

为简单起见，此处没有在 Android 应用程序中添加任何与 UI 相关的代码，不过可以在获得结果的代码行设置断点，调试执行应用程序；这时将会得到如图 2.16 所示的结果。

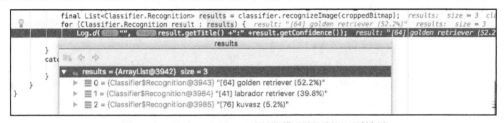

图 2.16　通过 MobileNet 再训练模型得到的识别结果

如果通过将 MODEL_FILE 改为 quantized_stripped_dogs_retrained.pb，INPUT_SIZE 改为 299，以及 INPUT_NAME 改为 Mul 而切换到 Inception v3 的再训练模型，将会得到如图 2.17 所示的结果。

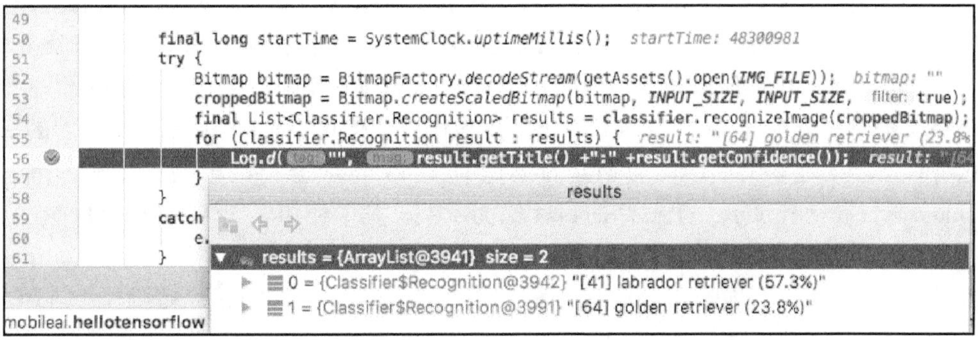

图 2.17　通过 Inception v3 再训练模型得到的识别结果

既然现已了解如何将 TensorFlow 和再训练模型添加到实际的 iOS 和 Android 应用程序中，那么如果想要添加非 TensorFlow 相关的功能，如利用手机摄像头对狗拍照并识别其品种，就不再有任何难度了。

2.8　小结

本章首先简要介绍了什么是迁移学习，以及为何可用其来再训练已预训练的深度学习图像分类模型。接着，详细介绍了如何再训练基于 Inception v3 的模型和 MobileNet 模型，以便更好地理解和识别人类最好的朋友——狗。之后，先是展示了如何在 TensorFlow 的 iOS 和 Android 示例应用程序中应用再训练的模型，然后详细介绍了如何将 TensorFlow 添加到实际的 iOS 应用程序（基于 Objective－C 和基于 Swift）和 Android 应用程序中。

尽管现在已通过一些小技巧熟悉了人类最好的朋友——狗，但是还有许多对象（不管是好的还是坏的）并未涉及。在下章中，我们将学习如何让程序变得更聪明，如何识别图片中所有感兴趣的对象，并在智能手机上随时随地定位它们。

第3章
目标检测与定位

目标检测比第 2 章中讨论的图像分类更加深入。图像分类仅返回图像的类别标签，而目标检测可返回在图像中识别的对象列表，以及每个已识别目标的边界框。目前的目标检测算法大多采用深度学习来构建用于检测和定位单幅图像中各种类型目标的模型。在过去几年中，更快、更准确的目标检测算法层出不穷，2017 年 6 月，Google 公司发布了 TensorFlow 目标检测 API，其中集成了多种先进的目标检测算法。

本章首先简要介绍一下目标检测的概念，即创建一个有效的目标检测深度学习模型，然后利用该模型进行推断的过程。接下来，将详细讨论 TensorFlow 目标检测 API 的工作原理，如何使用该 API 中的多个模型进行推断，以及如何利用实际数据集对其进行再训练。之后，学习在 iOS 应用程序中如何使用预训练的目标检测模型和再训练模型。并且将介绍一些实用技巧来手动构建一个自定义的 TensorFlow iOS 库以解决在使用 TensorFlow pod 时遇到的一些问题；这将有助于处理本书后续内容中涉及的所有 TensorFlow 支持的模型。在本章中，由于 TensorFlow 源代码已提供了一个很好的目标检测示例，其中使用了 TensorFlow 目标检测预训练模型和 YOLO 模型（将在本章最后一节介绍），因此不再介绍其他目标检测的 Android 示例应用程序。最后，将讨论如何在 iOS 应用程序中应用另一种先进的目标检测模型 YOLO v2。综上，本章的主要内容包括：

1）目标检测概述。

2）TensorFlow 目标检测 API 的安装。

3）SSD – MobileNet 和 Faster RCNN 再训练模型。

4）在 iOS 中使用目标检测模型。

5）YOLO2 应用：另一种目标检测模型。

3.1　目标检测概述

自 2012 年神经网络取得重大突破以来，一个名为 AlexNet 的深度 CNN 模型通过显著降低错误率而赢得了 ImageNet 年度视觉识别挑战赛冠军，激发了许多计算机视觉和自然语言处理领域的研究人员开始广泛利用深度学习模型的强大功能。目前，基于深度学习的目标检测应用都是基于 CNN 架构的，并在 AlexNet、Google Inception 或 VGG 等预训练模型上构建和编译。这些 CNN 模型通常是训练数百万个参数，并将输入图像转换为一组特征，可进一步用于诸如图像分类（已在前面讨论过）和目标检测等任务，以及其他与计算机视觉相关的任务。

多年前提出了一种称为 RCNN（具有 CNN 特征的区域）的最新目标检测器，该目标检测器本质上是一个带标记的目标检测数据集的再训练 AlexNet 模型，比传统检测方法在精度上有了很大提高。RCNN 结合了一种称为区域候选的技术，该技术可生成约 2000 个可能的候选区域，并在每个候选区域上运行 CNN 来进行分类和边界框预测。然后，将这些结果合并以最终生成检测结果。RCNN 的训练过程相当复杂，需要花费几天时间，而且推断速度也很慢，在 GPU 上处理一幅图像需 1min 左右的时间。

自从提出 RCNN 以来，性能更好的目标检测算法层出不穷：Fast RCNN、Faster RCNN、YOLO（You Only Look Once）、SSD（Single Shot MultiBox Detector）和 YOLO v2。

Andrej Karpathy 对 RCNN 进行了很好的介绍——"Playing around with RCNN, State of the Art Object Detector"（https：//cs. stanford. edu/people/karpathy/rcnn）。另外，还有一个非常棒的视频讲座——"Spatial Localization and Detection"，作为由 Justin Johnson 教授讲授的斯坦福大学有关目标检测的 CS231n 课程的一部分，其中详细介绍了 RCNN、Fast RCNN、Faster RCNN 和 YOLO。关于 SSD 的详细介绍可参见 https：//github. com/weiliu89/caffe/tree/ssd。YOLO2 的网站是 https：//pjreddie. com/darknet/yolo。

Fast RCNN 首先是对整幅输入图像应用 CNN 而不是数千个候选区域，然后再处理候选区域，由此可显著提高训练过程和推断时间（10h 的训练和 2s 的推断）。Faster RCNN 通过一个区域候选网络将推断速度进一步提高到实时处理（0.2s），从而使得模型在经过训练后，不再需要耗时的区域候选过程。

与 RCNN 检测分类器系列不同，SSD 和 YOLO 都是单发方法，这意味着是将单个 CNN 应用于完整的输入图像，而无须执行区域候选和区域分类。这使得上述两种方法执行速度非常快，且平均查准率（mAP）约为 80%，优于 Faster RCNN。

如果是第一次接触这些方法，可能会感到有些迷茫。但是，作为一个对利用人工智能来增强移动应用程序功能感兴趣的开发人员，并不需要了解建立深度神经网络架构和训练目标检测模型的所有细节；而只需要知道如何使用预训练模型，如有必要，可再训练已预训练的模型，以及如何在 iOS 和 Android 应用程序中使用预训练或再训练的模型。

如果确实对深度学习研究非常感兴趣，并且想要熟悉每种分类检测器的具体工作细节，以决定使用哪一种方法，那就一定需要阅读每种方法的相关论文，并尝试复现整个训练过程。这将是一条耗时漫长但收获颇丰的道路。但是，如果是听从 Andrej Karpathy 的建议——"不要逞强"，那么可以"采取任何最有效的方法，下载一个预训练的模型，可能需要添加/删除其中的某些部分，然后在实际应用程序上对其进行微调"，这也是接下来将要采用的方法。

在开始研究哪种方法最适合 TensorFlow 之前，先简要了解一下数据集。目前用于目标检测训练的数据集主要有 3 种：PASCAL VOC（http：//host. robots. ox. ac. uk/pascal/VOC）、ImageNet（http：//image－net. org）和 Microsoft COCO（http：//cocodataset. org），所包含的

类别个数分别为 20、200 和 80。基于 TensorFlow 的目标检测 API 当前支持的大多数预训练的模型都是在具有 80 个对象类别的 MS COCO 数据集上进行训练的（有关预训练的模型及其用于训练的数据集完整列表，请参见 https：//github. com/tensorflow/models/blob/master/research/object_detection/g3doc/detection_model_zoo. md）。

虽然在此不会从头开始进行训练，但会经常提到 PASCAL VOC 或 MS COCO 的数据格式，以及所涵盖的在再训练或应用训练模型中所用到的 20 个或 80 个常用类别。在本章的最后一节，将具体实现 VOC 训练的 YOLO 模型和 COCO 训练的模型。

3.2 TensorFlow 目标检测 API 的安装

基于 TensorFlow 的目标检测 API 在其官方网站提供了详细说明（https：//github. com/tensorflow/models/tree/master/research/object_detection），可以快速了解如何在 Python 中使用一个好的预训练模型来进行目标检测。但是由于这些文档是分布在许多不同页面上，导致有时难以按照指南步骤实现。在本节和下节中，将通过重新组织多次提到的重要细节并添加更多示例和代码注释来精简官方文档，另外，还提供了以下两个分步教程。

1）如何安装 API 并使用其预训练的模型进行现成推断。

2）如何使用 API 再训练已预训练的模型以执行更具体的检测任务。

3.2.1 快速安装和示例

执行以下步骤来安装并运行目标检测推断程序。

1）在第 1 章中创建的 TensorFlow 源代码根目录中，已获得了 TensorFlow 模型库，其中包含了 TensorFlow 目标检测 API 作为研究模型之一。

```
git clone https://github.com/tensorflow/models
```

2）安装 matplotlib、pillow、lxml 和 jupyter 库。在 Ubuntu 或 Mac 操作系统上，执行：

```
sudo pip install pillow
sudo pip install lxml
sudo pip install jupyter
sudo pip install matplotlib
```

3）转到 models/research 目录，然后执行以下命令：

```
protoc object_detection/protos/*.proto --python_out=.
```

这将会编译 object_detection/protos 目录中的所有 Protobuf，以满足 TensorFlow 目标检测 API 的需要。Protobuf 或 Protocol Buffer（协议缓冲器）是一种自动序列化和检索结构化数据的方法，且是一种轻量级方法，比 XML 更高效。现在只需编写一个描述数据结构的 . proto 文件，然后使用 protoc（proto 编译器）来生成自动解析和编码 protobuf 数据的代码。注意，－－python_out 参数指定了所生成代码的语言。在本章的后面内容中，讨论到如何在 iOS 中使用模型时，将使用带 －－cpp_out 参数的 protoc 编译器，因此生成的代码是 C＋＋代码。有关协议缓冲器的完整文档，请参阅 https：//developers. google. com/protocol－buffers。

4）还是在 models/research 文件夹中，运行 export PYTHONPATH = $ PYTHONPATH：ʻpwdʼ：ʻpwdʼ/slim，然后执行 python object_detection/builders/model_builder_test. py 来检验是否

正常运行。

5）启动 jupyter notebook 并在浏览器中打开 http：//localhost：8888。首先单击 object_detection，然后选择 object_detection_tutorial. ipynb notebook，逐一单元运行演示程序。

3.2.2　预训练模型的应用

现在来分析一下使用预训练的 TensorFlow 目标检测模型在 Python notebook 中进行推断的主要组件。首先，定义一些关键常量。

```
MODEL_NAME = 'ssd_mobilenet_v1_coco_2017_11_17'
MODEL_FILE = MODEL_NAME + '.tar.gz'
DOWNLOAD_BASE = 'http://download.tensorflow.org/models/object_detection/'
PATH_TO_CKPT = MODEL_NAME + '/frozen_inference_graph.pb'
PATH_TO_LABELS = os.path.join('data', 'mscoco_label_map.pbtxt')
NUM_CLASSES = 90
```

通过 notebook 代码下载并使用一个预训练的目标检测模型 ssd_mobilenet_v1_coco_2017_11_17（在上一章中讨论的 MobileNet CNN 模型的基础上再利用前面简要介绍的 SSD 方法编译生成）。TensorFlow 目标检测 API 支持的预训练模型完整列表位于 TensorFlow 检测模型库中（https：//github. com/tensorflow/models/blob/master/research/object_detection/g3doc/detection_model_zoo. md），其中大多数都是通过 MS COCO 数据集进行训练的，用于推断的精确模型是 frozen_inference_graph. pb 文件（在下载的 ssd_mobilenet_v1_coco_2017_11_17. tar. gz 文件中），该文件用于现成的推断和再训练。

对于 ssd_mobilenet_v1_coco_2017_11_17 模型可检测的对象类型来说，位于 models/research/object_detection/data/mscoco_label_map. pbtxt 中的 mscoco_label_map. pbtxt 标签文件具有 90（NUM_CLASSES）项。其中，前两项和后两项如下：

```
item {
  name: "/m/01g317"
  id: 1
  display_name: "person"
}
item {
  name: "/m/0199g"
  id: 2
  display_name: "bicycle"
}
...
item {
  name: "/m/03wvsk"
  id: 89
  display_name: "hair drier"
}
item {
  name: "/m/012xff"
  id: 90
  display_name: "toothbrush"
}
```

在前面所述的步骤 3）中已讨论过 Protobuf，其中描述 mscoco_label_map. pbtxt 中数据的

proto 文件是位于 models/research/object_detection/protos 中的 string_int_label_map. proto，具体内容如下：

```
syntax = "proto2";
package object_detection.protos;
message StringIntLabelMapItem {
  optional string name = 1;
  optional int32 id = 2;
  optional string display_name = 3;
};

message StringIntLabelMap {
  repeated StringIntLabelMapItem item = 1;
};
```

因此，从本质上，protoc 编译器是基于 string_int_label_map. proto 来创建代码，然后利用该代码来有效地序列化 mscoco_label_map. pbtxt 中的数据。随后，当 CNN 检测到一个目标并返回其整型值 ID 时，可将其转换为便于人类理解的 name 或 display_name。

将模型下载、解压缩并加载到内存中后，标签映射文件会随之加载，且位于 models/research/object_detection/test_images（可在此添加任意测试图像以进行检测测试）中的一些测试图像也已准备好。接下来，定义合适的输入张量和输出张量，如下：

```
with detection_graph.as_default():
  with tf.Session(graph=detection_graph) as sess:
    image_tensor = detection_graph.get_tensor_by_name('image_tensor:0')
    detection_boxes =
detection_graph.get_tensor_by_name('detection_boxes:0')
    detection_scores =
detection_graph.get_tensor_by_name('detection_scores:0')
    detection_classes =
detection_graph.get_tensor_by_name('detection_classes:0')
    num_detections = detection_graph.get_tensor_by_name('num_detections:0')
```

同样，如果想要知道这些输入张量和输出张量的名称来自于下载并保存在 models/research/object_detection/ssd_mobilenet_v1_coco_2017_11_17/frozen_inference_graph. pb 中的 SSD 模型中的何处，则可在以下的 IPython 代码中查找。

```
import tensorflow as tf
g=tf.GraphDef()
g.ParseFromString(open("object_detection/ssd_mobilenet_v1_coco_2017_11_17/f
rozen_inference_graph.pb","rb").read())
x=[n.name for n in g.node]
x[-4:]
x[:5]
The last two statements will return:
[u'detection_boxes',
 u'detection_scores',
 u'detection_classes',
 u'num_detections']
and
[u'Const', u'Const_1', u'Const_2', u'image_tensor', u'ToFloat']
```

另一种方法是通过前面所介绍的摘要图工具，如下：

```
bazel-bin/tensorflow/tools/graph_transforms/summarize_graph --in_graph=
models/research/object_detection/ssd_mobilenet_v1_coco_2017_11_17/frozen_in
ference_graph.pb
```

将会生成以下输出：

```
Found 1 possible inputs: (name=image_tensor, type=uint8(4),
shape=[?,?,?,3])
No variables spotted.
Found 4 possible outputs: (name=detection_boxes, op=Identity)
(name=detection_scores, op=Identity (name=detection_classes, op=Identity)
(name=num_detections, op=Identity)
```

加载每个测试图像后，将会运行实际的检测过程，如下：

```
image = Image.open(image_path)
image_np = load_image_into_numpy_array(image)
image_np_expanded = np.expand_dims(image_np, axis=0)
(boxes, scores, classes, num) = sess.run(
    [detection_boxes, detection_scores, detection_classes, num_detections],
    feed_dict={image_tensor: image_np_expanded})
```

最后，利用 matplotlib 库可视化检测到的结果。如果采用 tensorflow/models 模型库中附带的两个默认测试图像，则检测结果如图 3.1 所示。

图 3.1　检测到带有边界框和置信度得分的对象

3.4 节将讨论如何在 iOS 设备上应用相同的模型并绘制相同的检测结果。

另外，还可以测试之前提到的 TensorFlow 检测模型库中的其他预训练模型。例如，如果将 object_detection_tutorial. ipynbnotebook 文件中的 MODEL_NAME ＝ 'ssd_mobilenet_v1_coco_2017_11_17'替换为 MODEL_NAME ＝ 'faster_rcnn_inception_v2_coco_2017_11_08'（可从 TensorFlow 检测模型库页面网址得到）或 MODEL_NAME ＝ 'faster_rcnn_resnet101_coco_2017_11_08'，则会得到由其他两个基于 Faster RCNN 的模型的类似检测结果，只不过检测时间更长。

另外，在两个 faster_rcnn 模型上使用 summarize_graph 工具会生成关于输入和输出的相同信息，如下：

```
Found 1 possible inputs: (name=image_tensor, type=uint8(4),
shape=[?,?,?,3])
Found 4 possible outputs: (name=detection_boxes, op=Identity)
(name=detection_scores, op=Identity) (name=detection_classes, op=Identity)
(name=num_detections, op=Identity)
```

通常，与其他基于 Inception 或 Resnet - CNN 的较大模型相比，基于 MobileNet 的模型检测速度最快，但精度较低（mAP 值较小）。另外，顺便说一下，下载的 ssd_mobilenet_v1_coco、faster_rcnn_inception_v2_coco_2017_11_08 和 faster_rcnn_resnet101_coco_2017_11_08 文件的大小分别为 76MB、149MB 和 593MB。正如稍后将看到的，在移动设备上，基于 MobileNet 的模型（如 ssd_mobilenet_v1_coco）运行速度要快得多，而较大模型（如 faster_rcnn_resnet101_coco_2017_11_08）有时会在老版本的 iPhone 手机上运行崩溃。不过好在所遇到的这些问题可通过采用基于 MobileNet 的模型，或再训练的 MobileNet 模型，或将来的 ssd_mobilenet 版本来解决，这些版本的精度肯定会更高，尽管 v1 版本的 ssd_mobilenet 性能已经足以满足许多用例。

3.3 SSD - MobileNet 和 Faster RCNN 再训练模型

对于某些问题，预训练的 TensorFlow 目标检测模型确实能够很好地解决。但有时，可能需要使用带标记的数据集（在特别感兴趣的目标或部分目标周围带有边界框）并再训练现有模型，以使之可以更准确地检测到一组不同的目标类别。

在此，将采用 TensorFlow 目标检测 API 网站提供的 Oxford - IIIT Pets 数据集来再训练本地机器上的两个现有模型，而不是使用文档中介绍的 Google Cloud。必要时，还将对每个步骤添加解释说明。以下是有关如何使用 Oxford Pets 数据集再训练 TensorFlow 目标检测模型的具体步骤指南。

1）在终端窗口中（最好是在 GPU 驱动的 Ubuntu 操作系统上执行以使得再训练速度更快），首先运行 cd models/research，然后运行以下命令来下载数据集（images. tar. gz 约为 800MB，annotations. tar. gz 为 38MB）。

```
wget http://www.robots.ox.ac.uk/~vgg/data/pets/data/images.tar.gz
wget
http://www.robots.ox.ac.uk/~vgg/data/pets/data/annotations.tar.gz
tar -xvf images.tar.gz
tar -xvf annotations.tar.gz
```

2）运行以下命令以将数据集转换为 TFRecords 格式。

```
python object_detection/dataset_tools/create_pet_tf_record.py \
    --label_map_path=object_detection/data/pet_label_map.pbtxt \
    --data_dir=`pwd` \
    --output_dir=`pwd`
```

该命令将在 models/research 目录下生成两个名为 pet_train_with_masks. record（268MB）和 pet_val_with_masks. record（110MB）的 TFRecord 文件。TFRecord 是一种特殊的二进制格式，其中包含了用于 TensorFlow 应用程序训练或验证的所有数据，而且如果想要使用 TensorFlow 目标检测 API 再训练自己的数据集，那么 TFRecord 是一种必需的文件格式。

3）如果在前面测试目标检测 notebook 文件时没有下载并解压 ssd_mobilenet_v1_coco 模型和 faster_rcnn_resnet101_coco 模型到 models/research 文件夹中，那么现在需要执行这一步骤。

```
wget
http://storage.googleapis.com/download.tensorflow.org/models/object
_detection/ssd_mobilenet_v1_coco_2017_11_17.tar.gz
tar -xvf ssd_mobilenet_v1_coco_2017_11_17.tar.gz
wget
http://storage.googleapis.com/download.tensorflow.org/models/object
_detection/faster_rcnn_resnet101_coco_11_06_2017.tar.gz
tar -xvf faster_rcnn_resnet101_coco_11_06_2017.tar.gz
```

4）在 object_detection/samples/configs/faster_rcnn_resnet101_pets. con fig 文件中，替换出现 5 次的 PATH_TO_BE_CONFIGURED 为

```
fine_tune_checkpoint:
"faster_rcnn_resnet101_coco_11_06_2017/model.ckpt"
...
train_input_reader: {
tf_record_input_reader {
input_path: "pet_train_with_masks.record"
}
label_map_path: "object_detection/data/pet_label_map.pbtxt"
}
eval_input_reader: {
tf_record_input_reader {
input_path: "pet_val_with_masks.record"
}
label_map_path: "object_detection/data/pet_label_map.pbtxt"
...
}
```

其中，faster_rcnn_resnet101_pets. config 文件用于指定模型检查点文件的位置，该文件中包含了模型训练后的权重。在步骤 2）中生成的是用于训练和验证的 TFRecord 文件以及待检测分类的 37 种宠物的标签项。object_detection/data/pet_label_map. pbtxt 中的第一项和最后一项如下：

```
item {
id: 1
name: 'Abyssinian'
}
...



item {
id: 37
name: 'yorkshire_terrier'
}
```

5）同样地，更改在 object_detection/samples/configs/ssd_mobilenet_v1_pets. config 文件中出现 5 次的 PATH_TO_BE_CONFIGURED 为

```
fine_tune_checkpoint:
"object_detection/ssd_mobilenet_v1_coco_2017_11_17/model.ckpt"
train_input_reader: {
tf_record_input_reader {
input_path: "pet_train_with_masks.record"
}
label_map_path: "object_detection/data/pet_label_map.pbtxt"
}
eval_input_reader: {
tf_record_input_reader {
input_path: "pet_val_with_masks.record"
}
label_map_path: "object_detection/data/pet_label_map.pbtxt"
...
}
```

6）创建一个新的 train_dir_faster_rcnn 文件夹，然后运行再训练命令，如下：

```
python object_detection/train.py \
   --logtostderr \
   --
pipeline_config_path=object_detection/samples/configs/faster_rcnn_r
esnet101_pets.config \
   --train_dir=train_dir_faster_rcnn
```

在 GPU 驱动的系统上，只需训练不到 25000 步即可从最初的损失 5.0 变为损失 0.2 左右，如下：

```
tensorflow/core/common_runtime/gpu/gpu_device.cc:1030] Found device
0 with properties:
```

```
 name: GeForce GTX 1070 major: 6 minor: 1 memoryClockRate(GHz):
1.7845
 pciBusID: 0000:01:00.0
 totalMemory: 7.92GiB freeMemory: 7.44GiB
 INFO:tensorflow:global step 1: loss = 5.1661 (15.482 sec/step)
 INFO:tensorflow:global step 2: loss = 4.6045 (0.927 sec/step)
 INFO:tensorflow:global step 3: loss = 5.2665 (0.958 sec/step)


...
INFO:tensorflow:global step 25448: loss = 0.2042 (0.372 sec/step)
INFO:tensorflow:global step 25449: loss = 0.4230 (0.378 sec/step)
INFO:tensorflow:global step 25450: loss = 0.1240 (0.386 sec/step)
```

7）大约训练 20000 步后，按 Ctrl + C 键结束上述再训练脚本的运行过程（大约为 2h）。创建一个新的 train_dir_ssd_mobilenet 文件夹，然后运行：

```
python object_detection/train.py \
   --logtostderr \
   --
pipeline_config_path=object_detection/samples/configs/ssd_mobilenet
_v1_pets.config \
   --train_dir=train_dir_ssd_mobilenet
```

训练结果如下：

```
INFO:tensorflow:global step 1: loss = 136.2856 (23.130 sec/step)
INFO:tensorflow:global step 2: loss = 126.9009 (0.633 sec/step)
INFO:tensorflow:global step 3: loss = 119.0644 (0.741 sec/step)
...
INFO:tensorflow:global step 22310: loss = 1.5473 (0.460 sec/step)
INFO:tensorflow:global step 22311: loss = 2.0510 (0.456 sec/step)
INFO:tensorflow:global step 22312: loss = 1.6745 (0.461 sec/step)
```

可以看到，与 Faster_RCNN 模型相比，再训练的 SSD_Mobilenet 模型在训练开始和结束时的损失都较大。

8）大约训练 20000 步后，终止上述再训练脚本。然后创建一个新的 eval_dir 文件夹并运行评估脚本，如下：

```
python object_detection/eval.py \
   --logtostderr \
   --
pipeline_config_path=object_detection/samples/configs/faster_rcnn_r
esnet101_pets.config \
   --checkpoint_dir=train_dir_faster_rcnn \
   --eval_dir=eval_dir
```

9）打开另一个终端窗口，从 TensorFlow 根目录跳转到 models/research，然后运行 tensorboard -- logdir = .。在浏览器中打开 http://localhost：6006，则会看到损失图，如图 3.2 所示。

同时，还可观察评估结果，如图 3.3 所示。

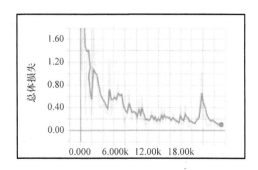

图 3.2   再训练目标检测模型的总体损失趋势

10）同样，也可针对 SSD_MobileNet 模型运行评估脚本，然后通过 TensorBoard 查看其损失趋势和评估图像结果，如下：

图 3.3   再训练目标检测模型的评估图像检测结果

```
python object_detection/eval.py \
    --logtostderr \
    --
pipeline_config_path=object_detection/samples/configs/ssd_mobilenet
_v1_pets.config \
    --checkpoint_dir=train_dir_ssd_mobilenet \
    --eval_dir=eval_dir_mobilenet
```

11）通过以下命令可生成再训练图。

```
python object_detection/export_inference_graph.py \
    --input_type image_tensor \
    --pipeline_config_path
object_detection/samples/configs/ssd_mobilenet_v1_pets.config \
    --trained_checkpoint_prefix
train_dir_ssd_mobilenet/model.ckpt-21817 \
    --output_directory output_inference_graph_ssd_mobilenet.pb

python object_detection/export_inference_graph.py \
    --input_type image_tensor \
    --pipeline_config_path
object_detection/samples/configs/faster_rcnn_resnet101_pets.config
\
    --trained_checkpoint_prefix
train_dir_faster_rcnn/model.ckpt-24009 \
    --output_directory output_inference_graph_faster_rcnn.pb
```

在此，需要用特定检查点值来替代 – – trained_checkpoint_prefix 值（21817 和 24009 以上）。

至此，已有了两个再训练的目标检测模型——output_inference_graph_ssd_mobilenet. pb 和 output_inference_graph_faster_rcnn. pb 可用于 Python 代码（用于 Jupyter notebook）或移动应用程序。接下来，分析在移动环境下如何使用预训练和再训练的模型。

3.4　在 iOS 中使用目标检测模型

在上一章中，介绍了如何使用 TensorFlow 的实验性 pod 将 TensorFlow 快速添加到实际 iOS 应用程序中。TensorFlow 的实验性 pod 适用于诸如 Inception 和 MobileNet 之类的模型或经过再训练的模型。但是，如果要使用基于 SSD_MobileNet 模型的 TensorFlow 实验性 pod，在加载 ssd_mobilenet 图文件时，可能会产生以下错误消息：

```
Could not create TensorFlow Graph: Not found: Op type not registered
'NonMaxSuppressionV2'
```

除非对 TensorFlow 实验性 pod 进行更新，使其包括 op not registered here，解决这些问题的唯一方法是通过从 TensorFlow 源代码编译生成自定义 TensorFlow iOS 库，这也是为何在第 1 章中介绍如何从 TensorFlow 源代码获取和配置 TensorFlow 的原因。接下来，分析构建具体实际 TensorFlow iOS 库并利用该库创建 TensorFlow 支持的 iOS 新应用程序的步骤。

3.4.1　手动构建 TensorFlow iOS 库

只需执行以下步骤即可构建实际的 TensorFlow iOS 库。

1）在 Mac 计算机上打开一个新终端，跳转到 TensorFlow 源文件根目录，如果是将 TensorFlow 源文件压缩包直接解压缩到主目录下的话，那么根目录就是 ~/tensorflow − 1.4.0。

2）执行 tensorflow/contrib/makefile/build_all_ios. sh 命令，运行该过程大约需要 20min ~ 1h，具体取决于 Mac 计算机的运行速度。成功编译完成后，将会创建三个库，如下：

```
tensorflow/contrib/makefile/gen/protobuf_ios/lib/libprotobuf-lite.a
tensorflow/contrib/makefile/gen/protobuf_ios/lib/libprotobuf.a
tensorflow/contrib/makefile/gen/lib/libtensorflow-core.a
```

前两个库是用于处理前面讨论的 protobuf 数据。最后一个库则是 iOS 通用静态库。

如果完成上述步骤后，运行应用程序，在 Xcode 控制台中遇到"无效参数：未注册 OpKernel 以支持具有以下属性的 Op 'Less'。已注册设备：［CPU］，已注册内核：device = 'CPU'；T in［DT_FLOAT］"的错误，那么需要在执行第 2 步之前修改 tensorflow/contrib/makefile/Makefile 文件（请参阅 7.3.1 节以了解具体细节）。若使用较新版本的 TensorFlow，则可能不会出现该错误。

3.4.2 在应用程序中使用 TensorFlow iOS 库

要在实际的应用程序中使用 TensorFlow iOS 库，需执行以下操作。

1）在 Xcode 中，单击 File | New | Project…，选择 Single View App，然后输入 TFObjectDetectionAPI 作为 Product Name，并选择 Objective − C 作为编程语言（如果要使用 Swift，请参阅上一章中有关如何将 TensorFlow 添加到基于 Swift 的 iOS 应用程序的内容），然后选择工程的保存路径，单击 Create。

2）在 TFObjectDetectionAPI 工程中，单击 PROJECT Name，然后在 Build Settings 下，单击 + 和 Add User − Defined Setting，接着输入 TensorFlow 源文件根目录路径 TENSORFLOW_ROOT（如 $ HOME/tensorflow − 1.4），如图 3.4 所示。如果想要引用一个较新版本的 TensorFlow 源，在其他设置中选择用户定义设置，即可很容易地在之后更改工程设置。

图 3.4 添加用户定义设置 TENSORFLOW_ROOT

3）单击目标，然后在 Build Settings 下搜索"Other Linker Flags（其他链接器标志）"。在其中添加以下值：

```
-force_load
$(TENSORFLOW_ROOT)/tensorflow/contrib/makefile/gen/lib/libtensorflo
w-core.a
```

```
$(TENSORFLOW_ROOT)/tensorflow/contrib/makefile/gen/protobuf_ios/lib
/libprotobuf.a
$(TENSORFLOW_ROOT)/tensorflow/contrib/makefile/gen/protobuf_ios/lib
/libprotobuf-lite.a
$(TENSORFLOW_ROOT)/tensorflow/contrib/makefile/downloads/nsync/buil
ds/lipo.ios.c++11/nsync.a
```

由于需确保链接 TensorFlow 所需的 C++构造函数，因此设置第一个－force_load，否则尽管仍可以编译并运行应用程序，但会产生会话未注册的错误。

最后一个库用于 nsync，这是一个导出互斥量和其他同步方法的 C 库（https：//github. com/google/nsync），在较新版本的 TensorFlow 中引入。

4）搜索"Header Search Paths（头文件搜索路径）"，并添加以下值：

```
$(TENSORFLOW_ROOT)
$(TENSORFLOW_ROOT)/tensorflow/contrib/makefile/downloads/protobuf/s
rc $(TENSORFLOW_ROOT)/tensorflow/contrib/makefile/downloads
$(TENSORFLOW_ROOT)/tensorflow/contrib/makefile/downloads/eigen
$(TENSORFLOW_ROOT)/tensorflow/contrib/makefile/gen/proto
```

之后，将会看到如图 3.5 所示的内容。

图 3.5　在目标中添加所有与 TensorFlow 相关的构建设置

5）在目标的构建阶段，在 Link Binary with Libraries 中添加 Accelerate framework（加速框架），如图 3.6 所示。

图 3.6　添加加速框架

6）返回用于构建 TensorFlow iOS 库的终端，在 tensorflow/core/platform/default/mutex. h 文件中找到以下两行代码：

```
#include "nsync_cv.h"
#include "nsync_mu.h"
```

将其更改为

```
#include "nsync/public/nsync_cv.h"
#include "nsync/public/nsync_mu.h"
```

上述就是将手动构建的 TensorFlow 库添加到 iOS 应用程序的全部步骤。

在实际应用程序中加载包含由更高版本的 TensorFlow 手动构建的 TensorFlow 库的 TensorFlow 目标检测模型，那么在使用 TensorFlow 实验性 pod 或从较早版本构建手动库时就不会产生错误。这是因为名为 tf_op_files. txt 的文件位于 tensorflow/contrib/makefile 中，其用于定义应为 TensorFlow 库构建和包含哪些操作，在 TensorFlow 1. 4 中定义的操作要比早期版本更多。例如，TensorFlow 1. 4 的 tf_op_files. txt 文件中有一行定义 NonMaxSuppressionV2 操作的 tensorflow/core/kernels/non_max_suppression_op. cc，这就是为什么手动构建的库具有已定义操作，可防止出现"未创建 TensorFlow 图：找不到：未注册操作类型是否会使用' NonMaxSuppressionV2 '"的错误。将来，如果遇到类似的"操作类型已注册"的错误，可通过添加正确的源代码文件（将操作定义到 tf_op_files. txt 文件）来修复它，然后再次运行 build_all_ios. sh 来创建一个新的 libtensorflow – core. a 文件。

3.4.3　为 iOS 应用程序添加目标检测功能

现在执行以下步骤将模型文件、标签文件和代码添加到应用程序中，然后运行以查看目标检测的效果。

1）拖放三个对象检测模型图文件 ssd_mobilenet_v1_frozen_inference_graph. pb、faster_rcnn_inceptionv2_frozen_inference_graph. pb 和 faster_rcnn_resnet101_frozen_inference_graph. pb（这些在前面已下载过，为避免混淆，此处已重命名），以及标签映射文件 mscoco_label_map. pbtxt 和几幅测试图像到 TFObjectDetectionAPI 工程。

2）将 TensorFlow iOS 简单示例应用程序或上一章创建的 iOS 应用程序中的 ios_image_load. mm 及其 . h 文件添加到工程中。

3）在 https：//github. com/google/protobuf/releases 中（对于 Mac 操作系统，选择 protoc – 3. 4. 0 – osx – x86_64. zip 文件）下载协议缓冲器 3. 4. 0 版本。与 TensorFlow 1. 4 库文件对应的是 3. 4. 0 版本，更高版本的 TensorFlow 可能需要对应更高版本的协议缓冲器。

4）假设下载的文件被解压缩到 ~/Downloads 文件夹，打开终端窗口并运行以下命令：

```
cd <TENSORFLOW_ROOT>/models/research/object_detection/protos

~/Downloads/protoc-3.4.0-osx-x86_64/bin/protoc
string_int_label_map.proto --
cpp_out=<path_to_your_TFObjectDetectionAPI_project>, the same
location as your code files and the three graph files.
```

5）protoc 编译器命令完成后，在工程的源文件夹下将会生成两个文件：string_int_label_map. pb. cc 和 string_int_label_map. pb. h。将这两个文件添加到 Xcode 环境下的工程中。

6）正如前面所述，在 Xcode 中，将 ViewController. m 文件重命名为 ViewController. mm，然后类似于第 2 章中的 HelloTensorFlow 应用程序中的 ViewController. mm 那样，在单击处理程序中为需要添加在工程中并进行测试的三个目标检测模型添加三个 UIAlertAction。这时，整个工程文件应如图 3.7 所示。

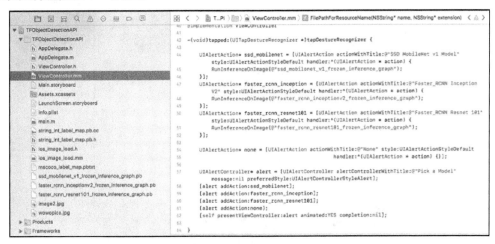

图 3.7　TFObjectDetection API 工程文件

7）继续在 ViewController. mm 中添加其余代码。在 viewDidLoad 函数中，添加以编程方式创建新的 UIImageView 的代码，以实现先显示测试图像，然后再显示选定具体模型后在测试图像上运行得到的检测结果，添加的具体实现函数如下：

```
NSString* FilePathForResourceName(NSString* name, NSString*
extension)
int LoadLablesFile(const string pbtxtFileName,
object_detection::protos::StringIntLabelMap *imageLabels)
string GetDisplayName(const
object_detection::protos::StringIntLabelMap* labels, int index)
Status LoadGraph(const string& graph_file_name,
std::unique_ptr<tensorflow::Session>* session)
void DrawTopDetections(std::vector<Tensor>& outputs, int
image_width, int image_height)
void RunInferenceOnImage(NSString *model)
```

在下一步之后，将解释这些函数的实现，可以在本书的源代码资源库的 ch3/ios 文件夹中获得所有源代码。

8）在 iOS 模拟器或设备中运行该应用程序。首先，会在屏幕上看到一幅图像。单击任意位置，都会弹出一个对话框，提示你选择一个模型。选择 SSD MobileNet 模型后，在模拟器中大约需要 1s，在 iPhone 上大约需要 5s，然后会在图像上显示出检测结果。选择 Faster RCNN Inception v2 模型需要更长的时间（在模拟器中大约需要 5s，而在 iPhone 上大约需要 20s）；不过该模型比 SSD MobileNet 精度更高，可以捕获到 SSD MobileNet 模型漏检的一个对象（宠物狗）。最后一个模型是 Faster RCNN Resnet 101，在 iOS 模拟器中需要将近20s，但由于其太大而导致在 iPhone 上运行时崩溃。图3.8 给出了各个模型的运行结果。

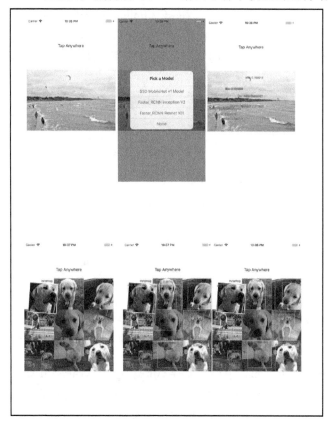

图3.8　使用不同模型运行应用程序并显示检测结果

返回分析步骤7）中的函数，FilePathForResourceName 函数是一个用于返回资源文件路径的辅助函数：这些资源包括定义了 90 个待检测对象类的 ID、内部名称和显示名称的 mscoco_label_map. pbtxt 文件、模型图文件和测试图像。具体实现方式与前面 HelloTensorFlow 应用程序的实现方式相同。

LoadLablesFile 和 GetDisplayName 函数利用 Google Protobuf API 加载和解析 mscoco_label_map. pbtxt 文件，并返回检测到的对象 ID 的显示名称。

LoadGraph 尝试加载用户选择的三个模型文件之一，并返回加载状态。

另外，两个关键函数是 RunInferenceOnImage 和 DrawTopDetections。正如 3.2 节中所述，摘要图工具可显示应用程序中所用的三个预训练目标检测模型的相关信息（注意是 uint8 数据类型）。

```
Found 1 possible inputs: (name=image_tensor, type=uint8(4),
shape=[?,?,?,3])
```

这就是为什么需要用 uint8 而不是浮点型创建图像张量来为模型提供信息，否则在运行模型时会出错。另外还需注意的是，此处使用 for 循环将 image_data 转换为 TensorFlow C＋＋

API 的 Session 中 Run 方法所期望的 Tensor 类型的 image_tensor，而不是像使用图像分类模型时所用的 input_mean 和 input_std（相关详细的比较，请参阅第 2 章中 HelloTensorFlow 应用程序的 RunInferenceOnImage 函数实现）。现在已知有四个名分别为 detection_boxes、detection_scores、detection_classes 和 num_detections 的输出，因此 RunInferenceOnImage 函数根据以下代码来为模型提供图像输入并得到四个输出。

```
tensorflow::Tensor image_tensor(tensorflow::DT_UINT8,
tensorflow::TensorShape({1, image_height, image_width, wanted_channels}));

auto image_tensor_mapped = image_tensor.tensor<uint8, 4>();
tensorflow::uint8* in = image_data.data();
uint8* c_out = image_tensor_mapped.data();
for (int y = 0; y < image_height; ++y) {
    tensorflow::uint8* in_row = in + (y * image_width * image_channels);
    uint8* out_row = c_out + (y * image_width * wanted_channels);
    for (int x = 0; x < image_width; ++x) {
        tensorflow::uint8* in_pixel = in_row + (x * image_channels);
        uint8* out_pixel = out_row + (x * wanted_channels);
        for (int c = 0; c < wanted_channels; ++c) {
            out_pixel[c] = in_pixel[c];
        }
    }
}
std::vector<Tensor> outputs;
Status run_status = session->Run({{"image_tensor", image_tensor}},
            {"detection_boxes", "detection_scores", "detection_classes",
"num_detections"}, {}, &outputs);
```

为了在检测到的对象上绘制边界框，需要将输出张量向量传递给 DrawTopDetections，该函数通过以下代码来解析输出向量以获得四个输出的值，并循环遍历每次检测以获得边界框的值（左、上、右、下）以及检测到的对象 ID 的显示名称，因此需编写代码来绘制带名称的边界框。

```
auto detection_boxes = outputs[0].flat<float>();
auto detection_scores = outputs[1].flat<float>();
auto detection_classes = outputs[2].flat<float>();
auto num_detections = outputs[3].flat<float>()(0);

LOG(INFO) << "num_detections: " << num_detections << ", detection_scores
size: " << detection_scores.size() << ", detection_classes size: " <<
detection_classes.size() << ", detection_boxes size: " <<
detection_boxes.size();

for (int i = 0; i < num_detections; i++) {
    float left = detection_boxes(i * 4 + 1) * image_width;
    float top = detection_boxes(i * 4 + 0) * image_height;
    float right = detection_boxes(i * 4 + 3) * image_width;
    float bottom = detection_boxes((i * 4 + 2)) * image_height;
    string displayName = GetDisplayName(&imageLabels,
detection_classes(i));
    LOG(INFO) << "Detected " << i << ": " << displayName << ", " << score
<< ", (" << left << ", " << top << ", " << right << ", " << bottom << ")";
    ...
}
```

当以图 3.1 中的第二个测试图像和 TensorFlow 目标检测 API 网站上显示的演示图像运行应用程序时，上述 LOG（INFO）代码行将输出以下信息：

```
num_detections: 100, detection_scores size: 100, detection_classes size:
100, detection_boxes size: 400
Detected 0: person, 0.916851, (533.138, 498.37, 553.206, 533.727)
Detected 1: kite, 0.828284, (467.467, 344.695, 485.3, 362.049)
Detected 2: person, 0.779872, (78.2835, 516.831, 101.287, 560.955)
Detected 3: kite, 0.769913, (591.238, 72.0729, 676.863, 149.322)
```

这就是在 iOS 应用程序中使用现有的预训练目标检测模型所需要的。在 iOS 中使用再训练的目标检测模型该如何实现呢？结果表明，这与使用预训练模型几乎相同，无须像上章中处理再训练图像分类模型那样修改 input_size、input_mean、input_std 和 input_name。只需执行以下操作：

1）添加再训练模型，例如在前面创建的 output_inference_graph_ssd_mobilenet.pb 文件、用于模型再训练的标签映射文件（如 pet_label_map.pbtxt），以及一些特定于 TFObjectDetectionAPI 工程中再训练模型的新的测试图像（可选）。

2）在 ViewController.mm 中，调用具有再训练模型的 RunInferenceOnImage。

3）仍是在 ViewController.mm 中，调用 DrawTopDetections 函数中的 LoadLablesFile（［FilePathForResourceName（@"pet_label_map"，@"pbtxt"）UTF8String］，&imageLabels）。

整个实现过程结束。运行应用程序，发现采用再训练模型后，检测结果具有更精细的调整。例如，使用通过对 Oxford pet 数据集进行再训练而生成的再训练模型，希望检测边界框位于对象头部区域周围而不是整个身体，见图 3.9 中的测试图像。

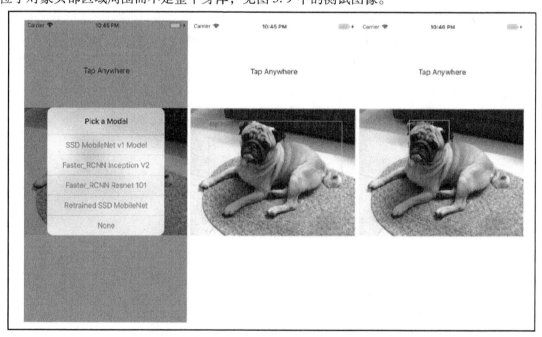

图 3.9　预训练模型和再训练模型的检测结果对比

3.5 YOLO2 应用：另一种目标检测模型

正如在 3.1 节中提到的，YOLO2（https：//pjreddie. com/darknet/yolo）是另一种先进的目标检测模型，采用了与 RCNN 系列不同的方法。YOLO2 模型是通过单个神经网络将输入图像划分为固定大小的区域（但并未像 RCNN 系列方法那样使用候选区域），并预测每个区域的边界框、所属类别和概率。

TensorFlow Android 示例应用程序提供了使用预训练 YOLO 模型的示例代码，不过没有 iOS 示例。YOLO2 是执行速度最快的目标检测模型之一，且精度也很高（参见 YOLO 网站上与 SSD 模型的 mAP 比较），为此非常有必要分析该模型在 iOS 应用程序中的具体应用。

YOLO 采用了一种称为 Darknet（https：//pjreddie. com/darknet）的独特开源神经网络框架来训练模型。还有一个名为 darkflow（https：//github. com/thtrieu/darkflow）的库可将利用 Darknet 训练的 YOLO 模型的神经网络权重转换为 TensorFlow 图格式，以及对预训练的模型进行再训练。

要构建 TensorFlow 格式的 YOLO2 模型，首先需要从 https：//github. com/thtrieu/darkflow 获取 darkflow 资源库。由于该资源库需要 Python 3 和 TensorFlow 1.0（Python 2.7 和 Tensor-Flow 1.4 及以上版本也能正常工作），所以在此利用 Anaconda 来设置一个新的 Python 3 支持的 TensorFlow 1.0 环境：

```
conda create --name tf1.0_p35 python=3.5
source activate tf1.0_p35
conda install -c derickl tensorflow
```

同时，运行 conda install - c menpo opencv3 来安装 OpenCV 3，这是 darkflow 的另一个依赖项。现在跳转到 darkflow 文件夹下并运行 pip install . 来安装 darkflow。

接下来，需要下载预训练 YOLO 模型的权重——此处将尝试采用两个 Tiny – YOLO 模型，这种模型执行速度快，但精度低于 YOLO 模型。运行 Tiny – YOLO 模型和 YOLO 模型的 iOS 代码大致相同，为此仅介绍如何运行 Tiny – YOLO 模型。

可从 YOLO2 官方网站或 darkflow 资源库下载 tiny – yolo – voc（由具有 20 个对象类的 PASCAL VOC 数据集训练得到）和 tiny – yolo（由具有 80 个对象类的 MS COCO 数据集训练得到）的权重和配置文件。现在，运行以下命令将权重转换为 TensorFlow 图文件：

```
flow --model cfg/tiny-yolo-voc.cfg --load bin/tiny-yolo-voc.weights --
savepb
flow --model cfg/tiny-yolo.cfg --load bin/tiny-yolo.weights --savepb
```

生成的两个文件 tiny – yolo – voc. pb 和 tiny – yolo. pb 位于 built_graph 文件夹中。接下来，转到 TensorFlow 源文件的根目录下，同上一章所述，运行以下命令来创建量化模型：

```
python tensorflow/tools/quantization/quantize_graph.py --
input=darkflow/built_graph/tiny-yolo.pb --output_node_names=output --
output=quantized_tiny-yolo.pb --mode=weights


python tensorflow/tools/quantization/quantize_graph.py --
input=darkflow/built_graph/tiny-yolo-voc.pb --output_node_names=output --
output=quantized_tiny-yolo-voc.pb --mode=weights
```

现在，执行以下步骤来了解如何在 iOS 应用程序中使用这两个 YOLO 模型：

1）将 quantized_tiny – yolo – voc. pb 和 quantized_tiny – yolo. pb 拖放到 TFObjectDetectionA-PI 工程中。

2）在 ViewController. mm 中添加两个新的告警操作，以便在运行应用程序时，能够观察到可选择的运行模型，如图 3.10 所示。

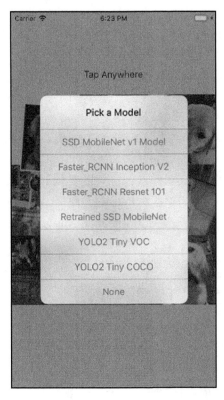

图 3.10　在 iOS 应用程序中添加两个 YOLO 模型

3）添加下列代码，将输入图像处理成张量，然后将其反馈到输入节点，并运行一个加载了 YOLO 模型图的 TensorFlow 会话，以生成检测输出。

```
tensorflow::Tensor
image_tensor(tensorflow::DT_FLOAT,tensorflow::TensorShape({1,
wanted_height, wanted_width, wanted_channels}));
auto image_tensor_mapped = image_tensor.tensor<float, 4>();
tensorflow::uint8* in = image_data.data();
float* out = image_tensor_mapped.data();
for (int y = 0; y < wanted_height; ++y) {
    ...
    out_pixel[c] = in_pixel[c] / 255.0f;
}
std::vector<tensorflow::Tensor> outputs;
tensorflow::Status run_status = session->Run({{"input",
image_tensor}}, {"output"}, {}, &outputs);
```

注意，与上章中用于图像分类的代码以及利用本章前面介绍的其他模型进行目标检测的代码相比，for – loop 和 session – > Run 在此处具有细微而重要的区别（由于在两个示例应用程序中相同，因此没有显示代码段）。为了正确转换图像数据，不仅需要了解模型细节，还需要从 Python、Android 或 iOS 的运行示例中学习，当然还需进行必要的调试。为保证输入/输出节点名称正确，可采用摘要图（summarize_graph）工具或多次提到的 Python 代码段。

4）将输出结果传给一个名为 YoloPostProcess 的函数，该函数类似于 tensorflow/examples/android/src/org/tensorflow/demo/TensorFlowYoloDetector. java 的 Android 示例文件中的后处理代码：

```
tensorflow::Tensor* output = &outputs[0];
std::vector<std::pair<float, int> > top_results;
YoloPostProcess(model, output->flat<float>(), &top_results);
```

在此不再给出其余代码。可在源代码资源库的 ch3/ios 中查看完整的 iOS 应用程序代码。

5）运行应用程序，然后选择 YOLO2 Tiny VOC 或 YOLO2 Tiny COCO 模型，发现与使用 SSD MobileNet v1 模型相比，运行速度类似，但检测结果的精度较差。

尽管基于 MobileNet 的 TensorFlow 模型和 Tiny – YOLO2 模型的准确性较低，但 TensorFlow 目标检测模型和 YOLO2 模型在移动设备上的运行速度都非常快。较大的 Faster RNN 模型和完整 YOLO2 模型更准确，但花费的时间也较长，甚至无法在移动设备上运行。因此，在移动应用程序中添加快速目标检测的最佳方法是使用 SSD MobileNet 或 Tiny – YOLO2 模型，或使用经过再训练和微调的模型。模型的未来版本一定会具有更好的性能和精度。根据本章所介绍的内容，应该能够在 iOS 应用程序中快速启用目标检测功能。

3.6　小结

本章首先概述了各种不同的基于深度学习的目标检测方法，然后详细介绍了如何使用 TensorFlow 目标检测 API 通过预训练的模型进行现成推断，以及如何在 Python 中再训练预训练的 TensorFlow 目标检测模型。另外，还提供了有关如何手动构建 TensorFlow iOS 库，利用该库创建新的 iOS 应用程序以及如何在 iOS 中应用预先存在和再训练的 SSD MobileNet 和 Faster RCNN 模型的详细教程。最后，介绍了如何在 iOS 应用程序中使用另一种性能强大的目标检测模型——YOLO2。

在下章中，会介绍第 3 个与计算机视觉相关的任务，并将更深入地研究如何在 Python 和 TensorFlow 中训练和构建一个有趣的深度学习模型，以及如何在 iOS 和 Android 应用程序中使用该模型为图像增加令人赞叹的艺术风格。

第4章
图像艺术风格迁移

自从 2012 年深度神经网络赢得 AlexNet 的 ImageNet 挑战赛以来，人工智能研究人员一直在努力将深度学习技术（包括预训练的深度 CNN 模型）应用于越来越多的领域。还有什么能比艺术创作更具有创新性呢？一个现已被提出并实现的想法称为神经风格迁移，其基本思想是能够利用一个预训练的深度神经网络模型，例如可以将任意一幅图像（比如，个人肖像或最爱的宠物狗照片）转换成凡·高或莫奈的画作的风格，从而创建出一个混合了实际图片内容和大师杰作风格的图像。实际上，有一款名为 Prisma 的 iOS 应用程序就是由于实现了上述功能从而赢得过年度最佳应用程序奖，其在短短几秒钟内，就可以按照所选择的任何风格来转换图片。

本章将首先概述三种神经风格迁移方法，分别是原始方法、改进方法和进一步改进的方法。然后，将详细介绍如何利用第二种方法来训练快速神经风格迁移模型，该模型可用于 iOS 和 Android 智能手机，实现 Prisma 的功能。接着，将在 iOS 和 Android 应用程序中实际应用该模型，并从头开始详细分析创建此类应用程序的整个过程。最后，将简要介绍 Tensor-Flow Magenta 开源项目，以便根据该工程项目构建更多基于深度学习的音乐和艺术品创作应用程序，并展示如何使用单一的预训练风格迁移模型。该模型是基于神经风格迁移的最新研究进展而创建的，在 iOS 和 Android 应用程序中加入这 26 种酷炫的艺术风格，可实现更好的性能和结果。综上，本章的主要内容包括：

1）神经风格迁移概述。
2）快速神经风格迁移模型训练。
3）在 iOS 中应用快速神经风格迁移模型。
4）在 Android 中应用快速神经风格迁移模型。
5）在 iOS 中应用 TensorFlow Magenta 多风格模型。
6）在 Android 中应用 TensorFlow Magenta 多风格模型。

4.1 神经风格迁移概述

使用深度神经网络将一幅图像的内容与另一种图像风格相融合的最初想法和算法发表在 2015 年 的 一 篇 名 为 "A Neural Algorithm of Artistic Style"（https：//arxiv. org/abs/1508. 06576）的论文中。该方法基于一个称为 VGG – 19 的预训练深度 CNN 模型（https：//arxiv. org/pdf/1409. 1556. pdf），该模型具有 16 个卷积层或特征图，分别代表不同级别的图像内容。在原始方法中，首先将最终迁移的图像初始化为与图像内容融合的白噪声图像。内容损失函数定义为内容图像和结果图像均馈入 VGG – 19 网络后，在卷积层 conv4_2 上的一组特定特征表示的平方误差损失。风格损失函数是计算风格图像和结果图像在五个不同卷积层上的总误差之差。总损失又定义为内容损失和风格损失之和，在训练过程中，使损失最小化，并生成一个混合了一个图像的内容与另一个图像的风格的结果图像。

尽管最初神经风格迁移算法的结果相当惊人，但性能比较差，训练是风格迁移图像生成过程的一部分，通常在 GPU 上需要几分钟，在 CPU 上大约需要 1h 才能生成满意的结果。

如果对原始算法的具体细节感兴趣，可参阅 https：//github. com/log0/neural – style – painting/blob/master/art. py 上具有 Python 实现良好归档的论文。由于原始算法不能在手机上运行从而此处不再赘述，但对于更好地理解如何针对不同的计算机视觉任务使用预训练的深度 CNN 模型是非常实用和有趣的。

随后，在 2016 年由 Justin Johnson 等人发表的"Perceptual Losses for Real – Time Style Transfer and Super – Resolution"（https：//cs. stanford. edu/people/jcjohns/eccv16/）论文中提出一种"速度可以提高三个数量级"的新算法。该算法采用一个独立的训练过程，并定义了更好的损失函数（其本身即为深度神经网络）。经过训练后（在 4.2 节中将会看到，训练过程在 GPU 上可能需要几小时），利用训练后的模型在计算机上几乎可实时生成风格迁移图像，即使在智能手机上也只需几秒。

不过，这种快速神经迁移算法仍有一个缺点：一个模型只能针对一种特定风格进行训练，因此在应用程序中要采用不同的风格，则必须逐个训练这些风格，以便为每种风格生成一个模型。而在 2017 年发表的一篇名为"A Learned Representation For Artistic Style"（https：//arxiv. org/abs/1610. 07629）的论文研究表明单个深度神经网络模型可以生成许多不同风格。TensorFlow Magenta 项目（https：//github. com/tensorflow/magenta/tree/master/magenta/models/image_stylization）中包含了具有多种风格的预训练模型，在本章的最后两节中将会看到在 iOS 和 Android 应用程序中使用这些模型很容易就能够生成强大而神奇的艺术效果。

4.2 快速神经风格迁移模型训练

本节将讨论如何使用基于 TensorFlow 的快速神经风格迁移算法来训练模型。训练步骤如下：

1) 在 Mac 计算机上，或者最好是在 GPU 驱动的 Ubuntu 操作系统上，运行 git clone https：//github. com/jeffxtang/fast – style – transfer（这是 Johnson 提出的快速风格迁移算法的 TensorFlow 实现方法），经过修改后，可在 iOS 或 Android 应用程序中使用训练后的模型。

2) 跳转到 fast – style – transfer 文件夹下，然后运行 setup. sh 脚本来下载预训练的 VGG – 19 模型文件以及在前面提到的 MS COCO 训练数据集，需要注意的是，下载这些大文件可能需要几小时。

3) 运行以下命令，创建检查点文件，并通过名为 starry_night. jpg 的风格图像和名为 ww1. jpg 的内容图像来进行训练：

```
mkdir checkpoints
mkdir test_dir
python style.py --style images/starry_night.jpg --test
images/ww1.jpg --test-dir test_dir --content-weight 1.5e1 --
checkpoint-dir checkpoints --checkpoint-iterations 1000 --batch-
size 10
```

在图像文件夹中还有一些其他风格的图像，可用于创建不同的检查点文件。此处所用的 starry_night. jpg 风格图像是凡·高的一幅名画，如图 4.1 所示。

图 4.1   使用凡·高的画作作为风格图像

在第 1 章中设置好的 NVIDIA GTX 1070 GPU 驱动的 Ubuntu 操作系统上，整个训练大约需要 5h，而使用 CPU 要花费更长的时间。

该脚本最初是为 TensorFlow 0. 12 编写的，但后来针对 TensorFlow 1. 1 进行了修改，且经过验证，并可在之前设置的 TensorFlow 1. 4 + Python 2. 7 的环境下正常运行。

4）在文本编辑器中打开 evaluate. py 文件。然后对以下两行代码取消注释（第 158 行和第 159 行）。

```
# saver = tf.train.Saver()
# saver.save(sess, "checkpoints_ios/fns.ckpt")
```

5）运行以下命令，利用名为 img_placeholder 的输入图像和名为 preds 的迁移图像创建新的检查点。

```
python evaluate.py --checkpoint checkpoints \
  --in-path examples/content/dog.jpg \
  --out-path examples/content/dog-output.jpg
```

6）运行以下命令构建一个 TensorFlow 图文件，可将图定义和检查点中的权重相结合。之后将生成一个约为 6. 7 MB 的 . pb 文件。

```
python freeze.py --model_folder=checkpoints_ios --output_graph
fst_frozen.pb
```

7）假设已有一个/tf_files 文件夹，则将生成的 fst_frozen. pb 文件复制到/tf_files 文件夹中，然后跳转到 TensorFlow 源文件根目录（如 ~/tensorflow – 1. 4. 0），接着运行以下命令来生成 . pb 文件的量化模型（在第 2 章中已介绍过量化过程）。

```
bazel-bin/tensorflow/tools/quantization/quantize_graph \
--input=/tf_files/fst_frozen.pb \
--output_node_names=preds \
--output=/tf_files/fst_frozen_quantized.pb \
--mode=weights
```

这样可将冻结的图文件大小从 6.7MB 减小到约 1.7MB，这意味着如果在应用程序中存储针对 50 种不同风格的 50 个模型，则需要的内存大小为 85MB 左右。

上述就是使用风格图像和输入图像来训练和量化快速神经迁移模型所需的全部步骤。可以在步骤 3）中生成的 test_dir 文件夹中检查生成的图像，查看风格转换的效果。如果需要，可通过调节超参数（在 https：//github. com/jeffxtang/fast – style – transfer/blob/master/docs. md#style 中有详细介绍）来应用，从而实现不同的、更好的风格迁移效果。

在了解如何在 iOS 和 Android 应用程序中应用这些模型之前，值得注意的是，需要在步骤 5）中确定用于指定为 – – in – path 参数值的图像宽度和高度，并在 iOS 或 Android 代码中使用相应的图像宽度和高度值（稍后将会看到），否则，将在应用程序运行模型时，产生 Conv2DCustomBackpropInput：Size of out_backprop doesn't match computed 错误。

4.3 在 iOS 中应用快速神经风格迁移模型

事实证明，使用步骤 7）生成的 fst_frozen_quantized. pb 模型文件，在基于 TensorFlow 实验性 pod（如第 2 章所述）构建的 iOS 应用程序中没有任何问题，但是 TensorFlow Magenta 项目中的多风格预训练模型文件（在本章后面章节中将会用到）不会随 TensorFlow pod 一起加载，在尝试加载多风格模型文件时会出现以下错误：

```
Could not create TensorFlow Graph: Invalid argument: No OpKernel was
registered to support Op 'Mul' with these attrs. Registered devices: [CPU],
Registered kernels:
  device='CPU'; T in [DT_FLOAT]
    [[Node: transformer/expand/conv1/mul_1 =
Mul[T=DT_INT32](transformer/expand/conv1/mul_1/x,
transformer/expand/conv1/strided_slice_1)]]
```

在第 3 章中讨论了产生上述错误的原因以及如何使用手动构建的 TensorFlow 库来修复该错误。由于想要在同一个 iOS 应用程序中使用两个模型，因此需利用功能更强大的手动构建的 TensorFlow 库来创建一个新的 iOS 应用程序。

4.3.1 添加并测试快速神经风格迁移模型

如果尚未手动构建 TensorFlow 库，则需要返回到第 3 章先完成 TensorFlow 的构建。然后执行以下步骤，将 TensorFlow 支持的快速神经风格迁移模型文件添加到 iOS 应用程序并测试运行：

1）如果 iOS 应用程序已添加了 TensorFlow 手动库，则可跳过此步骤。否则，就需要同前面那样创建一个新的基于 Objective – C 的 iOS 应用程序（如 NeuralStyleTransfer，或在现有的应用程序中，在名为 TENSORFLOW _ ROOT 的 PROJECT 的 Build Settings 下创建值为 $ HOME/tensorflow – 1. 4. 0 的新的用户定义设置（假设已经安装了 TensorFlow 1. 4. 0），然后

在 TARGET 的 Build Settings 中，将 Other Linker Flags 设置为

```
-force_load
$(TENSORFLOW_ROOT)/tensorflow/contrib/makefile/gen/lib/libtensorflo
w-core.a
$(TENSORFLOW_ROOT)/tensorflow/contrib/makefile/gen/protobuf_ios/lib
/libprotobuf.a
$(TENSORFLOW_ROOT)/tensorflow/contrib/makefile/gen/protobuf_ios/lib
/libprotobuf-lite.a
$(TENSORFLOW_ROOT)/tensorflow/contrib/makefile/downloads/nsync/buil
ds/lipo.ios.c++11/nsync.a
```

然后设置 Header Search Paths 为

```
$(TENSORFLOW_ROOT)
$(TENSORFLOW_ROOT)/tensorflow/contrib/makefile/downloads/protobuf/s
rc $(TENSORFLOW_ROOT)/tensorflow/contrib/makefile/downloads
$(TENSORFLOW_ROOT)/tensorflow/contrib/makefile/downloads/eigen
$(TENSORFLOW_ROOT)/tensorflow/contrib/makefile/gen/proto
```

2）将 fst_frozen_quantized. pb 文件和一些测试图像拖放到工程文件夹中。将前面内容中用到的相同 ios_image_load. mm 和 . h 文件从之前的 iOS 应用程序或本书资源库 Ch4/ios 下的 NeuralStyleTransfer 应用程序文件夹复制到工程中。

3）将 ViewController. m 重命名为 ViewController. mm，并用 Ch4/ios/NeuralStyleTransfer 中的 ViewController. h 和 . mm 文件来替换该文件和 ViewController. h 文件。在测试运行应用程序后，将会详细介绍核心代码段。

4）在 iOS 模拟器或 iOS 设备上运行应用程序，此时会看到一张宠物狗图片，如图4.2 所示。

5）单击选择 Fast Style Transfer 模型，几秒后，将出现一张迁移成星空风格的新图片，如图4.3 所示。

只需选择个人喜欢的图片作为风格图像，并按照4.2 节中的步骤进行操作，即可轻松构建具有不同风格的其他模型。然后，可以按照本节中的步骤在 iOS 应用程序中使用这些模型。如果有兴趣了解如何训练模型，那么需要查看4.2 节所介绍的 GitHub 资源库中的代码。接下来，详细分析通过应用模型以实现神奇效果的 iOS 代码。

4.3.2 应用快速神经风格迁移模型的 iOS 代码分析

ViewController. mm 中有几个关键代码段，这在输入图像的预处理和迁移图像的后处理中是非常独特的：

1）将两个常量 wanted_width 和 wanted_height 定义为与步骤5）中资源库 examples/content/dog. jpg 图像宽度和高度相同的值：

```
const int wanted_width = 300;
const int wanted_height = 400;
```

2）iOS 的调度队列用于在非 UI 线程中加载和运行快速神经迁移模型，并在生成风格迁移图像后，将该图像发送到 UI 线程进行显示。

图 4.2　执行风格迁移之前的宠物狗原图

图 4.3　如同凡·高画出了你的宠物狗

```
dispatch_async(dispatch_get_global_queue(0, 0), ^{
    UIImage *img = imageStyleTransfer(@"fst_frozen_quantized");
    dispatch_async(dispatch_get_main_queue(), ^{
        _lbl.text = @"Tap Anywhere";
        _iv.image = img;
    });
});
```

3）定义一个浮点型的三维张量，并用于将输入图像数据转换为

```
tensorflow::Tensor image_tensor(tensorflow::DT_FLOAT,
tensorflow::TensorShape({wanted_height, wanted_width,
wanted_channels}));
auto image_tensor_mapped = image_tensor.tensor<float, 3>();
```

4）将发送到 TensorFlow Session－＞Run 方法的输入节点名称和输出节点名称定义为与模型训练时的名称相同。

```
std::string input_layer = "img_placeholder";
std::string output_layer = "preds";
std::vector<tensorflow::Tensor> outputs;
tensorflow::Status run_status = session->Run({{input_layer,
image_tensor}} {output_layer}, {}, &outputs);
```

5）模型运行完毕并返回输出张量（包含 0～255 范围内的 RGB 值）后，需调用一个名为 tensorToUIImage 的效用函数，首先将张量数据转换到 RGB 缓冲区，如下：

```
UIImage *imgScaled = tensorToUIImage(model, output->flat<float>(),
image_width, image_height);

static UIImage* tensorToUIImage(NSString *model, const
Eigen::TensorMap<Eigen::Tensor<float, 1, Eigen::RowMajor>,
Eigen::Aligned>& outputTensor, int image_width, int image_height) {
    const int count = outputTensor.size();
    unsigned char* buffer = (unsigned char*)malloc(count);

    for (int i = 0; i < count; ++i) {
        const float value = outputTensor(i);
        int n;
        if (value < 0) n = 0;
        else if (value > 255) n = 255;
        else n = (int)value;
        buffer[i] = n;
    }
```

6）然后，在调整缓冲区大小并返回显示之前，将缓冲区转换为一个 UIImage 实例：

```
UIImage *img = [ViewController convertRGBBufferToUIImage:buffer
withWidth:wanted_width withHeight:wanted_height];
UIImage *imgScaled = [img scaleToSize:CGSizeMake(image_width,
image_height)];
return imgScaled;
```

完整的代码和应用程序位于本书资源库的 Ch4/ios/NeuralStyleTransfer 文件夹中。

4.4 在 Android 中应用快速神经风格迁移模型

在第 2 章中介绍了如何将 TensorFlow 添加到实际的 Android 应用程序中，但是无任何 UI。本节将创建一个新的 Android 应用程序来应用之前训练并用于 iOS 的快速风格迁移模型。

由于该 Android 应用程序提供了一个使用最少的 TensorFlow 相关代码以及 Android 的 UI 和线程代码来运行一个 TensorFlow 模型驱动的完整应用程序的好机会，因此，我们将通过仔细分析添加的每一行代码，来帮助进一步了解从头开发基于 TensorFlow 的 Android 应用程序所需要完成的工作：

1）在 Android Studio 中，选择 File | New | New Project... 并输入 FastNeuralTransfer 作为 Application Name；在单击 Finish 之前，选择所有默认设置。

2）创建一个新的 assets 文件夹，如图 2.13 所示，并将经过训练的快速神经迁移模型从 iOS 应用程序，或从/tf_files 文件夹（如 4.2 节的步骤 7）所示），以及一些测试图像拖放到 assets 文件夹。

3）在应用程序的 build. gradle 文件中，将 compile ' org. tensorflow：tensorflow – android：+ '，

一行代码添加到 dependencies 的末尾处。

4）打开 res/layout/activity_main.xml 文件，删除其中的 TextView 默认值，并添加一个 ImageView 来显示风格迁移前后的图像。

```
<ImageView
    android:id="@+id/imageview"
    android:layout_width="match_parent"
    android:layout_height="match_parent"
    app:layout_constraintBottom_toBottomOf="parent"
    app:layout_constraintLeft_toLeftOf="parent"
    app:layout_constraintRight_toRightOf="parent"
    app:layout_constraintTop_toTopOf="parent"/>
```

5）添加一个按钮来启动风格迁移操作。

```
<Button
    android:id="@+id/button"
    android:layout_width="wrap_content"
    android:layout_height="wrap_content"
    android:text="Style Transfer"
    app:layout_constraintBottom_toBottomOf="parent"
    app:layout_constraintHorizontal_bias="0.502"
    app:layout_constraintLeft_toLeftOf="parent"
    app:layout_constraintRight_toRightOf="parent"
    app:layout_constraintTop_toTopOf="parent"
    app:layout_constraintVertical_bias="0.965" />
```

6）在应用程序的 MainActivity.java 文件中，先输入最重要的导入项：

```
import org.tensorflow.contrib.android.TensorFlowInferenceInterface;
```

TensorFlowInferenceInterface 提供了访问本机 TensorFlow 推断 API 的 Java 接口。然后，确保 MainActivity 类实现了 Runnable 接口，这是因为需要保持应用程序的响应，并在工作者线程中加载和运行 TensorFlow 模型。

7）在类的开头，定义如下所示的 6 个常量：

```
private static final String MODEL_FILE =
"file:///android_asset/fst_frozen_quantized.pb";
private static final String INPUT_NODE = "img_placeholder";
private static final String OUTPUT_NODE = "preds";
private static final String IMAGE_NAME = "pug1.jpg";
private static final int WANTED_WIDTH = 300;
private static final int WANTED_HEIGHT = 400;
```

此处，MODEL_FILE 可采用任何经过训练的模型文件。INPUT_NODE 和 OUTPUT_NODE 的值与在 Python 训练脚本中设置的值以及 iOS 应用程序中所用的值相同。同样，WANTED_WIDTH 和 WANTED_HEIGHT 也与 4.2 节的步骤 5）中所用的 -- in - path 的图像宽度值和高度值相同。

8）声明 4 个实例变量。

```
private ImageView mImageView;
private Button mButton;
private Bitmap mTransferredBitmap;

private TensorFlowInferenceInterface mInferenceInterface;
```

mImageView 和 mButton 可通过 onCreate 方法中的 findViewById 简单方法进行设置。mTransferredBitmap 用于保存迁移图像的位图，以便在 mImageView 中显示。mInferenceInterface 用于加载 TensorFlow 模型，将输入图像馈入模型，同时运行模型并返回推断结果。

9）创建一个 Handler 实例来处理在 TensorFlow 推断线程向 Handler 实例发送消息后，在主线程中显示迁移图像结果的任务，同时还创建了一个易处理的 Toast 消息。

```
Handler mHandler = new Handler() {
    @Override
    public void handleMessage(Message msg) {
        mButton.setText("Style Transfer");
        String text = (String)msg.obj;
        Toast.makeText(MainActivity.this, text,
                Toast.LENGTH_SHORT).show();
        mImageView.setImageBitmap(mTransferredBitmap);
    } };
```

10）在 onCreate 方法中，将 xml 布局文件中的 ImageView 与 mImageView 实例变量进行绑定，然后在 assets 文件夹中加载测试图像的位图，并在 ImageView 中显示。

```
mImageView = findViewById(R.id.imageview);
try {
    AssetManager am = getAssets();
    InputStream is = am.open(IMAGE_NAME);
    Bitmap bitmap = BitmapFactory.decodeStream(is);
    mImageView.setImageBitmap(bitmap);
} catch (IOException e) {
    e.printStackTrace();
}
```

11）类似地设置 mButton，同时设置一个单击侦听器，以便在单击按钮时创建并启动一个调用 run 方法的新线程。

```
mButton = findViewById(R.id.button);
mButton.setOnClickListener(new View.OnClickListener() {
    @Override
    public void onClick(View v) {
        mButton.setText("Processing...");
        Thread thread = new Thread(MainActivity.this);
        thread.start();
    }
});
```

12）在线程的 run 方法中，首先声明 3 个数组并为其分配适当的内存：intValues 数组中保存测试图像的像素值，每个像素值代表一个 32 位的 ARGB 值（Alpha、红色、绿色、蓝色）；floatValues 数组按照模型期望的那样分别保存每个像素的红色、绿色和蓝色值，因此其大小是 intValues 的 3 倍；outputValues 数组的大小与 floatValues 相同，保存了模型的输出值。

```
public void run() {
    int[] intValues = new int[WANTED_WIDTH * WANTED_HEIGHT];
    float[] floatValues = new float[WANTED_WIDTH * WANTED_HEIGHT *
3];
    float[] outputValues = new float[WANTED_WIDTH * WANTED_HEIGHT *
3];
```

然后，可以得到测试图像的位图数据，将其缩放到适合训练所用的图像大小，并将缩放后的位图像素加载到 intValues 数组中，然后将其转换为 floatValues。

```
Bitmap bitmap = BitmapFactory.decodeStream(getAssets().open(IMAGE_NAME));
Bitmap scaledBitmap = Bitmap.createScaledBitmap(bitmap, WANTED_WIDTH,
WANTED_HEIGHT, true);
scaledBitmap.getPixels(intValues, 0, scaledBitmap.getWidth(), 0, 0,
scaledBitmap.getWidth(), scaledBitmap.getHeight());

for (int i = 0; i < intValues.length; i++) {
    final int val = intValues[i];
    floatValues[i*3] = ((val >> 16) & 0xFF);
    floatValues[i*3+1] = ((val >> 8) & 0xFF);
    floatValues[i*3+2] = (val & 0xFF);
}
```

注意，val 或 intValues 像素数组中的每个元素都是一个 32 位整型，其中每 8 位分别保存 ARGB 值。通过右移（对于红色和绿色）和按位进行与运算来提取每个像素的红色、绿色和蓝色值，而忽略 intValues 元素中最左侧 8 位的 Alpha 值。所以 floatValues［i＊3］、floatValues［i＊3＋1］和 floatValues［i＊3＋2］分别保存了像素的红色、绿色和蓝色值。

现在，创建一个新的 TensorFlowInferenceInterface 实例，输入为 AssetManager 实例和 assets 文件中的模型文件名，并通过 TensorFlowInferenceInterface 实例对 INPUT_NODE 赋予转换后的 floatValues 数组。如果一个模型需要多个输入节点，则可调用多个 feed 方法。然后以一个输出节点名称的字符串数组为参数来运行模型。此处，对于快速风格迁移模型，只有一个输入节点和一个输出节点。最后，通过传递输出节点名来获取模型的输出值。如果希望接收多个输出节点，则可调用多个 fetch。

```
AssetManager assetManager = getAssets();
mInferenceInterface = new TensorFlowInferenceInterface(assetManager,
MODEL_FILE);
mInferenceInterface.feed(INPUT_NODE, floatValues, WANTED_HEIGHT,
WANTED_WIDTH, 3);
mInferenceInterface.run(new String[] {OUTPUT_NODE}, false);
mInferenceInterface.fetch(OUTPUT_NODE, outputValues);
```

由模型生成的 outputValues 中保存了取值为 0～255 范围内的 8 位红色、绿色和蓝色值，首先对红色值和绿色值执行左移操作，只是移位值不同（16 和 8），然后按位进行或操作将 8 位 Alpha 值（0xFF）与 8 位 RGB 值组合，将结果保存在 intValues 数组中。

```
for (int i=0; i < intValues.length; ++i) {
    intValues[i] = 0xFF000000
                   | (((int) outputValues[i*3]) << 16)
                   | (((int) outputValues[i*3+1]) << 8)
                   | ((int) outputValues[i*3+2]);
```

接着，创建一个新的 Bitmap 实例，用 intValues 数组设置其像素值，将位图缩放到与测试图像的原始大小相同，并将缩放后的位图保存到 mTransferredBitmap。

```
Bitmap outputBitmap = scaledBitmap.copy( scaledBitmap.getConfig() , true);
outputBitmap.setPixels(intValues, 0, outputBitmap.getWidth(), 0, 0,
outputBitmap.getWidth(), outputBitmap.getHeight());
mTransferredBitmap = Bitmap.createScaledBitmap(outputBitmap,
bitmap.getWidth(), bitmap.getHeight(), true);
```

最后，向主线程处理程序发送一条消息，使之显示风格迁移图像。

```
Message msg = new Message();
msg.obj = "Tranfer Processing Done";
mHandler.sendMessage(msg);
```

由此可见，总共不到 100 行代码，即可实现一个对图像进行令人惊叹的风格迁移的完整 Android 应用程序。在 Android 设备或虚拟设备上运行该应用程序，首先会看到一幅带按钮的测试图像，单击按钮，几秒后，就会呈现风格迁移的图像，如图 4.4 所示。

图 4.4　Android 上的原始图像和风格迁移图像

快速神经风格模型存在的一个问题是，即使量化后每个模型只有 1.7MB，但仍需要分别对每种风格进行训练，且每个训练后的模型仅支持一种风格迁移。幸运的是，对于这一问题，现在已有一种很好的解决方案。

4.5　在 iOS 中应用 TensorFlow Magenta 多风格模型

TensorFlow Magenta 项目（https：//github. com/tensorflow/magenta）允许使用 10 多种预训练模型来生成新的音乐和图像。在本节和下节中，将重点介绍 Magenta 图像风格转换模型的应用。可按照网站链接在计算机上安装 Magenta，不过在移动应用程序中使用图像风格迁移模型时，不必安装 Magenta。根据 2017 年发表的 "A Learned Representation for Artistic Style" 一文而实现的 Magenta 预训练风格迁移模型取消了一个模型只能适用一种风格的限制，而允许一个模型文件中包含多种风格，并可以选择使用这些风格的任意组合。在 https：//github. com/tensorflow/magenta/tree/master/magenta/models/image_stylization 上可快速浏览演示示例，但是由于检查点文件中存在一些 NaN（非数字）错误，导致网站上可供下载的两个预训练检查点模型不能直接用于移动应用程序。此处，不会详细介绍如何删除这些数字并生成一个可用于实际应用程序的 . pb 模型文件（如果感兴趣，可以访问 https：//github. com/tensorflow/tensorflow/issues/9678 查看详细过程），而只是应用位于 tensorflow/examples/android/assets 的 TensorFlow Android 示例中包含的 stylize_quantized. pb 预训练模型文件，并分析其工作原理。

如果要训练自己的模型，可以按照上述 image_stylization 链接中的模型训练步骤进行操作。但是，值得注意的是，至少需要 500GB 的可用磁盘空间来下载 ImageNet 数据集，同时需要性能强大的 GPU 来完成训练。在了解了本节或下节的代码和结果后，很可能会对启用预训练 stylize_quantized. pb 模型后的风格迁移效果感到满意。

执行以下步骤，在本章前面创建的 iOS 应用程序中使用和运行多风格模型：

1）将 stylize_quantized. pb 文件从 tensorflow/examples/android/assets 文件夹拖放到 Xcode 环境下的 iOS 应用程序文件夹中。

2）采用与加载和处理快速风格迁移模型相同的 dispatch_async 方法，在单击处理程序中添加一个新的 UIAlertAction 操作。

```
UIAlertAction* multi_style_transfer = [UIAlertAction
actionWithTitle:@"Multistyle Transfer"
style:UIAlertActionStyleDefault handler:^(UIAlertAction * action) {
    _lbl.text = @"Processing...";
    _iv.image = [UIImage imageNamed:image_name];
    dispatch_async(dispatch_get_global_queue(0, 0), ^{
        UIImage *img = imageStyleTransfer(@"stylize_quantized");
        dispatch_async(dispatch_get_main_queue(), ^{
            _lbl.text = @"Tap Anywhere";
            _iv.image = img;
        });
    });
}];
```

3）用新模型的值替换 input_layer 和 output_layer 值，并添加一个名为 style_num 的输入节点新名称（这些值是来自 Android 示例代码中的 StylizeActivity. java 文件，也可利用 summarize_graph 工具——TensorBoard，或在前面展示的代码段中查找）。

```
std::string input_layer = "input";
std::string style_layer = "style_num";
std::string output_layer = "transformer/expand/conv3/conv/Sigmoid";
```

4）与快速风格迁移模型不同，此处的多风格模型是以浮点型的四维张量作为图像输入。

```
tensorflow::Tensor image_tensor(tensorflow::DT_FLOAT,
tensorflow::TensorShape({1, wanted_height, wanted_width,
wanted_channels}));
auto image_tensor_mapped = image_tensor.tensor<float, 4>();
```

5）需要将 style_tensor 定义为另一个具有形状（NUM_STYLES * 1）的张量，其中 NUM_STYLES 在 ViewController. mm 文件的开头定义为 const int NUM_STYLES = 26；，这里的数字26

是指 stylize_quantized. pb 模型文件中内置的风格个数，运行 Android TF Stylize 应用程序可查看这 26 种风格的效果，如图 4.5 所示。注意，位于左下角的第 20 张图片是著名的凡·高画作——星空。

图 4.5　多风格模型中的 26 个风格图像

```
tensorflow::Tensor style_tensor(tensorflow::DT_FLOAT,
tensorflow::TensorShape({ NUM_STYLES, 1}));
auto style_tensor_mapped = style_tensor.tensor<float, 2>();
float* out_style = style_tensor_mapped.data();
for (int i = 0; i < NUM_STYLES; i++) {
    out_style[i] = 0.0 / NUM_STYLES;
}
out_style[19] = 1.0;
```

out_style 数组中所有值之和必须为 1，最终的风格迁移图像是由 out_style 数组中指定权重值经加权后组合风格。例如，上述代码仅采用了星空风格（数组索引 19 对应于风格图像列表中如图 4.5 所示的第 20 幅图像）。

如果想要将星空图像和右上角图像均匀混合，则需要将上述代码块中的最后一行替换为以下代码：

```
out_style[4] = 0.5;
out_style[19] = 0.5;
```

如果希望将 26 种风格都均匀混合，则需修改前面的 for 循环如下，且不要将其他值设置为任何特定的 out_style 元素。

```
for (int i = 0; i < NUM_STYLES; i++) {
    out_style[i] = 1.0 / NUM_STYLES;
}
```

在图 4.8 和图 4.9 中可查看这三种设置的风格迁移效果。

6）将 session - > Run 调用函数修改如下，将图像张量和风格张量同时输入给模型。

```
tensorflow::Status run_status = session->Run({{input_layer,
image_tensor}, {style_layer, style_tensor}}, {output_layer}, {},
&outputs);
```

上面就是运行基于多风格模型的 iOS 应用程序所需的全部修改内容。现在运行应用程序,首先会看到如图 4.6 所示的内容。

单击任意位置,会弹出两种风格选择提示,如图 4.7 所示。

图 4.6　显示原始内容图像

图 4.7　两种风格模型选择界面

两张迁移图像的效果（out_style［19］= 1.0）如图 4.8 所示。

图 4.9 显示了图 4.5 中星空图像和右上角图像均匀混合的结果以及所有 26 种风格均匀混合的结果,如图 4.9 所示。

多风格模型在 iPhone 上运行大约需要 5s,比快速风格迁移模型大约快 2 ~ 3 倍。

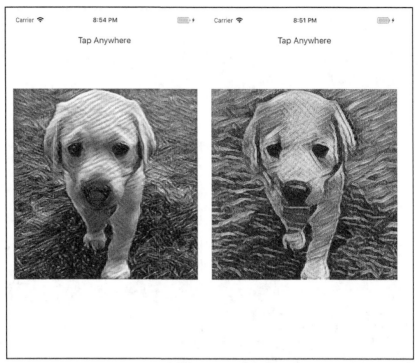

图 4.8　使用两种不同风格迁移模型的效果（左侧为快速风格迁移模型，右侧为多风格模型）

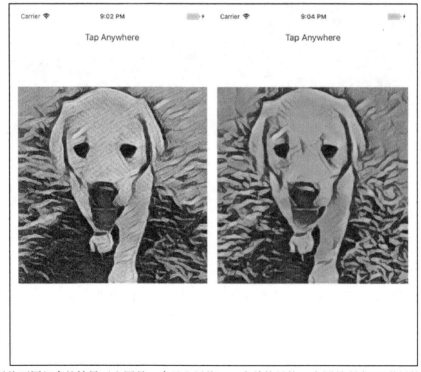

图 4.9　多风格不同组合的结果（左图是一半星空风格，一半其他风格，右图是所有 26 种风格混合的效果）

4.6 在 Android 中应用 TensorFlow Magenta 多风格模型

尽管 TensorFlow Android 示例应用程序中已提供了使用多风格模型的代码（实际上，在 4.5 节的 iOS 应用程序中已使用了 Android 示例应用程序中的模型），但示例应用程序中与 TensorFlow 相关的代码是与超过 600 行的 StylizeActivity. java 文件中的许多 UI 代码混合在一起的。还可以利用针对 TensorFlow Android 风格迁移的 Codelab（https：//codelabs. developers. google. com/codelabs/tensorflow‐style‐transfer‐android/index. html）进行操作，其中的代码与 TensorFlow Android 示例应用程序大致相同。既然现在已具有一个采用 TensorFlow 快速风格迁移模型的简单 Android 应用程序实现，接下来讨论如何只修改几行代码就可以实现一个功能强大得多的风格迁移应用程序。这也是一种了解如何将 TensorFlow 模型添加到现有 Android 应用程序中的更直观方式。

以下就是在之前构建的 Android 应用程序中使用多风格迁移模型所需的步骤。

1）将 stylize_quantized. pb 文件从 tensorflow/examples/android/assets 拖放到 Android 应用程序的 assets 文件夹中。

2）在 Android Studio 中，打开 MainActivity. java 文件，找到以下 3 行代码：

```
private static final String MODEL_FILE =
"file:///android_asset/fst_frozen_quantized.pb";
private static final String INPUT_NODE = "img_placeholder";
private static final String OUTPUT_NODE = "preds";
```

然后将其替换为以下 4 行代码：

```
private static final int NUM_STYLES = 26;
private static final String MODEL_FILE =
"file:///android_asset/stylize_quantized.pb";
private static final String INPUT_NODE = "input";
private static final String OUTPUT_NODE =
"transformer/expand/conv3/conv/Sigmoid";
```

这些值与上节构建的 iOS 应用程序中的值相同。如果之前仅开发了 Android 应用程序而跳过了 iOS 部分，那么需要大概了解一下 4.5 节 iOS 部分中关于步骤 3）的解释说明。

3）替换以下将输入图像馈送到快速风格迁移模型并处理输出图像的代码段。

```
mInferenceInterface.feed(INPUT_NODE, floatValues, WANTED_HEIGHT,
WANTED_WIDTH, 3);
mInferenceInterface.run(new String[] {OUTPUT_NODE}, false);
mInferenceInterface.fetch(OUTPUT_NODE, outputValues);
for (int i = 0; i < intValues.length; ++i) {
    intValues[i] = 0xFF000000
            | (((int) outputValues[i * 3]) << 16)
            | (((int) outputValues[i * 3 + 1]) << 8)
            | ((int) outputValues[i * 3 + 2]);
}
```

首先是设置 styleVals 数组的代码段（如果对 styleVals 以及如何设置数组值感到困惑，请参看 4.5 节中步骤 5）的说明。

```
final float[] styleVals = new float[NUM_STYLES];
for (int i = 0; i < NUM_STYLES; ++i) {
    styleVals[i] = 0.0f / NUM_STYLES;
}
styleVals[19] = 0.5f;
styleVals[4] = 0.5f;
```

然后将输入图像张量和风格值张量同时输入到模型，并运行模型来获取迁移图像。

```
mInferenceInterface.feed(INPUT_NODE, floatValues, 1, WANTED_HEIGHT,
WANTED_WIDTH, 3);
mInferenceInterface.feed("style_num", styleVals, NUM_STYLES);
mInferenceInterface.run(new String[] {OUTPUT_NODE}, false);
mInferenceInterface.fetch(OUTPUT_NODE, outputValues);
```

最后，处理输出图像。

```
for (int i=0; i < intValues.length; ++i) {
    intValues[i] = 0xFF000000
                    | (((int) (outputValues[i*3] * 255)) << 16)
                    | (((int) (outputValues[i*3+1] * 255)) << 8)
                    | ((int) (outputValues[i*3+2] * 255));
}
```

注意，多风格迁移模型是将一个浮点型数组返回给 outputValues，其中每个浮点数的取值范围都在 0.0~1.0 之间，因此需要先每个值乘以 255，再执行左移运算来获取红色和绿色值，然后按位进行或操作将 intValues 数组中的每个元素设置为最终的 ARGB 值。

上述步骤就是将多风格模型添加到一个独立的 Android 应用程序中所需执行的所有操作。现在，以不同的测试图像来运行应用程序，同时保证所用的三种风格组合与 iOS 应用程序中的相同。

在步骤 3）的代码段中均匀混合了第 20 幅和第 5 幅风格图像后，原始图像和迁移图像如图 4.10 所示。

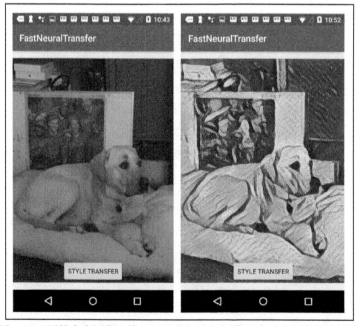

图 4.10　原始内容图像和第 5 幅图像与星空图像混合后的风格迁移图像

如果将以下两行代码：

```
styleVals[19] = 0.5f;
styleVals[4] = 0.5f;
```

替换为一行代码：styleVals［19］= 1.5f；，或将以下代码段：

```
for (int i = 0; i < NUM_STYLES; ++i) {
    styleVals[i] = 0.0f / NUM_STYLES;
}
styleVals[19] = 0.5f;
styleVals[4] = 0.5f;
```

替换为下列代码段：

```
for (int i = 0; i < NUM_STYLES; ++i) {
    styleVals[i] = 1.0f / NUM_STYLES;
}
```

那么，最终效果如图 4.11 所示。

图 4.11　只有星空风格的图像和所有 26 种风格均匀混合的图像

借助于强大的 TensorFlow 模型以及本章所述的在移动应用程序中实际应用的知识，移动开发人员也可以成为伟大的艺术家。

4.7　小结

本章首先概述了自 2015 年以来提出的各种神经风格迁移方法。然后讨论了如何训练第 2

代风格迁移模型（运行速度非常快），使之可以在移动设备上几秒内运行完成。接着介绍了如何在 iOS 应用程序和 Android 应用程序中具体实际应用该模型，通过总共不到 100 行的代码从头开始以最简单的方法构建而成。最后，讨论了如何在 iOS 和 Android 应用程序中应用一种 TensorFlow Magenta 多风格神经迁移模型，其中在单个小模型中包含 26 种艺术风格。

在下章中，将探讨人类及其最好的朋友能够展示的另一种智能任务：识别语音命令。谁不想让宠物狗能够理解"坐下""过来""不要"等命令或让婴儿对"是""停"或"走"做出正确回应呢？那么，接下来我们就学习如何开发出具有类似功能的移动应用程序。

第 5 章
理解简单语音命令

如今，语音服务（如 Apple 公司的 Siri、Amazon 公司的 Alexa、Google 公司的 Assistant 和 Translate）已越来越流行，这是因为语音是在特定场景下搜索信息或完成任务的最自然、有效的方法。其中，许多语音服务都是基于云平台的，源于用户语音可能持续时间很长且形式多种多样。另外，自动语音识别（Automatic Speech Recognition，ASR）非常复杂而需要强大的计算能力。事实上，正是由于最近几年在深度学习领域的重大突破，才能实现在自然嘈杂环境下的 ASR。

但是在某些情况下，能够离线识别设备上的简单语音命令更具有实际意义。例如，要控制由树莓派驱动的机器人的运动，无须复杂的语音命令，不仅是由于设备级的 ASR 要快于基于云平台的解决方案，而且即使在没有网络的环境中也能够随时可用。另外，设备级的简单语音命令识别还可以节省网络带宽，只需在发出某个明确的用户命令时才将复杂的用户语音发送到服务器。

本章将首先概述 ASR 技术，其中涵盖了基于深度学习的最新系统和最优秀的开源项目。然后，将讨论如何训练和再训练一个 TensorFlow 模型来识别简单的语音命令，如"左""右""上""下""停""走"。接下来，将利用训练模型来构建一个简单的 Android 应用程序，然后是两个完整的 iOS 应用程序，其中一个是由 Objective-C 实现的，另一个是由 Swift 实现的。在前面内容中，尚未介绍过应用 TensorFlow 模型的基于 Swift 的 iOS 应用程序，而本章正好回顾和加强对构建基于 Swift 的 TensorFlow iOS 应用程序的理解。

综上，本章的主要内容包括：

1）语音识别概述。

2）训练简单的命令识别模型。

3）在 Android 中应用简单的语音识别模型。

4）在基于 Objective-C 的 iOS 中应用简单的语音识别模型。

5）在基于 Swift 的 iOS 中应用简单的语音识别模型。

5.1 语音识别概述

20 世纪 90 年代出现了第一个实用化的与说话人无关、大词汇量的连续语音识别系统。在 21 世纪初，技术领先的初创公司 Nuance 和 SpeechWorks 开发的语音识别引擎为许多第一代基于 Web 的语音服务提供支持，如 TellMe、掌上 AOL 和 BeVocal。当时构建的语音识别系统主要是基于传统的隐马尔可夫模型（Hidden Markov Models，HMM）的，并且需要手动编写语法和安静环境以有助于识别引擎更准确地工作。

现代语音识别引擎几乎可以理解嘈杂环境下人们的任何话语，且大多是基于端到端的深度学习算法的，尤其是称为递归神经网络（Recurrent Neural Network，RNN）的更适合自然语言处理的另一种深度神经网络。与基于 HMM 的传统语音识别系统（需要专业知识来构建和微调手动设计的特征、声学和语言模型）不同，基于 RNN 的端到端语音识别系统是直接将音频输入转换为文本，而无需将音频输入转换为语音表示再进行进一步处理。

RNN 允许处理输入和/或输出序列，这是因为根据设计，网络可以在输入序列中存储先前的项，或者可以生成一个输出序列。这使得 RNN 更适用于语音识别（输入是用户说出的单词序列）、图像标注（输出是由一系列单词组成的自然语言句子）、文本生成和时间序列预测。如果不熟悉 RNN，那么建议一定要查看 Andrey Karpathy 的博客文章 "The Unreasonable Effectiveness of Recurrent Neural Networks"（http：//karpathy. github. io/2015/05/21/rnn – effectiveness）。在本书的后续内容，还将介绍一些具体的 RNN 模型。

在 2014 年发表的第一篇基于 RNN 的端到端语音识别的研究论文（http：//proceedings. mlr. press/v32/graves14. pdf）中使用的是连接主义时间分类（Connectionist Temporal Classification，CTC）层。2014 年年末，百度公司发布了 Deep Speech（https：//arxiv. org/abs/1412. 5567），这是首个使用基于 CTC 的端到端 RNN 商用系统，与传统的 ASR 系统相比，该系统需由海量数据集驱动，但在嘈杂环境中识别错误率显著降低。如果有兴趣，可以查看 Deep Speech 的 TensorFlow 实现（https：//github. com/mozilla/DeepSpeech），但由于这种基于 CTC 的系统所固有的问题，导致生成的模型需要太多资源才能在手机上运行。在部署期间，还需要一个较大的语言模型来修正因 RNN 特性而导致的部分生成文本错误（如果想了解具体原因，请参阅本节前面的 RNN 博客文章来一探究竟）。

2015 年和 2016 年推出的新型语音识别系统采用了类似的端到端 RNN 方法，只是将 CTC 层替换为基于注意力的模型（https：//arxiv. org/pdf/1508. 01211. pdf），因此，在运行模型时无须较大的语言模型，从而可在内存有限的移动设备上进行部署。在本书中，不再探讨和证明这种可能性，而重点介绍如何在移动应用程序中使用最新的 ASR 模型。实际上，将从一个已知肯定适用于移动设备的较简单语音识别模型开始讨论分析。

要在移动应用程序中添加离线语音识别功能，还可以选择以下两个先进的开源语音识别项目之一。

1）CMU Sphinx（https：//cmusphinx. github. io），开始于大约 20 年前，目前仍在开发中。要开发具有语音识别功能的 Android 应用程序，可使用其针对 Android 操作系统而开发的 PocketSphinx（https：//github. com/cmusphinx/pocketsphinx – android）。要开发具有语音识别功能的 iOS 应用程序，可利用 OpenEars 框架（https：//www. politepix. com/openears），这是一个免费的 SDK，通过 CMU PocketSphinx 在 iOS 应用程序中实现离线语音识别和文本 – 语音转换功能。

2) Kaldi（https：//github. com/kaldi – asr/kaldi），开始于 2009 年，最近得到广泛关注，已有上百人参与。若要在 Android 上应用，可查看此博客文章（http：//jcsilva. github. io/2017/03/18/compile – kaldi – android）。若要在 iOS 上应用，则查看在 iOS 上应用 Kaldi 的原型实现：https：//github. com/keenresearch/keenasr – ios – poc。

鉴于本书是关于在移动设备上如何使用 TensorFlow，而且 TensorFlow 可用于构建功能强大的模型来实现图像处理、语音处理、文本处理以及其他智能任务，因此在本章的其余部分中，将重点介绍如何使用 TensorFlow 来训练一个简单的语音识别模型并将其应用于移动应用程序中。

5.2　训练简单的命令识别模型

本节将归纳总结在文档规范的基于 TensorFlow 的简单语音识别教程（https：//www. tensorflow. org/versions/master/tutorials/audio_recognition）中所用的步骤，同时还添加了一些有助于模型训练的技巧。

所构建的简单语音命令识别模型将能够识别 10 个单词："是""否""上""下""左""右""开""关""停""走"；另外，还可以检测是否保持静默。若检测到未保持静默，也未检测到上述 10 个单词，则将生成"未知"。在稍后运行 tensorflow/example/speech_commands/train. py 脚本时，在需要下载并用于模型训练的语音命令数据集中，除了上述 10 个单词外，实际上还包含其他 20 个单词："0""2""3"，…，"10"（目前为止所看到的 20 个词称为核心词）和辅助词（10 个）："床""鸟""猫""狗""快乐""房子""marvin（男子）""sheila（少女）""树""哇哦"。与辅助词文件（约 1750 个）相比，核心词只不过是具有更多的 . wav 文件（约 2350 个）。

语音命令数据集是从一个开放语音录制（Open Speech Recording）网站（https：//aiyprojects. withgoogle. com/open_speech_recording）上收集而成的。读者可尝试花几分钟时间来录制自己的声音，这样有助于改善数据集效果，同时也可以了解如何在需要时收集自己的语音命令数据集。关于如何利用数据集来构建模型，现从 Kaggle 竞赛（https：//www. kaggle. com/c/tensorflow – speechrecognition – challenge）中可以了解有关语音模型和实现技巧的更多信息。

在移动应用程序中进行训练和应用的模型是用基于卷积神经网络的小规模关键词检测（http：//www. isca – speech. org/archive/interspeech _2015/papers/i15_1478. pdf）来实现的，这不同于其他大多数基于 RNN 的大规模语音识别模型。这种基于 CNN 的语音识别模型很有意义且可行，因为对于简单语音命令的识别，可以在短时间内将音频信号转换为图像，或更准确地说，是频谱图，即某一时间窗口内音频信号的频率分布（关于如何利用 wav_to_spectrogram 脚本生成示例频谱图图像，参见本节前面提供的 TensorFlow 教程链接）。换句话说，可将音频信号从原始的时域表征转换为频域表征。实现这种转换的最佳算法是离散傅里叶变换（Discrete Fourier Transform，DFT），而快速傅里叶变换（Fast Fourier Transform，FFT）又是实现 DFT 的一种有效算法。

作为一名移动应用开发人员，可能不需要了解 DFT 和 FFT 算法。但如果想了解即将介绍的 TensorFlow 简单语音命令模型训练的幕后操作，最好还是理解这些模型是如何在移动应用程序中完成训练的，当然，正是利用了被称为 20 世纪十大算法之一的 FFT 才使得基于 CNN 的语音命令识别模型训练成为可能。关于 DFT 的简明教程，可以阅读以下资料：http://practicalcryptography.com/miscellaneous/machine – learning/intuitive – guide – discrete – fourier – transform。

现在，执行以下步骤来训练简单语音命令的识别模型：

1）在终端上，跳转到 TensorFlow 源文件的根目录，如 ~/tensorflow – 1.4.0。

2）只需运行以下命令即可下载之前讨论的语音命令数据集：

```
python tensorflow/examples/speech_commands/train.py
```

此处，可设置许多参数：– – wanted_words 默认情况下是以"yes"开头的 10 个核心词；可通过此参数添加更多可被模型识别的单词。要训练具体的语音命令数据集，可使用 – – data_url – – data_dir = < path_to_your_dataset > 来禁用下载语音命令数据集并访问自己的数据集，其中每个命令都应命名为各自文件夹名称，其中应包含长度均约为 1s 的 1000 ~ 2000 个音频片段；如果音频片段都较长，可以更改相应的 – – clip_duration_ms 参数值。有关更多详细信息，参见 train.py 源代码和 TensorFlow 简单音频识别教程。

3）若采用 train.py 中的所有默认参数值，在 1.48GB 的语音命令数据集下载完成后，整个 18000 步的训练在 GTX – 1070 GPU 驱动的 Ubuntu 操作系统上大约需要 90min。训练完成后，可在/tmp/speech_commands_train 文件夹中生成检查点文件列表，以及 conv.pbtxt 图定义文件和名为 conv_labels.txt 的包含命令列表的标签文件（与 – – wanted_words 参数的默认值或设置值相同，只是在文件头增加了两个词"_silence"和"_unknown"）：

```
-rw-rw-r-- 1 jeff jeff 75437 Dec 9 21:08 conv.ckpt-18000.meta
-rw-rw-r-- 1 jeff jeff 433 Dec 9 21:08 checkpoint
-rw-rw-r-- 1 jeff jeff 3707448 Dec 9 21:08
conv.ckpt-18000.data-00000-of-00001
-rw-rw-r-- 1 jeff jeff 315 Dec 9 21:08 conv.ckpt-18000.index
-rw-rw-r-- 1 jeff jeff 75437 Dec 9 21:08 conv.ckpt-17900.meta
-rw-rw-r-- 1 jeff jeff 3707448 Dec 9 21:08
conv.ckpt-17900.data-00000-of-00001
-rw-rw-r-- 1 jeff jeff 315 Dec 9 21:08 conv.ckpt-17900.index
-rw-rw-r-- 1 jeff jeff 75437 Dec 9 21:07 conv.ckpt-17800.meta
-rw-rw-r-- 1 jeff jeff 3707448 Dec 9 21:07
conv.ckpt-17800.data-00000-of-00001
-rw-rw-r-- 1 jeff jeff 315 Dec 9 21:07 conv.ckpt-17800.index
-rw-rw-r-- 1 jeff jeff 75437 Dec 9 21:07 conv.ckpt-17700.meta
-rw-rw-r-- 1 jeff jeff 3707448 Dec 9 21:07
conv.ckpt-17700.data-00000-of-00001
-rw-rw-r-- 1 jeff jeff 315 Dec 9 21:07 conv.ckpt-17700.index
-rw-rw-r-- 1 jeff jeff 75437 Dec 9 21:06 conv.ckpt-17600.meta
-rw-rw-r-- 1 jeff jeff 3707448 Dec 9 21:06
conv.ckpt-17600.data-00000-of-00001
-rw-rw-r-- 1 jeff jeff 315 Dec 9 21:06 conv.ckpt-17600.index
-rw-rw-r-- 1 jeff jeff 60 Dec 9 19:41 conv_labels.txt
-rw-rw-r-- 1 jeff jeff 121649 Dec 9 19:41 conv.pbtxt
```

其中，conv_labels.txt 包含以下命令：

```
_silence_
_unknown_
yes
no
up
down
left
right
on
off
stop
go
```

接下来，运行以下命令，将图定义文件和检查点文件合并为一个可应用于移动应用程序的模型文件。

```
python tensorflow/examples/speech_commands/freeze.py \
--start_checkpoint=/tmp/speech_commands_train/conv.ckpt-18000 \
--output_file=/tmp/speech_commands_graph.pb
```

4）在移动应用程序中部署 speech_commands_graph.pb 模型文件之前，可通过以下命令对模型文件进行快速测试（可选操作）。

```
python tensorflow/examples/speech_commands/label_wav.py   \
--graph=/tmp/speech_commands_graph.pb \
--labels=/tmp/speech_commands_train/conv_labels.txt \
--wav=/tmp/speech_dataset/go/9d171fee_nohash_1.wav
```

输出结果如下：

```
go (score = 0.48427)
no (score = 0.17657)
_unknown_ (score = 0.08560)
```

5）通过 summarize_graph 工具查找输入节点名和输出节点名：

```
bazel-bin/tensorflow/tools/graph_transforms/summarize_graph --
in_graph=/tmp/speech_commands_graph.pb
```

输出结果如下：

```
Found 1 possible inputs: (name=wav_data, type=string(7), shape=[])
No variables spotted.
Found 1 possible outputs: (name=labels_softmax, op=Softmax)
```

遗憾的是，仅给出正确的输出节点名，而未显示其他可能的输入节点名。根据 tensorboard －－logdir /tmp/retrain_logs，并在浏览器中打开 http：//localhost：6006 网页与图进行交互也无济于事。但在前几章中给出的代码片段会有助于查找输入节点名和输出节点名，与 IPython 的交互代码如下：

```
In [1]: import tensorflow as tf
In [2]: g=tf.GraphDef()
In [3]:
g.ParseFromString(open("/tmp/speech_commands_graph.pb","rb").read())
In [4]: x=[n.name for n in g.node]
In [5]: x
Out[5]:
```

```
[u'wav_data',
 u'decoded_sample_data',
 u'AudioSpectrogram',
 ...
 u'MatMul',
 u'add_2',
 u'labels_softmax']
```

由此可见，wav_data 和 decoded_sample_data 都是可能的输入数据。如果在 freeze. py 文件中没有给出以下结论："所得的 Tensorflow 图中包含一个名为 wav_data 的 WAV 编码数据输入，一个名为 decoded_sample_data 的原始 PCM 数据（−1.0～1.0 范围内的浮点数），以及一个名为 labels_softmax 的输出。"，那么就必须深入分析模型训练代码，以确定应使用的输入名称。实际上，在模型出现上述情况下，现有一个 TensorFlow Android 示例应用程序，即在第 1 章中所述的 TF Speech，专门用于定义输入名和输出名。在本书后续的内容中，将会探讨在需要找出关键的输入节点名和输出节点名时（无论是否借助这三种方法），如何来查看模型训练的源代码。

现在，就准备在移动应用程序中使用所构建的新模型。

5.3　在 Android 中应用简单的语音识别模型

位于 tensorflow/example/android 文件夹的 TensorFlow Android 简单语音命令识别的示例应用程序在 SpeechActivity. java 文件中提供了语音录制与识别代码，假设应用程序需要随时准备好接收新的音频命令。尽管这在某些情况下是合理的，但同时也会导致代码比只有在用户按下按钮后才能进行录制和识别的代码（如 Apple 的 Siri 工作方式）复杂得多。本节将介绍如何创建一个新的 Android 应用程序，并添加尽可能少的代码来录制用户语音命令及显示识别结果。这样就有助于更轻松地将模型集成到实际的 Android 应用程序中。但如果需要处理始终自动录制和识别语音命令时，还是应分析基于 TensorFlow 的 Android 示例应用程序。

5.3.1　通过模型构建新的应用程序

执行以下步骤来构建一个全新的 Android 应用程序，该应用程序使用了上节中构建的 speech_commands_graph. pb 模型。

1）按照前面各章中的所有默认设置，创建一个名为 AudioRecognition 的新 Android 应用程序，然后在应用程序中 build. gradle 文件的依赖项末尾处添加代码 compile ' org. tensorflow：tensorflow − android：+'。

2）在应用程序的 AndroidManifest. xml 文件中添加 < uses − permissionandroid：name = " android. permission. RECORD_AUDIO" ／>，以允许该应用程序可以录制音频。

3）创建一个新的 assets 文件夹，然后将在上节的步骤 2）和 3）中生成的 speech_commands_graph. pb 文件和 conv_actions_labels. txt 文件拖放到该文件夹中。

4）更改 activity_main. xml 文件以包含三个 UI 元素。第一个 TextView 是用于显示识别结果：

```
<TextView
    android:id="@+id/textview"
    android:layout_width="wrap_content"
    android:layout_height="wrap_content"
    android:text=""
    android:textSize="24sp"
    android:textStyle="bold"
    app:layout_constraintBottom_toBottomOf="parent"
    app:layout_constraintLeft_toLeftOf="parent"
    app:layout_constraintRight_toRightOf="parent"
    app:layout_constraintTop_toTopOf="parent" />
```

第二个 TextView 将显示通过在上节步骤 2）中的 train. py Python 程序而训练的 10 个默认命令。

```
<TextView
    android:layout_width="wrap_content"
    android:layout_height="wrap_content"
    android:text="yes no up down left right on off stop go"
    app:layout_constraintBottom_toBottomOf="parent"
    app:layout_constraintHorizontal_bias="0.50"
    app:layout_constraintLeft_toLeftOf="parent"
    app:layout_constraintRight_toRightOf="parent"
    app:layout_constraintTop_toTopOf="parent"
    app:layout_constraintVertical_bias="0.25" />
```

最后一个 UI 元素是一个按钮，当单击该按钮时，将会开始录制 1s 的音频，然后将录制的内容发送到模型中以进行识别。

```
<Button
    android:id="@+id/button"
    android:layout_width="wrap_content"
    android:layout_height="wrap_content"
    android:text="Start"
    app:layout_constraintBottom_toBottomOf="parent"
    app:layout_constraintHorizontal_bias="0.50"
    app:layout_constraintLeft_toLeftOf="parent"
    app:layout_constraintRight_toRightOf="parent"
    app:layout_constraintTop_toTopOf="parent"
    app:layout_constraintVertical_bias="0.8" />
```

5）打开 MainActivity. java 文件，首先创建一个 MainActivity implements Runnable 类。然后添加定义模型名称、标签名称、输入名称和输出名称的以下常量。

```
private static final String MODEL_FILENAME =
"file:///android_asset/speech_commands_graph.pb";
private static final String LABEL_FILENAME =
"file:///android_asset/conv_actions_labels.txt";
private static final String INPUT_DATA_NAME =
"decoded_sample_data:0";
private static final String INPUT_SAMPLE_RATE_NAME =
"decoded_sample_data:1";
private static final String OUTPUT_NODE_NAME = "labels_softmax";
```

6）声明四个实例变量。

```
private TensorFlowInferenceInterface mInferenceInterface;
private List<String> mLabels = new ArrayList<String>();
private Button mButton;
private TextView mTextView;
```

7）在 onCreate 方法中，首先实例化 mButton 和 mTextView，然后设置按钮单击事件处理程序，该程序首先更改按钮标题，接着启动一个线程进行录制和识别。

```
mButton = findViewById(R.id.button);
mTextView = findViewById(R.id.textview);
mButton.setOnClickListener(new View.OnClickListener() {
    @Override
    public void onClick(View v) {
        mButton.setText("Listening...");
        Thread thread = new Thread(MainActivity.this);
        thread.start();
    }
});
```

在 onCreate 方法的最后，逐行读取标签文件的内容，并将每一行内容都保存在 mLabels 数组列表中。

8）在 public void run（）方法的开头（单击 Start 按钮后执行）添加代码，首先获取创建 Android AudioRecord 对象所需的最小缓冲区大小，然后使用 buffersize 创建一个采样率（SAMPLE_RATE）为 16000 且 16 位单声道格式的新的 AudioRecord 实例，即模型所期望的原始音频类型，最后由 AudioRecord 实例开始录制。

```
int bufferSize = AudioRecord.getMinBufferSize(SAMPLE_RATE,
AudioFormat.CHANNEL_IN_MONO, AudioFormat.ENCODING_PCM_16BIT);
AudioRecord record = new
AudioRecord(MediaRecorder.AudioSource.DEFAULT, SAMPLE_RATE,
AudioFormat.CHANNEL_IN_MONO, AudioFormat.ENCODING_PCM_16BIT,
bufferSize);

if (record.getState() != AudioRecord.STATE_INITIALIZED) return;
record.startRecording();
```

Android 系统中有两个用于录制音频的类：MediaRecorder 和 AudioRecord。MediaRecorder 比 AudioRecord 更易于使用，但在支持录制未经处理的原始音频的 Android API Level 24 发布之前，保存的是压缩后的音频文件。另外，要解码由 MediaRecorder 录制的压缩音频，还必须使用非常复杂的 MediaCodec。尽管 AudioRecord 是一个低等级 API，但实际上非常适合录制未处理的原始数据，然后将其发送到语音命令识别模型进行处理。

9）创建两个 16 位短整型数组：audioBuffer 和 recordingBuffer，若录制 1s，每次在读取 AudioRecord 对象并填充 audioBuffer 数组后，实际读取的数据都会添加到 recordingBuffer 的末尾。

```
long shortsRead = 0;
int recordingOffset = 0;
short[] audioBuffer = new short[bufferSize / 2];
short[] recordingBuffer = new short[RECORDING_LENGTH];
```

```
while (shortsRead < RECORDING_LENGTH) { // 1 second of recording
    int numberOfShort = record.read(audioBuffer, 0,
audioBuffer.length);
    shortsRead += numberOfShort;
    System.arraycopy(audioBuffer, 0, recordingBuffer,
recordingOffset, numberOfShort);
    recordingOffset += numberOfShort;
}
record.stop();
record.release();
```

10）录制完成后，首先将按钮标题更改为 Recognizing（识别）。

```
runOnUiThread(new Runnable() {
    @Override
    public void run() {
        mButton.setText("Recognizing...");
    }
});
```

然后将 recordingBuffer 中的短整型数组转换为 float 型数组，同时使得 float 型数组中每个元素都在 -1.0~1.0 的范围内，这是因为模型期望的浮点数位于 -1.0~1.0 之间。

```
float[] floatInputBuffer = new float[RECORDING_LENGTH];
for (int i = 0; i < RECORDING_LENGTH; ++i) {
    floatInputBuffer[i] = recordingBuffer[i] / 32767.0f;
}
```

11）如前几章所述，此处创建一个新的 TensorFlowInferenceInterface 实例，然后以两个输入节点的名称和两个值（一个是采样率，另一个是保存在 floatInputBuffer 数组中的原始音频数据）来调用其 feed 方法。

```
AssetManager assetManager = getAssets();
mInferenceInterface = new
TensorFlowInferenceInterface(assetManager, MODEL_FILENAME);
int[] sampleRate = new int[] {SAMPLE_RATE};
mInferenceInterface.feed(INPUT_SAMPLE_RATE_NAME, sampleRate);

mInferenceInterface.feed(INPUT_DATA_NAME, floatInputBuffer,
RECORDING_LENGTH, 1);
```

之后，调用 run 方法在模型上运行识别推断，然后获取 10 条语音命令以及"未知"和"静默"的输出得分。

```
String[] outputScoresNames = new String[] {OUTPUT_NODE_NAME};
mInferenceInterface.run(outputScoresNames);

float[] outputScores = new float[mLabels.size()];
mInferenceInterface.fetch(OUTPUT_NODE_NAME, outputScores);
```

12）将 outputScores 数组与 mLabels 列表进行匹配，由此可轻松地获得最高得分及其相应的命令名。

```
float max = outputScores[0];
int idx = 0;
for (int i=1; i<outputScores.length; i++) {
    if (outputScores[i] > max) {
        max = outputScores[i];
```

```
        idx = i;
    }
}
final String result = mLabels.get(idx);
```

最后，在 TextView 中显示结果，并将按钮标题更改回 Start，以便用户再次开始语音命令的录制和识别。

```
runOnUiThread(new Runnable() {
    @Override
    public void run() {
        mButton.setText("Start");
        mTextView.setText(result);
    }
});
```

5.3.2　显示模型驱动的识别结果

现在，在 Android 设备上运行上述应用程序。初始界面如图 5.1 所示。

图 5.1　应用程序启动后显示的初始界面

单击 START 按钮，并开始说出屏幕显示的 10 个命令之一。此时，将会观察到按钮标题先是更改为 LISTENING…，然后是 RECOGNIZING…，如图 5.2 所示。

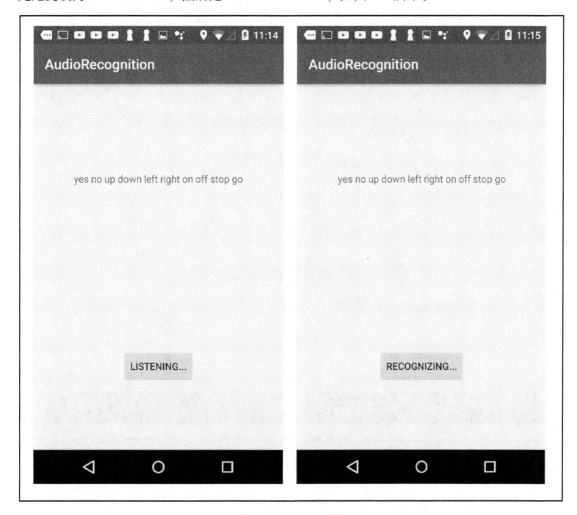

图 5.2 收听录制的音频和识别录制的音频

识别结果几乎实时地显示在屏幕中央，如图 5.3 所示。

整个识别过程几乎立即完成，用于识别的 speech_commands_graph. pb 模型仅为 3.7MB。当然，该模型现在仅支持 10 条语音命令，但即使通过改变 train. py 脚本的 – – wanted_words 参数或自身数据集以支持数十个命令，模型大小也不会有太大变化。

诚然，此处的应用程序截屏并不像第 4 章中那样生动有趣，不过语音识别却可以完成艺术家做不到的事情，如发出语音命令来控制机器人动作。

上述应用程序的完整源代码在 GitHub 上本书源代码库的 Ch5/android 文件夹中。接下来，分析如何利用该模型构建一个 iOS 应用程序，其中涉及一些棘手的 TensorFlow iOS 库编译和音频数据准备步骤，以保证模型正常运行。

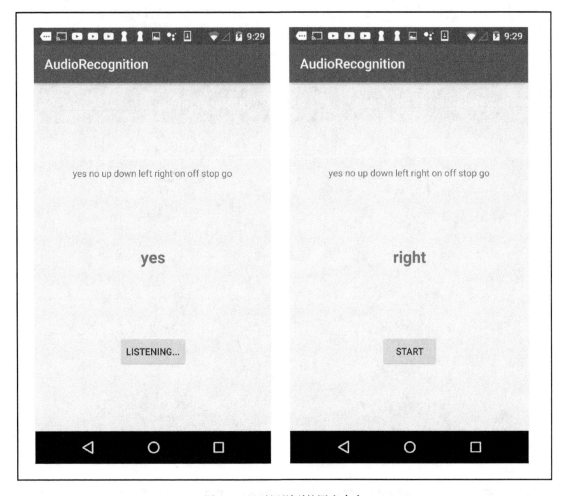

图 5.3　显示识别到的语音命令

5.4　在基于 Objective – C 的 iOS 中应用简单的语音识别模型

如果已实际动手完成前面介绍的 iOS 应用程序，那么你可能更喜欢手动编译的 Tensor-Flow iOS 库而不是 TensorFlow 实验性 pod，因为通过手动编译库，可以更好地控制采用哪些 TensorFlow 操作来实现满意的模型，而这种更好的控制方式也正是本书决定在第 1 章中专注于 TensorFlow Mobile 而不是 TensorFlow Lite 的主要原因之一。

因此，尽管在阅读本书时也可以尝试使用 TensorFlow pod，以了解 TensorFlow pod 是否现已更新以支持模型中用到的所有操作，但从现在开始，本书在 iOS 应用程序中仍继续使用手动构建的 TensorFlow 库（相关如何操作的内容请参阅 3.4 节中所介绍的步骤 1）和步骤 2）。

5.4.1　通过模型构建新的应用程序

现在执行以下步骤来创建一个使用语音命令识别模型的新的 iOS 应用程序。

1）在 Xcode 环境下创建一个名为 AudioRecognition 的新的 Objective – C 应用程序，并将该工程设置为使用 TensorFlow 手动编译库，如 4.3 节中的步骤 1）所述。同时将 AudioToolbox. framework、AVFoundation. framework 和 Accelerate. framework 添加到 Target's Link Binary With Libraries。

2）将 speech_commands_graph. pb 模型文件拖放到工程中。

3）将 ViewController. m 的扩展名更改为 mm，然后添加音频录制和处理所用的以下头文件：

```
#import <AVFoundation/AVAudioRecorder.h>
#import <AVFoundation/AVAudioSettings.h>
#import <AVFoundation/AVAudioSession.h>
#import <AudioToolbox/AudioToolbox.h>
```

以及添加 TensorFlow 所需的头文件：

```
#include <fstream>
#include "tensorflow/core/framework/op_kernel.h"
#include "tensorflow/core/framework/tensor.h"
#include "tensorflow/core/public/session.h"
```

现在，定义一个音频 SAMPLE_RATE 常量、一个指向包含待发送到模型的音频数据的浮点型数组的 C 指针、audioRecognition 关键函数原型，以及保存录制文件路径和 AVAudioRecorder iOS 实例的两个属性。另外，还需要在 ViewController 中实现 AV AudioRecorderDelegate，以便确定录制何时完成。

```
const int SAMPLE_RATE = 16000;
float *floatInputBuffer;
std::string audioRecognition(float* floatInputBuffer, int length);
@interface ViewController () <AVAudioRecorderDelegate>
@property (nonatomic, strong) NSString *recorderFilePath;
@property (nonatomic, strong) AVAudioRecorder *recorder;
@end
```

此处，未给出以编程方式创建两个 UI 元素的代码段：一个按钮，单击该按钮将开始录制 1s 的音频，然后将音频发送到模型进行识别，以及一个显示识别结果的标签。不过在下节将会给出一些 UI 的 Swift 实现代码以供复习。

4）在按钮的 UIControlEventTouchUpInside 处理程序中，首先创建一个 AVAudioSession 实例，将其类别设置为 record 并激活。

```
AVAudioSession *audioSession = [AVAudioSession sharedInstance];
NSError *err = nil;
[audioSession setCategory:AVAudioSessionCategoryPlayAndRecord
error:&err];
if(err){
    NSLog(@"audioSession: %@", [[err userInfo] description]);
    return;
}

[audioSession setActive:YES error:&err];
if(err){
    NSLog(@"audioSession: %@", [[err userInfo] description]);
    return;
}
```

然后创建一个录制设置字典。

```
NSMutableDictionary *recordSetting = [[NSMutableDictionary alloc]
init];
[recordSetting setValue:[NSNumber
numberWithInt:kAudioFormatLinearPCM] forKey:AVFormatIDKey];
[recordSetting setValue:[NSNumber numberWithFloat:SAMPLE_RATE]
forKey:AVSampleRateKey];
[recordSetting setValue:[NSNumber numberWithInt: 1]
forKey:AVNumberOfChannelsKey];
[recordSetting setValue :[NSNumber numberWithInt:16]
forKey:AVLinearPCMBitDepthKey];
[recordSetting setValue :[NSNumber numberWithBool:NO]
forKey:AVLinearPCMIsBigEndianKey];
[recordSetting setValue :[NSNumber numberWithBool:NO]
forKey:AVLinearPCMIsFloatKey];
[recordSetting setValue:[NSNumber numberWithInt:AVAudioQualityMax]
forKey:AVEncoderAudioQualityKey];
```

最后，在按钮单击处理程序中，定义保存录制音频的位置，创建一个 AVAudioRecorder 实例，设置并开始录制 1s。

```
self.recorderFilePath = [NSString
stringWithFormat:@"%@/recorded_file.wav", [NSHomeDirectory()
stringByAppendingPathComponent:@"tmp"]];
NSURL *url = [NSURL fileURLWithPath:_recorderFilePath];
err = nil;
_recorder = [[ AVAudioRecorder alloc] initWithURL:url
settings:recordSetting error:&err];
if(!_recorder){
    NSLog(@"recorder: %@", [[err userInfo] description]);
    return;
}
[_recorder setDelegate:self];
[_recorder prepareToRecord];
[_recorder recordForDuration:1];
```

5）在 AVAudioRecorderDelegate 的 delegate 方法中，audioRecorderDidFinishRecording，使用 Apple 公司的扩展音频文件服务（用于读写压缩的线性 PCM 音频文件）来加载录制的音频，将其转换为模型期望的格式，并将音频数据读入内存。此处未给出这部分代码（主要是根据以下博客文章：https：//batmobile. blogs. ilrt. org/loading–audio–file–on–an–iphone/）。经过上述处理后，floatInputBuffer 指向原始音频样本。现在，可在一个工作者线程中将数据传递给 audioRecognition 方法，并在 UI 线程中显示结果。

```
dispatch_async(dispatch_get_global_queue(0, 0), ^{
    std::string command = audioRecognition(floatInputBuffer,
totalRead);
    delete [] floatInputBuffer;
    dispatch_async(dispatch_get_main_queue(), ^{
        NSString *cmd = [NSString stringWithCString:command.c_str()
encoding:[NSString defaultCStringEncoding]];
        [_lbl setText:cmd];
        [_btn setTitle:@"Start" forState:UIControlStateNormal];
    });
});
```

6）在 audioRecognition 方法中，首先定义一个 C++ 字符串数组，其中包含待识别的 10 个语音命令以及两个特殊值 "_silence_" 和 "_unknown_"。

```
std::string commands[] = {"_silence_", "_unknown_", "yes", "no",
"up", "down", "left", "right", "on", "off", "stop", "go"};
```

在完成标准 TensorFlow 的 Session、Status 和 GraphDef 设置之后，正如在前几章的 iOS 应用程序中所做的那样，读取模型文件，并尝试利用其创建一个 TensorFlow Session。

```
NSString* network_path =
FilePathForResourceName(@"speech_commands_graph", @"pb");

PortableReadFileToProto([network_path UTF8String],
&tensorflow_graph);

tensorflow::Status s = session->Create(tensorflow_graph);
if (!s.ok()) {
    LOG(ERROR) << "Could not create TensorFlow Graph: " << s;
    return "";
}
```

若会话创建成功，则为模型定义两个输入节点名称和一个输出节点名称。

```
std::string input_name1 = "decoded_sample_data:0";
std::string input_name2 = "decoded_sample_data:1";
std::string output_name = "labels_softmax";
```

7）对于 "decoded_sample_data：0"，需要将采样率的值作为一个标量进行发送（否则在调用 TensorFlow Session 中的 run 方法时会出现错误），且在 TensorFlow C++ API 中张量定义如下：

```
tensorflow::Tensor samplerate_tensor(tensorflow::DT_INT32,
tensorflow::TensorShape());
samplerate_tensor.scalar<int>()() = SAMPLE_RATE;
```

对于 "decoded_sample_data：1"，需要将浮点数形式的音频数据从 floatInputBuffer 数组转换为 TensorFlow 中的 audio_tensor 张量，具体方法类似于在前几章中定义和设置 image_tensor 的方式。

```
tensorflow::Tensor audio_tensor(tensorflow::DT_FLOAT,
tensorflow::TensorShape({length, 1}));
auto audio_tensor_mapped = audio_tensor.tensor<float, 2>();
float* out = audio_tensor_mapped.data();
for (int i = 0; i < length; i++) {
    out[i] = floatInputBuffer[i];
}
```

现在，像之前一样利用输入来运行模型并得到输出。

```
std::vector<tensorflow::Tensor> outputScores;
tensorflow::Status run_status = session->Run({{input_name1,
audio_tensor}, {input_name2, samplerate_tensor}},{output_name}, {},
&outputScores);
if (!run_status.ok()) {
    LOG(ERROR) << "Running model failed: " << run_status;
    return "";
}
```

8）对模型输出 outputScores 进行简单解析，并返回最高得分。outputScores 是一个 TensorFlow 张量的向量，其第一个元素包含 12 种可能识别结果的 12 个得分值。可通过 flat 方法访问这 12 个得分值并搜索最高得分。

```
tensorflow::Tensor* output = &outputScores[0];
const Eigen::TensorMap<Eigen::Tensor<float, 1, Eigen::RowMajor>,
Eigen::Aligned>& prediction = output->flat<float>();
const long count = prediction.size();
int idx = 0;
float max = prediction(0);
for (int i = 1; i < count; i++) {
    const float value = prediction(i);
    printf("%d: %f", i, value);
    if (value > max) {
        max = value;
        idx = i;
    }
}

return commands[idx];
```

在应用程序中录制任何音频之前，需要做的另一件事是在应用程序的 Info. plist 文件中创建一个新的 Privacy - Microphone Usage Description 属性，并将该属性值设置为类似于"收听和识别您的语音命令"。

现在，在 iOS 模拟器（如果 Xcode 版本早于 9.2，而 iOS 模拟器版本早于 10.0，那么必须在实际的 iOS 设备上运行该应用程序，因为在 10.0 版本之前的 iOS 模拟器中可能无法录制音频）或 iPhone 上运行该应用程序，首先出现一个中间具有 Start 按钮的初始界面，然后单击按钮并说出 10 个命令之一，则会在界面顶部显示识别结果，如图 5.4 所示。

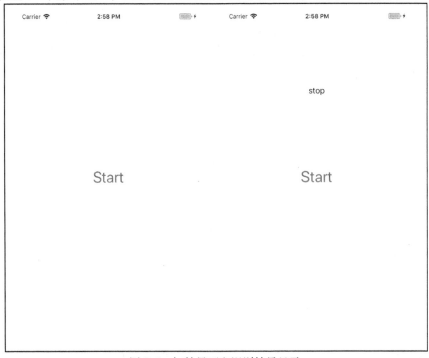

图 5.4 初始界面和识别结果显示

的确应该会显示识别结果，但实际上并未出现，因为在 Xcode 输出面板中出现如下错误：

```
Could not create TensorFlow Graph: Not found: Op type not registered
'DecodeWav' in binary running on XXX's-MacBook-Pro.local. Make sure the Op
and Kernel are registered in the binary running in this process.
```

5.4.2　利用 tf_op_files. txt 文件修正模型加载错误

在前几章中已出现过这种错误，除非理解其真正含义，否则会费很多精力才能找出解决方法。TensorFlow 操作由两部分组成：位于 tensorflow/core/ops 文件夹中的称为 ops 的定义（这有点令人费解，因为 op 既可以同时表示定义和实现，也可以仅表示定义）和位于 tensorflow/core/kernels 文件夹中的称为内核的实现。在 tensorflow/contrib/makefile 文件夹中有一个名为 tf_op_files. txt 的文件，其中列出了在手动编译库时需要编译到 TensorFlow iOS 库中的 ops 的定义和实现。正如用于移动部署的 TensorFlow 准备模型文档（https：//www. tensorflow. org/mobile/prepare_models）中所述，由于占用空间很少，tf_op_files. txt 文件应包含所有 ops 定义文件。但从 TensorFlow 1.4 或 1.5 开始，并非所有操作的 op 定义都包含在 tf_op_files. txt 文件中。因此，当出现"Op 类型未注册"错误时，需查找负责该操作的 op 定义和实现文件。在本例中，op 类型命名为 DecodeWav。执行以下两条 shell 命令可获取相关信息。

```
$ grep 'REGISTER.*"DecodeWav"' tensorflow/core/ops/*.cc
tensorflow/core/ops/audio_ops.cc:REGISTER_OP("DecodeWav")
```

```
$ grep 'REGISTER.*"DecodeWav"' tensorflow/core/kernels/*.cc
tensorflow/core/kernels/decode_wav_op.cc:REGISTER_KERNEL_BUILDER(Name("Deco
deWav").Device(DEVICE_CPU), DecodeWavOp);
```

在 TensorFlow 的 tf_op_files. txt 文件中，已经有一行 tensorflow/core/kernels/decode_wav_op. cc，但可以肯定的是，缺少 tensorflow/core/ops/audio_ops. cc。此处只需在 tf_op_files. txt 文件中的任意位置添加一行 tensorflow/core/ops/audio_ops. cc，然后像在第 3 章中那样运行 tensorflow/contrib/makefile/build_all_ios. sh 来重新编译 TensorFlow iOS 库。接着再次运行 iOS 应用程序，并按下 Start 按钮，说出语音命令以进行识别。

如何修复"未找到：Op 类型未注册"错误的过程是本章的一项重要内容，因为将来在其他 TensorFlow 模型上工作时，可以节省大量时间。

但是在继续学习另一种新的 TensorFlow AI 模型之前，先讨论一下其他 iOS 开发人员更喜欢（至少对他们来说）的 Swift 语言。

5.5　在基于 Swift 的 iOS 中应用简单的语音识别模型

利用第 2 章中的 TensorFlow pod 创建了一个基于 Swift 的 iOS 应用程序。现在，利用前面手动构建的 TensorFlow iOS 库来创建一个新的 Swift 应用程序，并在该 Swift 应用程序中使用语音命令模型。

1）在 Xcode 下创建一个新的单视图 iOS 工程，并按照上节中步骤1）和步骤2）的相同方式来进行设置，只是将语言（Language）设为 Swift。

2）选择 Xcode File | New| File ...，然后选择 Objective – C 文件。输入名称 RunInference。此时会弹出一个消息框——"是否要配置一个 Objective – C 桥接头文件？"单击创建桥接头文件（Create Bridging Header）。将文件 RunInference. m 重命名为 RunInfence. mm，因为此处需要混合使用 C、C++ 和 Objective – C 代码来进行后期录制音频的处理和识别。在 Swift 应用程序中仍继续使用 Objective – C，是因为要从 Swift 调用 TensorFlow C++ 代码，需要一个 Objective – C 类作为 C++ 代码的封装器。

3）创建一个名为 RunInference. h 的头文件，并添加以下代码：

```
@interface RunInference_Wrapper : NSObject
- (NSString *)run_inference_wrapper:(NSString*)recorderFilePath;
@end
```

现在，Xcode 中的应用程序大致如图 5.5 所示。

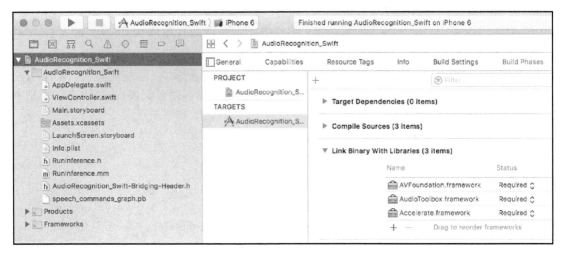

图 5.5　基于 Swift 的 iOS 应用程序工程

4）打开 ViewController. swift 文件。在 import UIKit 语句之后添加下列代码：

```
import AVFoundation

let _lbl = UILabel()
let _btn = UIButton(type: .system)
var _recorderFilePath: String!
```

然后使得 ViewController 如下（没显示为_btn 和_lbl 定义 NSLayoutConstraint 并调用 add-Constraint 的代码段）：

```
class ViewController: UIViewController, AVAudioRecorderDelegate {
    var audioRecorder: AVAudioRecorder!
override func viewDidLoad() {
    super.viewDidLoad()
    _btn.translatesAutoresizingMaskIntoConstraints = false
    _btn.titleLabel?.font = UIFont.systemFont(ofSize:32)
    _btn.setTitle("Start", for: .normal)
```

```
self.view.addSubview(_btn)
    _btn.addTarget(self, action:#selector(btnTapped), for:
.touchUpInside)

    _lbl.translatesAutoresizingMaskIntoConstraints = false

        self.view.addSubview(_lbl)
```

5）添加一个按钮单击处理程序，首先请求用户的录制权限。

```
@objc func btnTapped() {
    _lbl.text = "..."
    _btn.setTitle("Listening...", for: .normal)
    AVAudioSession.sharedInstance().requestRecordPermission () {
        [unowned self] allowed in
        if allowed {
            print("mic allowed")
        } else {
            print("denied by user")
            return
        }
    }
}
```

然后创建一个 AudioSession 实例，并将其类别设置为 record，状态设置为 active，正如在
Objective – C 版本中所做的那样。

```
let audioSession = AVAudioSession.sharedInstance()

do {
    try audioSession.setCategory(AVAudioSessionCategoryRecord)
    try audioSession.setActive(true)
} catch {
    print("recording exception")
    return
}
```

现在定义 AVAudioRecorder 所需的设置。

```
let settings = [
    AVFormatIDKey: Int(kAudioFormatLinearPCM),
    AVSampleRateKey: 16000,
    AVNumberOfChannelsKey: 1,
    AVLinearPCMBitDepthKey: 16,
    AVLinearPCMIsBigEndianKey: false,
    AVLinearPCMIsFloatKey: false,
    AVEncoderAudioQualityKey: AVAudioQuality.high.rawValue
    ] as [String : Any]
```

设置保存录制音频的文件路径，创建 AVAudioRecorder 实例，设置其 delegate 并开始录
制 1s。

```
do {
    _recorderFilePath =
NSHomeDirectory().stringByAppendingPathComponent(path:
"tmp").stringByAppendingPathComponent(path: "recorded_file.wav")
    audioRecorder = try AVAudioRecorder(url:
NSURL.fileURL(withPath: _recorderFilePath), settings: settings)
```

```
    audioRecorder.delegate = self
    audioRecorder.record(forDuration: 1)
} catch let error {
    print("error:" + error.localizedDescription)

}
```

6）在 ViewController. swift 的末尾，添加一个 AVAudioRecorderDelegate 方法——audioRecorderDidFinishRecording，具体实现包括调用 run_inference_wrapper 进行音频后处理和识别。

```
func audioRecorderDidFinishRecording(_ recorder: AVAudioRecorder,
successfully flag: Bool) {
    _btn.setTitle("Recognizing...", for: .normal)
    if flag {
        let result =
RunInference_Wrapper().run_inference_wrapper(_recorderFilePath)
        _lbl.text = result
    }
    else {
        _lbl.text = "Recording error"
    }
    _btn.setTitle("Start", for: .normal)
}
```

在 AudioRecognition _ Swift – Bridging – Header. h 文件中，添加 # include "RunInference. h"，以便前面的 Swift 代码——RunInference_Wrapper（）. run_inference_wrapper（_recorderFilePath）正常运行。

7）在 RunInference. mm 文件的 run_inference_wrapper 方法中，如上节的步骤 5）~ 8）所述，复制基于 Objective – C 的 AudioRecognition 应用程序中的 ViewController. mm 的代码，将保存的录制音频转换为 TensorFlow 模型接受的格式，然后将其与采样率一起发送到模型，最终获得识别结果。

```
@implementation RunInference_Wrapper
- (NSString *)run_inference_wrapper:(NSString*)recorderFilePath {
...
}
```

如果确实想将尽可能多的代码移植到 Swift，则可以用 Swift 替换 C 中的音频文件转换代码（相关详细信息请参见 https：//developer. apple. com/documentation/audiotoolbox/extended_audio_file_services）。另外，还有一些非官方的开源项目提供了官方 TensorFlow C ++ API 的 Swift 封装器。但为了简单和适当平衡起见，此处将保持 TensorFlow 的模型推断，在本例中，C ++ 和 Objective – C 下音频文件的读取和转换，与控制 UI 和音频录制并调用音频处理和识别的 Swift 代码同时运行。

上述就是构建一个应用语音命令识别模型的 Swift iOS 应用程序所需的全部内容。现在，可以在 iOS 模拟器或实际设备上运行，并得到与 Objective – C 版本完全相同的结果。

5.6　小结

在本章中，首先概述了语音识别以及如何使用端到端深度学习方法构建现代 ASR 系统。然后，介绍了如何训练 TensorFlow 模型来识别简单的语音命令，并介绍了如何在 Android 应用程序以及基于 Objective－C 和 Swift 的 iOS 应用程序中使用该模型的详细步骤。此外还讨论了如何通过查找缺失的 TensorFlow op 或内核文件，添加并重建 TensorFlow iOS 库来修复 iOS 中常见的模型加载错误。

ASR 用于将语音转换为文本。在下章中，将探讨另一个以文本为输出的模型，该文本是完整的自然语言语句，而不是本章中的简单命令。并将介绍如何构建一个模型将图像转换为文本，以及如何在移动应用程序中使用该模型。观察并描述自然语言中隐含的内容需要真正的人类智慧。福尔摩斯（Sherlock Holmes）是完成这项任务的最佳人选之一，当然该应用程序远不如福尔摩斯，但可以了解究竟是如何开始分析的。

第6章
基于自然语言的图像标注

如果认为图像分类和目标检测是智能任务，那么基于自然语言的图像标注无疑是一项需要更多智能的更具挑战性的任务，试想一下，每个人是如何从一个新生儿（学会识别物体并检测其位置）成长为三岁儿童（学会根据图片讲故事）的。基于自然语言描述图像这一任务的术语称为图像标注，与有着悠久研发历史的语音识别不同，图像标注（具有完整的自然语言，而不仅仅是输出关键词）由于其复杂性以及 2012 年深度学习领域的研究突破，到现在经历了短暂但令人振奋的研究历程。

本章将首先回顾一个赢得 Microsoft COCO（一个大规模目标检测、分割和标注的数据集）图像标注挑战赛的基于深度学习的图像标注模型的工作原理。然后，总结归纳在 TensorFlow 中进行模型训练的具体步骤，并详细介绍如何准备和优化部署在移动设备上的复杂模型。之后，将逐步介绍如何开发 iOS 和 Android 应用程序，以利用该模型生成描述图像的自然语言语句。由于该模型同时涉及计算机视觉和自然语言处理，因此将首次分析两种主要的深度神经网络架构——CNN 和 RNN 如何协同工作，以及如何编写 iOS 和 Android 代码，来访问经过训练的网络并进行多重推断。综上，本章的主要内容包括：

1）图像标注的工作原理。

2）训练和冻结图像标注模型。

3）转换和优化图像标注模型。

4）在 iOS 中应用图像标注模型。

5）在 Android 中应用图像标注模型。

6.1 图像标注的工作原理

在 *Show and Tell：Lessons learned from the* 2015 *MSCOCO Image Captioning Challenge*（https：//arxiv.org/pdf/1609.06647.pdf）一文中详细阐述了赢得第一届 MSCOCO 图像标注挑战赛的模型。在讨论该模型的训练过程之前，在 TensorFlow 的 im2txt 模型文档网站（https：//github.com/tensorflow/models/tree/master/research/im2txt）已对此进行了详细介绍，可以首先大致了解一下模型的工作原理。这将有助于理解 Python 中的训练和推断代码，以及本章稍后将介绍的 iOS 和 Android 中的推断代码。

获胜的 Show and Tell 模型是采用端到端方法进行训练的，类似于前面介绍的基于深度学习的最新语音识别模型。其中利用了可从 http：//cocodataset.org/#download 下载的 MSCOCO

图像标注数据集，该数据集中包含了超过 82000 幅训练图像以及描述这些图像的目标自然语言语句。训练该模型以使得针对每个输入图像输出的目标自然语言语句的概率最大。与使用多个子系统的更为复杂的其他训练方法不同，端到端方法简单简洁，并且可以达到最先进的结果。

为处理和表征输入图像，Show and Tell 模型采用了一个预训练的 Inception v3 模型，该模型与在第 2 章中对犬种图像分类模型进行再训练所用的模型相同。Inception v3 CNN 网络的最后一个隐层用作输入图像的表示。鉴于 CNN 模型的性质，较前隐层捕获更基本的图像信息，而较后隐层捕获图像的更高级概念；因此，通过使用输入图像的最后一个隐层来表示图像，可以更好地得到具有高级概念的自然语言输出。毕竟，通常会用诸如"人"或"火车"之类的词而不是"带有尖锐边缘的东西"来描述一幅图像。

为了表示目标自然语言输出中的每个单词，此处使用了词嵌入方法。词嵌入只是单词的向量表示。TensorFlow 网站上提供了一个很好的教程（https：//www. tensorflow. org/tutorials/word2vec），介绍了如何构建一个模型来获得单词的向量表示。

现在，在输入图像和输出单词均已表示的情况下（每对构成一个训练样本），给定输入图像和 w 之前的所有单词，用于最大化目标输出中生成每个单词 w 的概率的最佳训练模型是 RNN 序列模型，或更具体地说，是一种长短期记忆（Long Short Term Memory，LSTM）类型的 RNN 模型。LSTM 主要用于解决常规 RNN 模型中固有的梯度消失和爆炸问题；为更好地理解 LSTM，可查看热门博客：http：//colah. github. io/posts/2015 −08 − Understanding − LSTMs。

梯度概念是用于在反向传播过程中更新网络权重，以便学习生成更好的输出结果。如果不熟悉反向传播过程（神经网络中最基本且功能最强大的算法之一），那么应花些时间通过网络搜索深入理解一下反向传播。梯度消失意味着在深度神经网络反向传播学习过程中，前一些层中的网络权重几乎没有更新，从而导致网络永远不会收敛。而梯度爆炸意味着这些权重更新得太过频繁，从而导致网络输出结果差异很大。因此，如果某人故步自封而不善学习，或某人过于喜新厌旧，那么就会明白什么是梯度问题。

经过训练后，可结合 CNN 模型和 LSTM 模型一起用于推断：给定一幅输入图像，该模型可估计每个单词的概率，从而预测生成的输出语句中第一个单词最有可能包含哪 n 个单词；然后，根据给定的输入图像和前 n 个最佳第一单词，可以生成 n 个最佳下一单词，继续进行上述过程直到生成一个完整语句，此时模型返回一个特定的语句末尾单词，或达到生成语句的指定单词长度（防止模型过于冗长）。

在每次单词生成时使用 n 个最佳单词（意味着最终有 n 个最佳语句）称为 beam 搜索。当 n（即所谓的 beam 大小）为 1 时，则是贪婪搜索或最佳搜索，即仅基于模型返回的所有可能单词中概率最大的单词。下节中的训练和推断过程来自官方的 TensorFlow im2txt 模型，采用 beam 大小设为 3 的 beam 搜索（以 Python 实现）。为了比较起见，在将要开发的 iOS 和 Android 应用程序中采用较为简单的贪婪搜索或最佳搜索。由此可发现哪种方法能够生成更好的标注。

6.2 训练和冻结图像标注模型

本节将首先总结名为 im2txt（在链接 https：//github. com/tensorflow/models/tree/master/research/im2txt 中提供了相关文档）的 Show and Tell 模型的训练过程，并给出一些提示，以帮助更好地理解该过程。然后，将展示对 im2txt 模型项目附带 Python 代码的一些关键修改，以便冻结模型而应用于移动设备。

6.2.1 训练和测试标注生成

如果已按照 3.2 节完成操作，那么就表明已安装了 im2txt 文件夹；否则，只需跳转到 TensorFlow 源文件根目录，然后运行：

```
git clone https://github.com/tensorflow/models
```

此时可能还有一个称为自然语言工具包（Natural Language ToolKit，NLTK）的 Python 库尚未安装，这是用于自然语言处理的最流行的 Python 库之一。只需访问其网站（http：//www. nltk. org），并根据安装说明进行操作即可。

现在，按照以下步骤来训练模型。

1）打开终端并运行以下命令来设置 MSCOCO 图像标注训练和验证数据集的保存路径。

```
MSCOCO_DIR="${HOME}/im2txt/data/mscoco"
```

注意，尽管下载和保存的原始的数据集约为 20GB，但该数据集需转换为 TFRecord 格式（在第 3 章中也是通过 TFRecord 格式来转换目标检测数据集），这是运行以下训练脚本所必需的，并添加了约 100GB 的数据。因此，利用 TensorFlow im2txt 工程来训练实际的图像标注模型总共需要大约 140GB。

2）跳转到 im2txt 源代码所在文件夹，下载并处理 MSCOCO 数据集。

```
cd <your_tensorflow_root>/models/research/im2txt
bazel build //im2txt:download_and_preprocess_mscoco
bazel-bin/im2txt/download_and_preprocess_mscoco "${MSCOCO_DIR}"
```

执行完 download_and_preprocess_mscoco 脚本之后，在 $MSCOCO_DIR 文件夹中将生成 TFRecord 格式的所有训练、验证和测试数据文件。

另外，在 $MSCOCO_DIR 文件夹中还会生成一个名为 word_counts. txt 的文件。其中总共包含 11518 个单词，且每行由一个单词、一个空格以及该单词在数据集中出现的次数组成。只有计数值等于或大于 4 的单词才会保存在文件中。另外，还保存了诸如句首和句尾（分别表示为 <S > 和 </S >）等特殊词。稍后将分析如何在生成标注的 iOS 和 Android 应用程序中具体使用和解析该文件。

3）运行以下命令来获取 Inception v3 检查点文件。

```
INCEPTION_DIR="${HOME}/im2txt/data"
mkdir -p ${INCEPTION_DIR}
cd ${INCEPTION_DIR}
wget
"http://download.tensorflow.org/models/inception_v3_2016_08_28.tar.
gz"
tar -xvf inception_v3_2016_08_28.tar.gz -C ${INCEPTION_DIR}
rm inception_v3_2016_08_28.tar.gz
```

执行完上述命令之后，在$｛HOME｝/im2txt/data 文件夹中将会生成一个名为inception_ v3.ckpt 的文件，如下：

```
jeff@AiLabby:~/im2txt/data$ ls -lt inception_v3.ckpt
-rw-r----- 1 jeff jeff 108816380 Aug 28  2016 inception_v3.ckpt
```

4）现在，准备通过以下命令来训练模型。

```
INCEPTION_CHECKPOINT="${HOME}/im2txt/data/inception_v3.ckpt"
MODEL_DIR="${HOME}/im2txt/model"
cd <your_tensorflow_root>/models/research/im2txt
bazel build -c opt //im2txt/...
bazel-bin/im2txt/train \
 --input_file_pattern="${MSCOCO_DIR}/train-?????-of-00256" \
 --inception_checkpoint_file="${INCEPTION_CHECKPOINT}" \
 --train_dir="${MODEL_DIR}/train" \
 --train_inception=false \
 --number_of_steps=1000000
```

即使是在 GPU（如第 1 章中设置的 NVIDIA GTX 1070）上，执行完上述参数 −−number_ of_steps 设定的 1000000 步也需 5 天 5 夜以上，因为运行 50000 步就需要大约 6.5h。好在，正如稍后所述，即使仅运行大约 50000 步，图像标注的结果也已相当不错了。另外值得注意的是，可以随时取消执行 train 脚本，接着稍后再重新运行时，脚本会从上次保存的检查点开始执行。默认每 10min 保存一次检查点，因此，即使是发生最糟糕的情况，也仅仅损失 10min 的训练时间。

经过几小时的训练，取消执行 train 脚本，然后查看 −− train_dir 的指向位置。此时会看到类似以下的内容（默认保存五组检查点文件，此处仅显示了三组）：

```
ls -lt $MODEL_DIR/train
-rw-rw-r-- 1 jeff jeff 2171543 Feb 6 22:17 model.ckpt-109587.meta
-rw-rw-r-- 1 jeff jeff 463 Feb 6 22:17 checkpoint
-rw-rw-r-- 1 jeff jeff 149002244 Feb 6 22:17
model.ckpt-109587.data-00000-of-00001
-rw-rw-r-- 1 jeff jeff 16873 Feb 6 22:17 model.ckpt-109587.index
-rw-rw-r-- 1 jeff jeff 2171543 Feb 6 22:07 model.ckpt-109332.meta
-rw-rw-r-- 1 jeff jeff 16873 Feb 6 22:07 model.ckpt-109332.index
-rw-rw-r-- 1 jeff jeff 149002244 Feb 6 22:07
model.ckpt-109332.data-00000-of-00001
-rw-rw-r-- 1 jeff jeff 2171543 Feb 6 21:57 model.ckpt-109068.meta
-rw-rw-r-- 1 jeff jeff 149002244 Feb 6 21:57
model.ckpt-109068.data-00000-of-00001
-rw-rw-r-- 1 jeff jeff 16873 Feb 6 21:57 model.ckpt-109068.index
-rw-rw-r-- 1 jeff jeff 4812699 Feb 6 14:27 graph.pbtxt
```

可设置每 10min 生成一组检查点文件（model. ckpt − 109068. ∗、model. ckpt − 109332. ∗ 和 model. ckpt − 109587. ∗）。graph. pbtxt 是模型的图定义文件（文本格式），model. ckpt − ??????. meta 文件中包含模型的图定义以及特定检查点的其他一些元数据，如 model. ckpt − 109587. data − 00000 − of − 00001（注意，由于保存了所有网络参数，因此其大小约为 150MB）。

5）测试标注生成如下：

```
CHECKPOINT_PATH="${HOME}/im2txt/model/train"
VOCAB_FILE="${HOME}/im2txt/data/mscoco/word_counts.txt"
IMAGE_FILE="${HOME}/im2txt/data/mscoco/raw-
data/val2014/COCO_val2014_000000224477.jpg"
bazel build -c opt //im2txt:run_inference
bazel-bin/im2txt/run_inference \
 --checkpoint_path=${CHECKPOINT_PATH} \
 --vocab_file=${VOCAB_FILE} \
 --input_files=${IMAGE_FILE}
```

CHECKPOINT_PATH 设置的路径与－－train_dir 的设置相同。run_inference 脚本将生成类似以下内容（不完全相同，具体取决于已执行了多少训练步）：

```
Captions for image COCO_val2014_000000224477.jpg:
  0) a man on a surfboard riding a wave . (p=0.015135)
  1) a person on a surfboard riding a wave . (p=0.011918)
  2) a man riding a surfboard on top of a wave . (p=0.009856)
```

非常棒！如果在智能手机上运行该模型，是不是会更棒？但是在此之前，由于模型相对复杂以及 train 和 run_inference 脚本的 Python 编写方式，还需要执行其他一些附加步骤。

6.2.2 冻结图像标注模型

在第 4 章和第 5 章中使用了两个稍有不同的脚本 freeze.py，将经训练的网络权重与网络图定义合并到一个模型文件中，优点是可应用于移动设备。TensorFlow 还附带了一个称为 freeze_graph.py 的更通用 freeze 脚本，位于 tensorflow/python/tools 文件夹中，可用于构建模型文件。要使其正常运行，需要提供至少四个参数（相关所有可用参数，请参阅 tensorflow/python/tools/freeze_graph.py），如下：

1）－－input_graph 或－－input_meta_graph：模型的图定义文件。例如，在上节步骤 4）中命令 ls －lt $ MODEL_DIR/train 的输出中，model.ckpt 109587.meta 是一个元图文件，其中包含模型的图定义以及其他与检查点相关的元数据，graph.pbtxt 仅是模型的图定义。

2）－－input_checkpoint：特定的检查点文件，例如，model.ckpt－109587。注意，无须指定大型检查点文件的完整文件名——model.ckpt－109587.data－00000－of－00001。

3）－－output_graph：冻结模型文件的路径，这是在移动设备上所用的路径。

4）－－output_node_names：输出节点名列表，用逗号分隔，用于表明 freeze_graph 工具在冻结模型中应包含模型的哪些部分和权重，因此将保留生成特定输出节点名时不需要的节点和权重。

因此，对于该模型，如何确定必需的输出节点名以及输入节点名，对于推断至关重要，正如在前面的 iOS 和 Android 应用程序中那样。由于已确定利用 run_inference 脚本来生成测试图像的标注，接下来分析其是如何进行推断的。

跳转到 im2txt 的源代码文件夹 models/research/im2txt/im2txt：可以在一个良好的编辑器（如 Atom 或 Sublime Text），或在 Python IDE（如 PyCharm），或在浏览器中直接打开（https://github.com/tensorflow/models/tree/master/research/im2txt/im2txt）。在 run_inference.py 脚本文件中，调用了 inference_utils/inference_wrapper_base.py 中的 build_graph_from_config，而 build_graph_from_config 又调用了 inference_wrapper.py 中的 build_model，build_model 进一

步调用了 show_and_tell_model. py 中的 build 方法。而 build 方法最终调用 build_input 方法，具体代码如下：

```
if self.mode == "inference":
    image_feed = tf.placeholder(dtype=tf.string, shape=[],
name="image_feed")
    input_feed = tf.placeholder(dtype=tf.int64,
        shape=[None], # batch_size
        name="input_feed")
```

build_model 方法的代码为

```
if self.mode == "inference":
    tf.concat(axis=1, values=initial_state, name="initial_state")
    state_feed = tf.placeholder(dtype=tf.float32,
        shape=[None, sum(lstm_cell.state_size)],
        name="state_feed")
...
tf.concat(axis=1, values=state_tuple, name="state")
...
tf.nn.softmax(logits, name="softmax")
```

由上可知，命名为 image_feed、input_feed 和 state_feed 的三个占位符应是输入节点名，而 initial_state、state 和 softmax 应是输出节点名。此外，inference_wrapper. py 中定义的两种方法可确认推断结果，其中，第一种方法为

```
def feed_image(self, sess, encoded_image):
    initial_state = sess.run(fetches="lstm/initial_state:0",
                             feed_dict={"image_feed:0": encoded_image})
    return initial_state
```

可知，提供了 image_feed 并返回 initial_state（前缀 lstm /只是表示该节点在 lstm 作用域内）。第二种方法为

```
def inference_step(self, sess, input_feed, state_feed):
    softmax_output, state_output = sess.run(
        fetches=["softmax:0", "lstm/state:0"],
        feed_dict={
            "input_feed:0": input_feed,
            "lstm/state_feed:0": state_feed,
        })
    return softmax_output, state_output, None
```

其中，输入 input_feed 和 state_feed，并返回 softmax 和 state。总共包含三个输入节点名和三个输出节点名。

注意，仅在"推断"模式下才创建这些节点，因为 train. py 和 run_inference. py 都会用到 show_and_tell_model. py。这意味着在运行 run_inference. py 脚本后，将会修改在步骤 5）中 train 生成的保存在 checkpoint_path 的模型的图定义文件和权重。那么，如何保存更新后的图定义和检查点文件呢？

结果表明，在 run_inference. py 中，创建 TensorFlow 会话之后，还需调用 restore_fn（sess）来加载检查点文件，且该调用方法在 inference_utils/inference_wrapper_base. py 中定义。

```
def _restore_fn(sess):
    saver.restore(sess, checkpoint_path)
```

在启动执行 run_inference. py 后运行到调用 saver. restore 时，已生成更新后的图定义文件，因此，可在此保存一个新的检查点和图文件，使得_restore_fn 函数如下所示：

```
def _restore_fn(sess):
    saver.restore(sess, checkpoint_path)
saver.save(sess, "model/image2text")
tf.train.write_graph(sess.graph_def, "model", 'im2txt4.pbtxt')
tf.summary.FileWriter("logdir", sess.graph_def)
```

其中，tf. train. write_graph（sess. graph_def，"model"，'im2txt4. pbtxt'）一行是可选的，因为在通过调用 saver. save 保存新的检查点文件时，还会生成一个元文件，并可与检查点文件一起供 freeze_graph. py 使用。但此处所生成的文件是为了希望以纯文本格式查看所有内容或在冻结模型时以 −− in_graph 参数使用图定义文件。最后一行 tf. summary. FileWriter（"logdir"，sess. graph_def）也是可选的，会生成一个可由 TensorBoard 可视化的事件文件。在进行上述修改后，再次运行 run_inference. py（除非直接在 Python 下运行 run_inference. py，否则切记需要首先执行 bazel build −c opt//im2txt：run_inference），此时将在 model 目录中会看到以下新的检查点文件和新的图定义文件。

```
jeff@AiLabby:~/tensorflow-1.5.0/models/research/im2txt$ ls -lt model
-rw-rw-r-- 1 jeff jeff 2076964 Feb 7 12:33 image2text.pbtxt
-rw-rw-r-- 1 jeff jeff 1343049 Feb 7 12:33 image2text.meta
-rw-rw-r-- 1 jeff jeff 77 Feb 7 12:33 checkpoint
-rw-rw-r-- 1 jeff jeff 149002244 Feb 7 12:33 image2text.data-00000-of-00001
-rw-rw-r-- 1 jeff jeff 16873 Feb 7 12:33 image2text.index
```

在 logdir 目录下可得：

```
jeff@AiLabby:~/tensorflow-1.5.0/models/research/im2txt$ ls -lt logdir
total 2124
-rw-rw-r-- 1 jeff jeff 2171623 Feb 7 12:33
events.out.tfevents.1518035604.AiLabby
```

执行 bazel build 命令来编译 TensorFlow Python 脚本是可选的。也可以直接运行 Python 脚本。例如，运行 python tensorflow/python/tools/freeze_graph. py，而无须先执行 bazel build tensorflow/python/tools：freeze_graph，然后再运行 bazelbin/tensorflow/python/tools/freeze_graph。但需要注意的是，直接运行 Python 脚本需要使用通过 pip 安装的 TensorFlow 版本，该版本可能与源文件下载并执行 bazel build 命令生成的版本不同。这可能是导致产生一些令人困惑的错误的原因，因此请确保用于运行脚本的 TensorFlow 版本。另外，对于基于 C++的工具，必须先执行 bazel 进行编译，然后再运行。例如，稍后将用到的 transform_graph 工具是由位于 tensorflow/tools/graph_transforms 的 transform_graph. cc 编译实现的；另一个称为 convert_graphdef_memmapped_format（稍后将在 iOS 应用程序中用到）的重要工具是由位于 tensorflow/contrib/util 中的 C++文件编译实现的。

接下来，通过 TensorBoard 来快速查看图，只需运行 tensorboard −− logdir logdir，然后在浏览器中打开网页 http：//localhost：6006。如图 6.1 所示为三个输出节点名（位于顶部的 softmax、红色矩形高亮显示的 lstm/initial_state 和 lstm/state）和一个输入节点名（位于底部的 state_feed）：

图 6.2 显示了一个附加的输入节点名 image_feed。

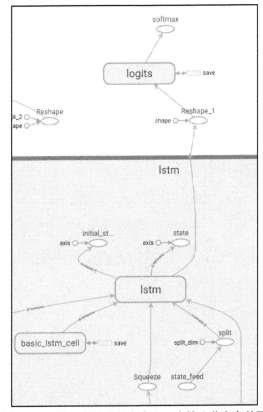

图 6.1　显示三个输出节点名和一个输入节点名的图

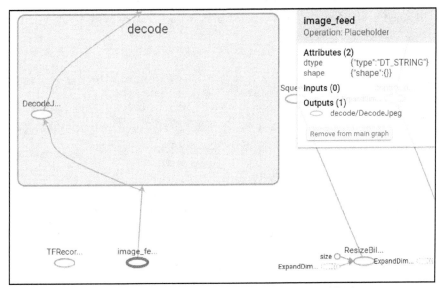

图 6.2　显示一个附加的输入节点名 image_feed 的图

最后，图 6.3 显示了最后一个输入节点名 input_feed。

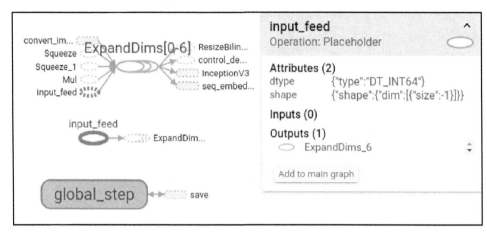

图 6.3　显示最后一个输入节点名 input_feed 的图

当然，此处不可能涵盖所有细节。但若要了解整个图，所有细节都同样重要，都需要仔细分析。接下来，运行 freeze_graph. py。

```
python tensorflow/python/tools/freeze_graph.py --
input_meta_graph=/home/jeff/tensorflow-1.5.0/models/research/im2txt/model/i
mage2text.meta --
input_checkpoint=/home/jeff/tensorflow-1.5.0/models/research/im2txt/model/i
mage2text --output_graph=/tmp/image2text_frozen.pb --
output_node_names="softmax,lstm/initial_state,lstm/state" --
input_binary=true
```

注意，此处使用的是元图文件，并将 -- input_binary 参数设置为 true（默认为 false），这意味着 freeze_graph 工具期望输入图或元图文件为文本格式。

也可以用文本格式的图文件作为输入，在这种情况下，无须设置 -- input_binary 参数。

```
python tensorflow/python/tools/freeze_graph.py  --
input_graph=/home/jeff/tensorflow-1.5.0/models/research/im2txt/model/image2
text.pbtxt --
input_checkpoint=/home/jeff/tensorflow-1.5.0/models/research/im2txt/model/i
mage2text --output_graph=/tmp/image2text_frozen2.pb --
output_node_names="softmax,lstm/initial_state,lstm/state"
```

两个输出的图文件 image2text_frozen. pb 和 image2text_frozen2. pb 大小略有不同，但在经过转换和必要优化后，在移动设备上应用的效果完全相同。

6.3　转换和优化图像标注模型

如果你迫不及待，并决定现在就在 iOS 或 Android 应用程序上尝试新生成的冻结模型，当然可以，但会出现一个致命错误——No OpKernel was registered to support Op 'DecodeJpeg' with these attrs，因此还需要其他准备工作。

6.3.1　利用转换模型修正误差

通常情况下，可以使用一个位于与 freeze_graph. py 相同位置的 tensorflow/python/tools 中的名为 strip_unused. py 的工具，来删除 TensorFlow 核心库中未包含的 DecodeJpeg 操作（参见 https：//www. tensorflow. org/mobile/prepare_models#removing_training – only_nodes 了解更多信息），但由于输入节点 image_feed 需要进行解码操作（见图 6.2），因此 strip_unused 这样的工具不会认为未使用 DecodeJpeg 操作，从而不会被剥离。可通过首先运行 strip_unused 命令来进行验证，如下：

```
bazel-bin/tensorflow/python/tools/strip_unused --
input_graph=/tmp/image2text_frozen.pb --
output_graph=/tmp/image2text_frozen_stripped.pb --
input_node_names="image_feed,input_feed,lstm/state_feed" --
output_node_names="softmax,lstm/initial_state,lstm/state" --
input_binary=True
```

然后在 IPython 中加载输出图，并列出前几个节点，如下：

```
import tensorflow as tf
g=tf.GraphDef()
g.ParseFromString(open("/tmp/image2text_frozen_stripped", "rb").read())
x=[n.name for n in g.node]
x[:6]
```

最终输出如下：

```
[u'image_feed',
 u'input_feed',
 u'decode/DecodeJpeg',
 u'convert_image/Cast',
 u'convert_image/y',
 u'convert_image']
```

修复 iOS 应用程序错误的第二种可能解决方案是在 tf_op_files 文件中添加未注册的 op 实现，并重新编译 TensorFlow iOS 库，正如在第 5 章中那样。不过一个坏消息是，由于 Tensor-Flow 中未提供 DecodeJpeg 功能的实现，因此无法将 DecodeJpeg 的 TensorFlow 实现添加到 tf_op_files 文件中。

实际上，在图 6.2 中也暗示了解决这一问题的方法，其中 convert_image 节点用作 image_feed 输入节点的解码形式。为了更准确地观察，单击 TensorBoard 图中的 Cast 节点和 decode 节点，如图 6.4 所示，在右侧 TensorBoard 信息框中可看到 Cast 节点的输入和输出（命名为 convert_image/Cast）分别为 decode/DecodeJpeg 和 convert_image，decode 节点的输入和输出分别为 image_feed 和 convert_image/Cast。

实际上，在 im2txt/ops/image_processing. py 脚本中，有一行 image = tf. image. convert_image_dtype （image, dtype = tf. float32）代码将解码图像转换为浮点数。此处将 image_feed 替换为 convert_image/Cast （在 TensorBoard 中显示的名称）以及前面的代码段输出，然后再次运行 strip_unused。

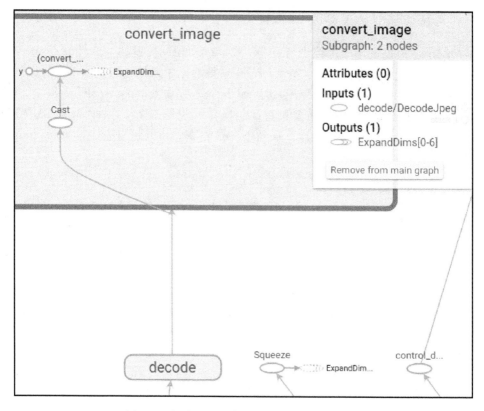

图 6.4　查看 decode 节点和 convert_image 节点

```
bazel-bin/tensorflow/python/tools/strip_unused --
input_graph=/tmp/image2text_frozen.pb --
output_graph=/tmp/image2text_frozen_stripped.pb --
input_node_names="convert_image/Cast,input_feed,lstm/state_feed" --
output_node_names="softmax,lstm/initial_state,lstm/state"  --
input_binary=True
```

现在，重新运行如下所示的代码段：

```
g.ParseFromString(open("/tmp/image2text_frozen_stripped", "rb").read())
x=[n.name for n in g.node]
x[:6]
```

此时输出结果不再包含 decode/DecodeJpeg 节点，如下：

```
[u'input_feed',
 u'convert_image/Cast',
 u'convert_image/y',
 u'convert_image',
 u'ExpandDims_1/dim',
 u'ExpandDims_1']
```

　　如果在 iOS 或 Android 应用程序中采用新的模型文件 image2text_frozen_stripped. pb，那么肯定不会出现 No OpKernel was registered to support Op 'DecodeJpeg' with these attrs 的错误。但又会产生另一个错误——"Not a valid TensorFlow Graph serialization：Input 0 of node

ExpandDims_6 was passed float from input_feed：0 incompatible with expected int64"。如果查看名
为 TensorFlow for Poets 2 的 Google TensorFlow codelab（https：//codelabs. developers. google. com/
codelabs/tensorflow – for – poets – 2），可能会发现还有另一个名为 optimize_for_inference 的工
具，其功能类似于 strip_unused，且非常适用于 codelab 中的图像分类任务。运行方式如下：

```
bazel build tensorflow/python/tools:optimize_for_inference

bazel-bin/tensorflow/python/tools/optimize_for_inference \
--input=/tmp/image2text_frozen.pb \
--output=/tmp/image2text_frozen_optimized.pb \
--input_names="convert_image/Cast,input_feed,lstm/state_feed" \
--output_names="softmax,lstm/initial_state,lstm/state"
```

但是，在 iOS 或 Android 应用程序上加载输出模型文件 image2text_frozen_optimized. pb 时，
会产生类似于 Input 0 of node ExpandDims_6 was passed float from input_feed：0 incompatible with
expected int64 的错误。

如果已在其他模型（例如在前面内容中分析的模型）上尝试应用了 strip_unused 或 opti-
mize_for_inference 工具，会发现一切工作正常。事实表明，尽管官方 TensorFlow 1. 4 和 1. 5 发
行版中包含了这两个基于 Python 的工具，但在优化一些更复杂的模型时仍存在一些错误。需
要更新和改正的工具是基于 C + + 的 transform_graph 工具，目前也是 TensorFlow Mobile 网站
（https：//www. tensorflow. org/mobile）推荐的官方工具。同时可以运行以下命令来消除在移
动设备上部署时 float 与 int64 不兼容的错误。

```
bazel build tensorflow/tools/graph_transforms:transform_graph

bazel-bin/tensorflow/tools/graph_transforms/transform_graph \
--in_graph=/tmp/image2text_frozen.pb \
--out_graph=/tmp/image2text_frozen_transformed.pb \
--inputs="convert_image/Cast,input_feed,lstm/state_feed" \
--outputs="softmax,lstm/initial_state,lstm/state" \
--transforms='
  strip_unused_nodes(type=float, shape="299,299,3")
  fold_constants(ignore_errors=true, clear_output_shapes=true)
  fold_batch_norms
  fold_old_batch_norms'
```

在此，不深入讨论 – – transforms 选项的所有详细信息，在 https：//github. com/tensorflow/
tensorflow/tree/master/tensorflow/tools/graph _ transforms 上 提 供 了 完 整 的 文 档。基 本 上，
– – transforms正确设置了模型中去除的未使用节点，如 DecodeJpeg，并进行了一些其他优化。

现在，如果在 iOS 和 Android 应用程序中加载 image2text_frozen_transformed. pb 文件，将
不再出现不兼容的错误。当然，目前尚未编写任何实际的 iOS 和 Android 代码，但已知模型
很好，可以随时使用。不过还可以更好。

6. 3. 2 优化转换模型

尤其是在运行复杂的冻结和转换模型（例如在较旧的 iOS 设备上训练的模型）时，最后
一步，也是最关键的一步，是使用位于 tensorflow/contrib/util 的另一个名为 convert_graphdef_

memmapped_format 的工具将冻结和转换后的模型转换为内存映射格式。内存映射文件允许操作系统（如 iOS 和 Android）将文件直接映射到主内存，因此无须为文件分配内存，也无须写回磁盘，因为文件数据是只读的，从而性能显著提高。

更为重要的是，在 iOS 操作系统内，内存映射文件不会占用内存，因此，即使在内存压力过大时，使用内存映射文件（即使文件较大）的应用程序也不会因占用大量内存而被 iOS 操作系统终止。实际上，正如将在下节中所述的内容，转换后的模型文件如果未转换为内存映射格式，则在较旧的移动设备上运行时将会崩溃，在这种情况下，必须进行格式转换。

编译和运行 convert_graphdef_memmapped_format 工具的命令非常简单。

```
bazel build tensorflow/contrib/util:convert_graphdef_memmapped_format

bazel-bin/tensorflow/contrib/util/convert_graphdef_memmapped_format \
--in_graph=/tmp/image2text_frozen_transformed.pb \
--out_graph=/tmp/image2text_frozen_transformed_memmapped.pb
```

下节将介绍如何在 iOS 应用程序中使用 image2text_frozen_transformed_memmapped. pb 模型文件。

经过一个额外处理步骤，终于针对移动应用程序准备好一个复杂的图像标注模型。现在就可以体会模型应用的简单性了。实际上，使用该模型并不是如前面内容所述仅仅是在 iOS 中调用一个 session –> Run，或在 Android 中调用 mInferenceInterface. run。正如上节中所分析的 run_inference. py 工作过程，从输入图像到自然语言输出的推断会多次调用模型的 run 方法。LSTM 模型的工作原理是："不断发送新的输入（基于之前的状态和输出），返回下一状态和输出"。简单来说，是展示如何使用尽可能少的简洁代码来开发 iOS 和 Android 应用程序，其中通过该模型来用自然语言描述图像。如果需要的话，由此可轻松地将模型及其推断代码集成到应用程序中。

6.4　在 iOS 中应用图像标注模型

由于模型的 CNN 架构是基于 Inception v3 模型（与第 2 章所用的模型相同）的，因此可使用更简单的 TensorFlow pod 来创建基于 Objective – C 的 iOS 应用程序。执行以下步骤，查看如何在新的 iOS 应用程序中同时使用 image2text_frozen_transformed. pb 和 image2text_frozen_transformed_memmapped. pb 模型文件。

1）与2.6.1 节中的前4个步骤类似，创建一个名为 Image2Text 的新的 iOS 工程，并添加一个具有以下内容的新文件 Podfile。

```
target 'Image2Text'
        pod 'TensorFlow-experimental'
```

然后在终端上运行 pod install，并打开 Image2Text. xcworkspace 文件。将 ios_image_load. h、ios_image_load. mm、tensorflow_utils. h 和 tensorflow_utils. mm 文件从位于 tensorflow/examples/ios/camera 的 TensorFlow iOS 示例相机应用程序拖放到 Xcode 环境下的 Image2Text 工程中。之前已重用了 ios_image_load. * 文件，这里所用的 tensorflow_utils. * 文件主要用于加载内存映射模型文件。在 tensorflow_utils. mm 中定义了两种方法——LoadModel 和 LoadMemoryMappedModel，前者是以通常方式加载非内存映射模型，后者是加载内存映射模型。

如果感兴趣的话，可以查看其中的 LoadMemoryMappedModel 是如何实现的（https://www.tensorflow.org/mobile/optimizing#reducing_model_loading_time_andor_memory_footprint），同时链接上的文档也会有更多帮助。

2）添加在上节最后生成的两个模型文件，即在 6.2.1 节的步骤 2）中生成的 word_counts.txt 文件，以及一些测试图像——保存并使用了 TensorFlow im2txt 模型页面（https://github.com/tensorflow/models/tree/master/research/im2txt）顶部的四幅图像，这样可对比该模型的标注结果和假设经过更多步训练的模型所生成的结果。同时将 ViewController.m 重命名为 .mm 文件，之后只需执行 ViewController.mm 文件来实现应用程序。此时，Xcode 下的 Image2Text 工程界面如图 6.5 所示。

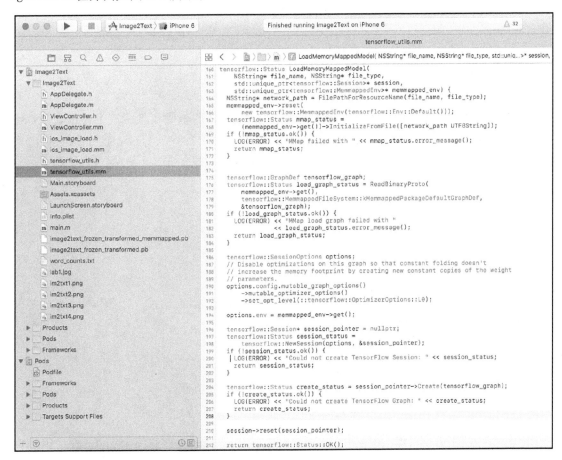

图 6.5　设置 Image2Text iOS 应用程序，同时显示如何实现 LoadMemoryMappedModel

3）打开 ViewController.mm 文件，并添加一组 Objective-C 和 C++常量，如下：

```
static NSString* MODEL_FILE = @"image2text_frozen_transformed";
static NSString* MODEL_FILE_MEMMAPPED =
@"image2text_frozen_transformed_memmapped";
static NSString* MODEL_FILE_TYPE = @"pb";
```

```
static NSString* VOCAB_FILE = @"word_counts";
static NSString* VOCAB_FILE_TYPE = @"txt";
static NSString *image_name = @"im2txt4.png";

const string INPUT_NODE1 = "convert_image/Cast";
const string OUTPUT_NODE1 = "lstm/initial_state";
const string INPUT_NODE2 = "input_feed";
const string INPUT_NODE3 = "lstm/state_feed";
const string OUTPUT_NODE2 = "softmax";
const string OUTPUT_NODE3 = "lstm/state";

const int wanted_width = 299;
const int wanted_height = 299;
const int wanted_channels = 3;

const int CAPTION_LEN = 20;
const int START_ID = 2;
const int END_ID = 3;
const int WORD_COUNT = 12000;
const int STATE_COUNT = 1024;
```

上述设置都是很显而易见的，如果已阅读本章，那么就应该除了最后五个常数之外都很熟悉：CAPTION_LEN 是指希望在标注中生成的最大单词个数，START_ID 是句首单词 < S > 的 ID，定义为 word_counts. txt 文件中的行号；由此可知，2 表示第二行的单词，3 表示第三行的单词。word_counts. txt 文件的前几行大致如下：

```
a 969108
<S> 586368
</S> 586368
. 440479
on 213612
of 202290
```

WORD_COUNT 是模型假定的单词总数，在后续的每次推断调用中，该模型将返回总共 12000 个概率得分以及 LSTM 模型的 1024 个状态值。

4）添加一些全局变量和一个函数原型。

```
unique_ptr<tensorflow::Session> session;
unique_ptr<tensorflow::MemmappedEnv> tf_memmapped_env;

std::vector<std::string> words;

UIImageView *_iv;
UILabel *_lbl;

NSString* generateCaption(bool memmapped);
```

上述与 UI 相关的简单代码类似于第 2 章中的 iOS 应用程序代码。只要在应用程序启动后单击任意位置，然后从两种模型中选择一个，就会在界面顶部显示图像描述结果。若用户在警告操作中选择内存映射模型，将运行以下代码：

```
dispatch_async(dispatch_get_global_queue(0, 0), ^{
    NSString *caption = generateCaption(true);
    dispatch_async(dispatch_get_main_queue(), ^{
        _lbl.text = caption;
    });
});
```

若选择了非内存映射模型，则设置 generateCaption（false）。

5）在 viewDidLoad 方法的末尾，添加以下代码来加载 word_counts. txt，并在 Objective - C 和 C ++ 中将这些单词逐行保存到一个向量中。

```
NSString* voc_file_path = FilePathForResourceName(VOCAB_FILE,
VOCAB_FILE_TYPE);
if (!voc_file_path) {
    LOG(FATAL) << "Couldn't load vocabuary file: " <<
voc_file_path;
}
ifstream t;
t.open([voc_file_path UTF8String]);
string line;
while(t){
    getline(t, line);
    size_t pos = line.find(" ");
    words.push_back(line.substr(0, pos));
}
t.close();
```

6）剩余操作就是实现 generateCaption 函数，首先在该函数中加载正确的模型。

```
tensorflow::Status load_status;
if (memmapped)
    load_status = LoadMemoryMappedModel(MODEL_FILE_MEMMAPPED,
MODEL_FILE_TYPE, &session, &tf_memmapped_env);
else
    load_status = LoadModel(MODEL_FILE, MODEL_FILE_TYPE, &session);
if (!load_status.ok()) {
    return @"Couldn't load model";
}
```

7）然后，利用类似的图像处理代码来准备输入到模型中的图像张量，如下：

```
int image_width;
int image_height;
int image_channels;
NSArray *name_ext = [image_name componentsSeparatedByString:@"."];
NSString* image_path = FilePathForResourceName(name_ext[0],
name_ext[1]);
std::vector<tensorflow::uint8> image_data =
LoadImageFromFile([image_path UTF8String], &image_width,
&image_height, &image_channels);

tensorflow::Tensor image_tensor(tensorflow::DT_FLOAT,
tensorflow::TensorShape({wanted_height, wanted_width,
wanted_channels}));
auto image_tensor_mapped = image_tensor.tensor<float, 3>();
```

```
tensorflow::uint8* in = image_data.data();
float* out = image_tensor_mapped.data();
for (int y = 0; y < wanted_height; ++y) {
    const int in_y = (y * image_height) / wanted_height;
    tensorflow::uint8* in_row = in + (in_y * image_width *
image_channels);
    float* out_row = out + (y * wanted_width * wanted_channels);
    for (int x = 0; x < wanted_width; ++x) {
        const int in_x = (x * image_width) / wanted_width;
        tensorflow::uint8* in_pixel = in_row + (in_x *
image_channels);
        float* out_pixel = out_row + (x * wanted_channels);
        for (int c = 0; c < wanted_channels; ++c) {
            out_pixel[c] = in_pixel[c];
        }
    }
}
```

8）现在将图像发送到模型，并得到模型返回的张量向量 initial_state，其中包含 1200（STATE_COUNT）个值。

```
vector<tensorflow::Tensor> initial_state;

if (session.get()) {
    tensorflow::Status run_status = session->Run({{INPUT_NODE1,
image_tensor}}, {OUTPUT_NODE1}, {}, &initial_state);
    if (!run_status.ok()) {
        return @"Getting initial state failed";
    }
}
```

9）定义 input_feed 和 state_feed 张量，并将其值分别设置为句首单词的 ID 和返回的 initial_state 值。

```
tensorflow::Tensor input_feed(tensorflow::DT_INT64,
tensorflow::TensorShape({1,}));
tensorflow::Tensor state_feed(tensorflow::DT_FLOAT,
tensorflow::TensorShape({1, STATE_COUNT}));

auto input_feed_map = input_feed.tensor<int64_t, 1>();
auto state_feed_map = state_feed.tensor<float, 2>();
input_feed_map(0) = START_ID;
auto initial_state_map = initial_state[0].tensor<float, 2>();
for (int i = 0; i < STATE_COUNT; i++){
    state_feed_map(0,i) = initial_state_map(0,i);
}
```

10）以 CAPTION_LEN 创建一个 for 循环，并在循环体内部，首先创建 output_feed 和 output_states 张量向量，然后输入之前设置的 input_feed 和 state_feed，运行模型，返回由 softmax 张量和 new_state 张量组成的 output 张量向量。

```
vector<int> captions;
for (int i=0; i<CAPTION_LEN; i++) {
    vector<tensorflow::Tensor> output;
    tensorflow::Status run_status = session->Run({{INPUT_NODE2,
```

```
input_feed}, {INPUT_NODE3, state_feed}}, {OUTPUT_NODE2,
OUTPUT_NODE3}, {}, &output);
    if (!run_status.ok()) {
        return @"Getting LSTM state failed";
    }
    else {
        tensorflow::Tensor softmax = output[0];
tensorflow::Tensor state = output[1];
auto softmax_map = softmax.tensor<float, 2>();
auto state_map = state.tensor<float, 2>();
```

11）现在，找到概率（softmax 值）最大的单词 ID。如果是句尾单词的 ID，则结束 for
循环；否则，将 softmax 值最大的单词 id 添加到标注向量中。注意，此处采用的是贪婪搜索，
总是选择概率最大的单词，而不是如 run_inference. py 脚本中的大小设置为 3 的 beam 搜索。
在 for 循环结束时，用概率最大的单词 id 更新 input_feed 值，并用先前返回的状态值更新
state_feed 值，然后将两个输入再次输入到模型中，以获取下一个单词和下一个状态的 soft-
max 值。

```
            float max_prob = 0.0f;
            int max_word_id = 0;
            for (int j = 0; j < WORD_COUNT; j++){
                if (softmax_map(0,j) > max_prob) {
                    max_prob = softmax_map(0,j);
                    max_word_id = j;
                }
            }
            if (max_word_id == END_ID) break;
            captions.push_back(max_word_id);
            input_feed_map(0) = max_word_id;
            for (int j = 0; j < STATE_COUNT; j++){
                state_feed_map(0,j) = state_map(0,j);
            }
        }
    }
```

之前可能从未详细解释过如何在 C ++ 中获取和设置一个 TensorFlow 张量的
值。但如果阅读了本书中的代码，那么就应该学到了如何操作。这就类似于
RNN 学习：只要经过足够的示例代码训练，就可以编写出正确合理的代码。总
而言之，首先以变量数据类型和形状指定的 Tensor 类型来定义变量，然后调用
Tensor 类的 tensor 方法、输入数据类型的 C ++ 形式和形状维度，来创建张量的
映射变量。之后，可以直接使用该映射变量来获取或设置张量值。

12）最后，只需遍历 captions 向量，并将向量中存储的每个单词 ID 转换为单词，然后将
该单词添加到 sentence 字符串中，而无须考虑句首单词 ID 和句尾单词 ID，最后以合理的自
然语言返回该语句。

```
NSString *sentence = @"";
for (int i=0; i<captions.size(); i++) {
    if (captions[i] == START_ID) continue;
    if (captions[i] == END_ID) break;
    sentence = [NSString stringWithFormat:@"%@ %s", sentence,
words[captions[i]].c_str()];
}

return sentence;
```

这就是在 iOS 应用程序中运行模型所需的一切操作。现在，在 iOS 模拟器或设备上运行应用程序，单击并选择一个模型，如图 6.6 所示。

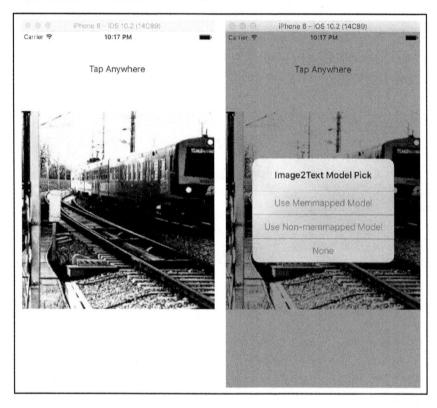

图 6.6　运行 Image2Text iOS 应用程序并选择一个模型

在 iOS 模拟器上，运行非内存映射模型需要 10s 以上，而运行内存映射模型则需要 5s 左右。在 iPhone 上，运行内存映射模型需要大约 5s，但运行非内存映射模型，则会由于模型文件和内存压力较大而导致崩溃。

至于运行结果，图 6.7 给出了四个测试图像的结果。

图 6.8 给出了 TensorFlow im2txt 网站上的结果，可知，较为简单的贪婪搜索也可以得到不错的结果；但对于长颈鹿的图片，模型或推断代码似乎不够好。通过本章所做的工作，希望能在改进模型训练或模型推断方面有所收获。

在继续下一项智能任务之前，先考虑 Android 开发人员如何应用图像标注模型。

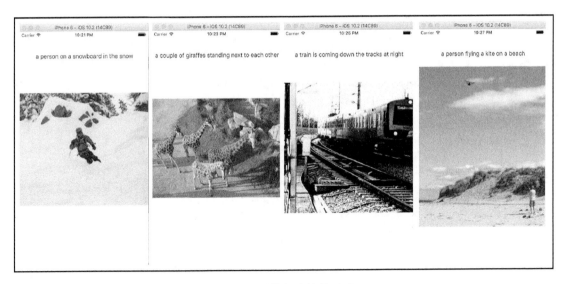

图 6.7　图像标注结果显示

图 6.8　TensorFlow im2txt 模型网站上的示例图像标注结果

6.5　在 Android 中应用图像标注模型

出于同样的简单性考虑，此处将开发一款 UI 最少的新的 Android 应用程序，并着重介绍如何在 Android 中使用图像标注模型。

1）创建一个名为 Image2Text 的新的 Android 应用程序，在应用程序中 build. gradle 文件依赖项的末尾处添加 compile 'org. tensorflow：tensorflow – android：+ '代码，创建一个 assets 文件夹，并将 image2text_frozen_transformed. pb 模型文件、word_counts. txt 文件和一些测试图像文件拖放到该文件夹中。

2）在 activity_main. xml 文件中添加一个 ImageView 控件和一个按钮。

```
<ImageView
    android:id="@+id/imageview"
    android:layout_width="match_parent"
    android:layout_height="match_parent"
    app:layout_constraintBottom_toBottomOf="parent"
    app:layout_constraintHorizontal_bias="0.0"
    app:layout_constraintLeft_toLeftOf="parent"
    app:layout_constraintRight_toRightOf="parent"
    app:layout_constraintTop_toTopOf="parent"
    app:layout_constraintVertical_bias="1.0"/>


<Button
    android:id="@+id/button"
    android:layout_width="wrap_content"
    android:layout_height="wrap_content"
    android:text="DESCRIBE ME"
    app:layout_constraintBottom_toBottomOf="parent"
    app:layout_constraintHorizontal_bias="0.5"
    app:layout_constraintLeft_toLeftOf="parent"
    app:layout_constraintRight_toRightOf="parent"
    app:layout_constraintTop_toTopOf="parent"
    app:layout_constraintVertical_bias="1.0"/>
```

3）打开 MainActivity. java 文件，实现 Runnable 接口，然后添加以下常量，其中最后 5 个常量在上节中已进行了说明，而其他常量则显而易见，无须解释。

```
private static final String MODEL_FILE =
"file:///android_asset/image2text_frozen_transformed.pb";
private static final String VOCAB_FILE =

"file:///android_asset/word_counts.txt";
private static final String IMAGE_NAME = "im2txt1.png";

private static final String INPUT_NODE1 = "convert_image/Cast";
private static final String OUTPUT_NODE1 = "lstm/initial_state";
private static final String INPUT_NODE2 = "input_feed";
private static final String INPUT_NODE3 = "lstm/state_feed";
private static final String OUTPUT_NODE2 = "softmax";
private static final String OUTPUT_NODE3 = "lstm/state";

private static final int IMAGE_WIDTH = 299;
private static final int IMAGE_HEIGHT = 299;
private static final int IMAGE_CHANNEL = 3;
```

```
private static final int CAPTION_LEN = 20;
private static final int WORD_COUNT = 12000;
private static final int STATE_COUNT = 1024;
private static final int START_ID = 2;
private static final int END_ID = 3;
```

以及以下实例变量和处理程序实现如下：

```
private ImageView mImageView;
private Button mButton;

private TensorFlowInferenceInterface mInferenceInterface;
private String[] mWords = new String[WORD_COUNT];
private int[] intValues;
private float[] floatValues;

Handler mHandler = new Handler() {
    @Override
    public void handleMessage(Message msg) {
        mButton.setText("DESCRIBE ME");
        String text = (String)msg.obj;
        Toast.makeText(MainActivity.this, text,
Toast.LENGTH_LONG).show();
        mButton.setEnabled(true);
    } };
```

4）在 onCreate 方法中，首先添加在 ImageView 中用于显示测试图像的代码以及按钮单击事件处理程序代码。

```
mImageView = findViewById(R.id.imageview);
try {
    AssetManager am = getAssets();
    InputStream is = am.open(IMAGE_NAME);
    Bitmap bitmap = BitmapFactory.decodeStream(is);
    mImageView.setImageBitmap(bitmap);
} catch (IOException e) {
    e.printStackTrace();
}

mButton = findViewById(R.id.button);
mButton.setOnClickListener(new View.OnClickListener() {
    @Override
    public void onClick(View v) {
        mButton.setEnabled(false);
        mButton.setText("Processing...");
        Thread thread = new Thread(MainActivity.this);
        thread.start();
    }
});
```

然后添加读取 word_counts. txt 文件中每一行的代码，并将每个单词保存在 mWords 数组中。

```
String filename = VOCAB_FILE.split("file:///android_asset/")[1];
BufferedReader br = null;
int linenum = 0;
try {
    br = new BufferedReader(new
InputStreamReader(getAssets().open(filename)));
    String line;
    while ((line = br.readLine()) != null) {
        String word = line.split(" ")[0];
        mWords[linenum++] = word;
    }
    br.close();
} catch (IOException e) {
    throw new RuntimeException("Problem reading vocab file!" , e);
}
```

5）现在，在 public void run（）方法中，当 DESCRIBE ME 按钮的 onClick 事件发生时启动，添加调整测试图像大小的代码，从调整大小后的位图中读取像素值，然后将其转换为浮点数，在前面内容中已分析过类似代码。

```
intValues = new int[IMAGE_WIDTH * IMAGE_HEIGHT];
floatValues = new float[IMAGE_WIDTH * IMAGE_HEIGHT *
IMAGE_CHANNEL];

Bitmap bitmap =
BitmapFactory.decodeStream(getAssets().open(IMAGE_NAME));
Bitmap croppedBitmap = Bitmap.createScaledBitmap(bitmap,
IMAGE_WIDTH, IMAGE_HEIGHT, true);
croppedBitmap.getPixels(intValues, 0, IMAGE_WIDTH, 0, 0,
IMAGE_WIDTH, IMAGE_HEIGHT);
for (int i = 0; i < intValues.length; ++i) {
    final int val = intValues[i];
    floatValues[i * IMAGE_CHANNEL + 0] = ((val >> 16) & 0xFF);
    floatValues[i * IMAGE_CHANNEL + 1] = ((val >> 8) & 0xFF);
    floatValues[i * IMAGE_CHANNEL + 2] = (val & 0xFF);
}
```

6）创建一个加载模型文件的 TensorFlowInferenceInterface 实例，并通过向模型输入图像值来进行第一次推断，然后在 initialState 中获取模型返回结果。

```
AssetManager assetManager = getAssets();
mInferenceInterface = new
TensorFlowInferenceInterface(assetManager, MODEL_FILE);

float[] initialState = new float[STATE_COUNT];
mInferenceInterface.feed(INPUT_NODE1, floatValues, IMAGE_WIDTH,
IMAGE_HEIGHT, 3);
mInferenceInterface.run(new String[] {OUTPUT_NODE1}, false);
mInferenceInterface.fetch(OUTPUT_NODE1, initialState);
```

7）将第一个 input_feed 值设置为句首 ID，而第一个 state_feed 值设置为返回的 initialState 值。

```
long[] inputFeed = new long[] {START_ID};
float[] stateFeed = new float[STATE_COUNT * inputFeed.length];
for (int i=0; i < STATE_COUNT; i++) {
    stateFeed[i] = initialState[i];
}
```

由上可知，由于在 Android 中的 TensorFlowInferenceInterface 实现，使得在 Android 中获取和设置张量值并进行推断要比在 iOS 中更简单。在开始重复利用 inputFeed 和 stateFeed 进行模型推断之前，需创建一个由整数和浮点数对（pair）组成的标注列表，其中 Integer 作为 softmax 值最大的单词 ID（在每次推断调用模型所返回的所有 softmax 值中），float 作为单词的 softmax 值。尽管可通过一个简单向量来保存每次推断返回的 softmax 值最大的单词，但利用整数和浮点数对组成的列表更易于在以后从贪婪搜索方法切换到 beam 搜索。

```
List<Pair<Integer, Float>> captions = new ArrayList<Pair<Integer,
Float>>();
```

8）在以标注长度的 for 循环中，输入之前设置的 input_feed 和 state_feed 值，然后获取返回的 softmax 和 newstate 值。

```
for (int i=0; i<CAPTION_LEN; i++) {
    float[] softmax = new float[WORD_COUNT * inputFeed.length];
    float[] newstate = new float[STATE_COUNT * inputFeed.length];

    mInferenceInterface.feed(INPUT_NODE2, inputFeed, 1);
    mInferenceInterface.feed(INPUT_NODE3, stateFeed, 1,
STATE_COUNT);
    mInferenceInterface.run(new String[]{OUTPUT_NODE2,
OUTPUT_NODE3}, false);
    mInferenceInterface.fetch(OUTPUT_NODE2, softmax);
    mInferenceInterface.fetch(OUTPUT_NODE3, newstate);
```

9）现在，创建另一个由整数和浮点数对组成的列表，将每个单词的 ID 和 softmax 值添加到列表中，并对列表进行降序排序。

```
    List<Pair<Integer, Float>> prob_id = new
ArrayList<Pair<Integer, Float>>();
    for (int j = 0; j < WORD_COUNT; j++) {
        prob_id.add(new Pair(j, softmax[j]));
    }

    Collections.sort(prob_id, new Comparator<Pair<Integer,
Float>>() {
        @Override
        public int compare(final Pair<Integer, Float> o1, final
Pair<Integer, Float> o2) {
            return o1.second > o2.second ? -1 : (o1.second ==
o2.second ? 0 : 1);
        }
    });
```

10）如果概率最大的单词是句尾单词，则结束循环；否则，将数据对添加到 captions 列表，并用 softmax 值最大的单词 ID 更新 input_feed，以及用返回的状态值更新 state_feed，以继续进行下一个推断。

```
if (prob_id.get(0).first == END_ID) break;

captions.add(new Pair(prob_id.get(0).first, prob_id.get(0).first));

inputFeed = new long[] {prob_id.get(0).first};
for (int j=0; j < STATE_COUNT; j++) {
```

```
        stateFeed[j] = newstate[j];
    }
}
```

11）最后，遍历 captions 列表中的每一对，如果不是句首和句尾的话，将每个单词添加到 sentence 字符串中，该字符串通过 Handler 返回并向用户显示自然语言输出。

```
String sentence = "";
for (int i=0; i<captions.size(); i++) {
    if (captions.get(i).first == START_ID) continue;
    if (captions.get(i).first == END_ID) break;

    sentence = sentence + " " + mWords[captions.get(i).first];
}

Message msg = new Message();
msg.obj = sentence;
mHandler.sendMessage(msg);
```

在虚拟或实际 Android 设备上运行应用程序。大约 10s 后可显示结果。在此可使用上节中显示的四幅不同测试图像，结果如图 6.9 所示。

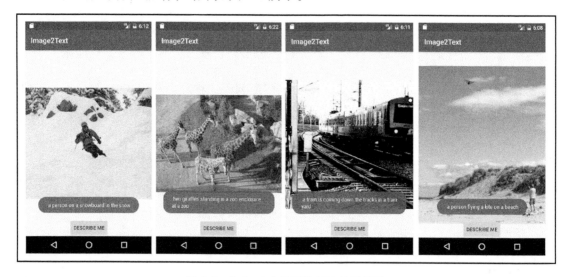

图 6.9　Android 中的图像标注结果显示

其中，一些结果与 iOS 中的结果以及 TensorFlow im2txt 网站上的结果略有不同。但看起来也还不错。另外，在相对较旧的 Android 设备上可正常运行非内存映射模型。但最好还是在 Android 上加载内存映射模型，这样能够显著提高性能，在本书后面的内容中会详细介绍。

综上，现已一步步地实现了应用功能强大的图像标注模型的 Android 应用程序的开发过程。无论是 iOS 应用程序还是 Android 应用程序，都能够轻松地将经过训练的模型和推断代码集成到具体应用程序中，或者返回训练过程进行模型微调，从而准备并优化更好的模型以用于移动应用程序中。

6.6 小结

本章首先讨论了现代端到端深度学习驱动的图像标注的工作原理，接着总结了如何利用 TensorFlow im2txt 模型工程来对图像标注模型进行训练。详细讨论了如何确定正确的输入节点名和输出节点名，以及如何冻结模型，然后通过最新的图转换工具和内存映射转换工具修复在手机上加载模型时将会出现的一些错误。之后，展示了有关如何应用模型开发 iOS 和 Android 应用程序，以及如何在模型的 LSTM RNN 架构下进行新的序列推断的详细教程。

令人惊叹的是，经过上万个图像标注样本的训练，并在当前 CNN 模型和 LSTM 模型的支持下，可以构建和使用一个可在移动设备上生成对图像进行合理自然语言描述的模型。不难想象，在此基础上可以开发出各种实用应用程序。难道我们都是福尔摩斯吗？当然不是。未来的研究还任重道远。人工智能的世界既令人着迷又充满挑战，但只要不断进步，不断完善学习过程，同时避免梯度消失和爆炸问题，那么终究有一天能够构建出一个类似于福尔摩斯的模型，并随时随地应用于移动应用程序中。

在经过本章基于 CNN 和 LSTM 的网络模型实际应用后，你一定会乐在其中。在下章中，将介绍如何使用另一个基于 CNN 和 LSTM 的模型来开发有趣的 iOS 和 Android 应用程序，其可以绘制物体并进行识别。https：//quickdraw.withgoogle.com 上提供了相关游戏的快速试玩。

第 7 章
基于 CNN 和 LSTM 的绘图识别

在上一章中，我们体会到了深度学习模型的强大功能，该模型是将 CNN 与 LSTM RNN 集成以生成图像的自然语言描述。如果将深度学习驱动的人工智能看作一种"新能源"，当然希望这种混合神经网络模型能应用于许多不同领域。那么相对于类似图像标注这种重要应用的其他应用是什么呢？例如快速绘图（Quick Draw）（https：//quickdraw. withgoogle. com，有趣的示例数据参见 https：//quickdraw. withgoogle. com/data）这种有趣的绘图应用程序，其中采用了一个包括 345 种类别 5000 万张绘图训练而成的模型，可以将新的绘图准确分类到相应类别中。另外，还有一个官方的 TensorFlow 教程（https：//www. tensorflow. org/tutorials/recurrent_quickdraw）详细介绍如何构建这样的模型来帮助用户快速入门。

事实证明，根据本教程构建的模型在 iOS 和 Android 应用程序的相关任务上发挥了重要作用，例如：

1）加深对确定模型正确输入/输出节点名的理解，从而为移动应用程序准备适当的模型。

2）利用其他方法来修复 iOS 应用程序中的新模型加载和推断错误。

3）首次构建一个用于 Android 应用程序的自定义 TensorFlow 本地库，以修复 Android 应用程序中的新模型加载和预测错误。

4）查看更多示例，了解如何向 TensorFlow 模型提供期望格式的输入以及如何在 iOS 和 Android 中获得和处理输出结果。

此外，在通过处理所有烦琐而重要的细节，并使得模型可以魔幻般地进行绘图分类的过程中，用户也能够在 iOS 和 Android 设备上进行有趣的涂鸦。

综上，本章的主要内容包括：

1）绘图分类的工作原理。

2）训练和准备绘图分类模型。

3）在 iOS 中应用绘图分类模型。

4）在 Android 中应用绘图分类模型。

7.1　绘图分类的工作原理

TensorFlow 教程中内置的绘图分类模型（https：//www. tensorflow. org/tutorials/recurrent_ quickdraw）首先获取以点列表表征的用户绘图输入，然后将标准化输入转换为包含每个点是否为新笔画开始的信息的连续点张量增量。接着将张量通过多个卷积层和 LSTM 层，以及最后一个 softmax 层，最终对用户绘图进行分类，如图 7.1 所示。

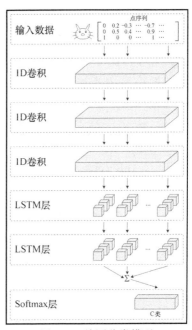

与接收 2D 图像输入的 2D 卷积 API——tf. layers. conv2d 不同，此处采用 1D 卷积 API——tf. layers. conv1d 来进行时间卷积（例如绘图）。默认情况下，在绘图分类模型中，使用三个分别包含 48、64 和 96 个滤波器的 1D 卷积层，其长度分别为 5、5 和 3。在卷积层之后，创建 3 个 LSTM 层，每层分别具有 128 个前向 BasicLSTMCell 节点和 128 个反向 BasicLSTMCell 节点，以构建一个动态双向递归神经网络，并将输出传输给最后的全连接层来进行 logits 计算（非规范化的对数概率）。

图 7.1   绘图分类模型

如果不了解上述所有实现细节，也不用担心；若是利用他人构建的模型来开发功能强大的移动应用程序，则不必了解所有细节，不过在下章中，还将更详细地讨论如何从头开始构建 RNN 模型以进行股票价格预测，这样将会更好地理解有关 RNN 的所有内容。

在前面提到的实用教程中详细介绍了这种简洁的模型以及构建该模型的 Python 实现，其源代码位于 https：//github. com/tensorflow/models 下的 tutorials/rnn/quickdraw 中。在继续下节内容之前，需要强调的是：模型构建、训练、评估和预测的代码与前面内容中的代码不同，此处使用了一个名为 Estimator 的高级 TensorFlow API（https：//www. tensorflow. org/api_docs/python/tf/estimator/Estimator），更准确地说是一个自定义的 Estimator。如果对模型实现细节感兴趣，那么建议查看关于创建和使用自定义 Estimator 的指南（https：//www. tensorflow. org/get_started/custom_estimators）以及相关的源代码（https：//github. com/tensorflow/models 中的 models/samples/core/ get_started/custom_estimator. py）。基本方法是首先实现一个定义模型的函数，指定损失和精度度量方法，并设置优化器和训练操作，然后创建一个 tf. estimator. Estimator 类的实例，并调用其 train、evaluate 和 predict 方法。正如稍后将会看到的，使用 Estimator 简化了神经网络模型的构建、训练和推断，但由于这是一个高级 API，会导致执行一些低级任务（如查找用于在移动设备上进行推断的输入/输出节点名）的难度增大。

7.2 训练、预测和准备绘图分类模型

模型训练非常简单，但为移动部署而进行模型准备则有些棘手。在开始训练之前，首先确保已如前面内容中所述，在 TensorFlow 的根目录中复制了 TensorFlow 模型库（https：//github. com/tensorflow/models）。然后在 http：//download. tensorflow. org/data/quickdraw_tutorial_dataset_v1. tar. gz 下载绘图分类训练数据集（文件大小约为 1.1GB），创建一个名为 rnn_tutorial_data 的新文件夹，将数据集 tar. gz 文件解压缩到其中。此时会出现 10 个 TFRecord 训练文件和 10 个 TFRecord 评估文件，以及两个扩展名为 . classes 的文件，其中内容相同，仅是针对用于分类的数据集中 345 种类别的纯文本，如"绵羊""头骨""甜甜圈"和"苹果"。

7.2.1 训练绘图分类模型

要训练模型，只需打开终端，跳转到 tensorflow/models/tutorials/rnn/quickdraw，然后运行以下脚本：

```
python train_model.py \
  --training_data=rnn_tutorial_data/training.tfrecord-?????-of-????? \
  --eval_data=rnn_tutorial_data/eval.tfrecord-?????-of-????? \
  --model_dir quickdraw_model/ \
  --classes_file=rnn_tutorial_data/training.tfrecord.classes
```

默认情况下，训练步为 100000，在 GTX 1070 GPU 上大约需要 6h 才能完成训练。训练完成后，在模型目录中会生成一个熟悉的文件列表（省略了其他四组 model. ckpt * 文件）：

```
ls -lt quickdraw_model/
-rw-rw-r-- 1 jeff jeff 164419871 Feb 12 05:56
events.out.tfevents.1518422507.AiLabby
-rw-rw-r-- 1 jeff jeff 1365548 Feb 12 05:56 model.ckpt-100000.meta
-rw-rw-r-- 1 jeff jeff 279 Feb 12 05:56 checkpoint
-rw-rw-r-- 1 jeff jeff 13707200 Feb 12 05:56 model.ckpt-100000.data-00000-
of-00001
-rw-rw-r-- 1 jeff jeff 2825 Feb 12 05:56 model.ckpt-100000.index
-rw-rw-r-- 1 jeff jeff 2493402 Feb 12 05:47 graph.pbtxt
drwxr-xr-x 2 jeff jeff 4096 Feb 12 00:11 eval
```

如果运行 tensorboard －－ logdir quickdraw_model，然后在浏览器上从 http：//localhost：6006 启动 TensorBoard，将会观察到精度大约为 0.55，损失约为 2.0。若再继续训练约 200000 步，则精度将提高到 0.65 左右，损失下降到 1.3，如图 7.2 所示。

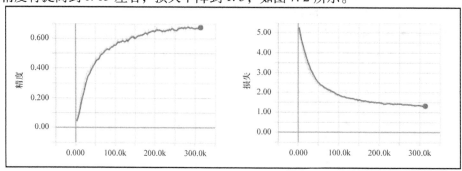

图 7.2 经 300000 步训练后的精度和损失

现在，像上章一样运行 freeze_graph. py 工具，生成一个用于移动设备的模型文件。但是在执行此操作之前，首先来分析如何利用 Python 中的模型进行推断，正如上章中的 run_inference. py 脚本。

7.2.2　利用绘图分类模型进行预测

查看 models/tutorial/rnn/quickdraw 文件夹中的 train_model. py 文件。一旦运行该文件，则会在 create_estimator_and_specs 函数中创建一个 Estimator 实例。

```
estimator = tf.estimator.Estimator(
    model_fn=model_fn,
    config=run_config,
    params=model_params)
```

传递给 Estimator 类的关键参数是一个名为 model_fn 的模型函数，其定义了以下内容：

1）获取输入张量并创建卷积层、RNN 层和最终全连接层的函数。

2）调用上述函数来构建模型的代码。

3）损失、优化器和预测。

在返回一个 tf. estimator. EstimatorSpec 实例之前，model_fn 函数还有一个名为 mode 的参数，该参数可以具有以下三个值之一：

1）tf. estimator. ModeKeys. TRAIN。

2）tf. estimator. ModeKeys. EVAL。

3）tf. estimator. ModeKeys. PREDICT。

train_model. py 的实现方式支持 TRAIN 和 EVAL 模式，但不能直接用于对特定绘图输入进行推断（即对绘图进行分类）。要针对特定输入进行预测测试，需执行以下步骤：

1）复制 train_model. py，并将新文件重命名为 predict. py，这样就可以任意进行预测。

2）在 predict. py 中，定义一个用于预测的输入函数，并将特征设置为模型期望的绘图输入（连续点的增量，其中第三个数字表示该点是否为笔画的开始点）。

```
def predict_input_fn():
    def _input_fn():

        features = {'shape': [[16, 3]], 'ink': [[
            -0.23137257, 0.31067961, 0. ,
            -0.05490196, 0.1116505 , 0. ,
            0.00784314, 0.09223297, 0. ,
            0.19215687, 0.07766992, 0. ,
            ...
            0.12156862, 0.05825245, 0. ,
            0. , -0.06310678, 1. ,
            0. , 0., 0. ,
            ...
            0. , 0., 0. ,
        ]]}
        features['shape'].append( features['shape'][0])
        features['ink'].append( features['ink'][0])
        features=dict(features)
```

```
      dataset = tf.data.Dataset.from_tensor_slices(features)

      dataset = dataset.batch(FLAGS.batch_size)

      return dataset.make_one_shot_iterator().get_next()

   return _input_fn
```

此处并未显示所有点的值，但这些值都是根据基于 TensorFlow RNN 的绘图分类教程中给出的猫样本示例数据并执行 parse_line 函数（相关详细信息参见教程或 models/tutorials/rnn/ quickdraw 文件夹中的 create_dataset. py）来创建的。

另外，值得注意的是，此处采用了 tf. data. Dataset 中的 make_one_shot_iterator 方法来创建一个从数据集返回样本的迭代器（在本示例中，数据集中只有一个样本），这与在处理大型数据集时模型在训练和评估期间获取数据的方式相同，这就是为何稍后在模型图中观察到 OneShotIterator 操作的原因。

3）在主函数中，调用估计器的 predict 方法，该方法可针对给定特征生成预测，并输出下一个预测。

```
predictions = estimator.predict(input_fn=predict_input_fn())
print(next(predictions)['argmax'])
```

4）在 model_fn 函数中的 logits = _add_fc_layers（final_state）之后，添加以下代码：

```
argmax = tf.argmax(logits, axis=1)

if mode == tf.estimator.ModeKeys.PREDICT:
  predictions = {
    'argmax': argmax,
    'softmax': tf.nn.softmax(logits),
    'logits': logits,
  }

  return tf.estimator.EstimatorSpec(mode, predictions=predictions)
```

现在，如果运行 predict. py，将会得到针对步骤 2）中输入数据返回的具有最大值的类别 ID。

在基本了解如何使用 Estimator 高级 API 构建的模型进行预测之后，现在就可以冻结该模型，以便应用于移动设备，这需要首先确定输出节点的名称。

7.2.3 准备绘图分类模型

现在，分析一下通过 TensorBoard 能够观察哪些信息。在模型的 TensorBoard 视图中的 GRAPHS 部分中，由图 7.3 可见，BiasAdd 节点是用于计算精度的 ArgMax 操作的输入，以及 softmax 操作的输入。尽管可以用 SparseSoftmaxCrossEntropyWithLogits（在图 7.3 中仅显示为 SparseSoftmaxCr...）操作，或以 dense/BiasAdd 作为输出节点名，但在此处还是将 ArgMax 和 dense/BiasAdd 作为 freeze_graph 工具的两个输出节点名，这样可以更容易地观察最终密集层的输出以及 ArgMax 结果。

在将 − − input_graph 和 − − input_checkpoint 值替换为 graph. pbtxt 文件的路径和最新模型

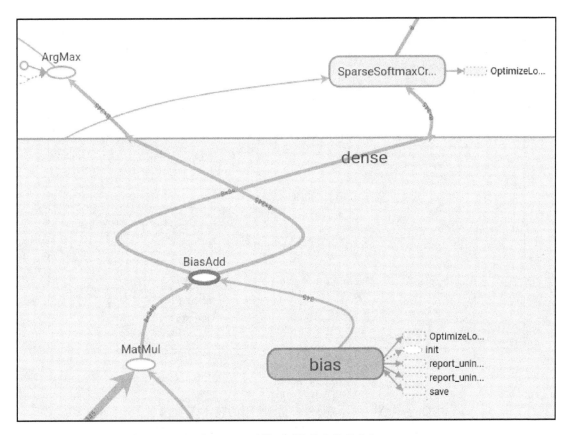

图 7.3　显示模型可能输出的节点名

检查点前缀后，即可在 TensorFlow 根目录中运行以下脚本以获取冻结图：

```
python tensorflow/python/tools/freeze_graph.py --
input_graph=/tmp/graph.pbtxt --input_checkpoint=/tmp/model.ckpt-314576 --
output_graph=/tmp/quickdraw_frozen_dense_biasadd_argmax.pb --
output_node_names="dense/BiasAdd,ArgMax"
```

此时会看到 quickdraw_frozen_dense_biasadd_argmax. pb 已成功创建。但如果尝试在 iOS 或 Android 应用程序中加载模型，可能会产生一条错误消息 "Could not create TensorFlow Graph：Not found：Op type not registered 'OneShotIterator' in binary. Make sure the Op and Kernel are registered in the binary running in this process（无法创建 TensorFlow 图：找不到：Op 类型未在二进制文件中注册 'OneShotIterator'。确保在此过程中运行的二进制文件中注册了 Op 和 Kernel）"。

在上节中，我们讨论了 OneShotIterator 的含义。回到 TensorBoard 中 GRAPHS 部分，由图 7.4 可见，OneShotIterator 在图底部以高亮显示，同时显示在右侧信息面板中，且在几层之上，存在一个作为第一卷积层输入的 Reshape 操作。

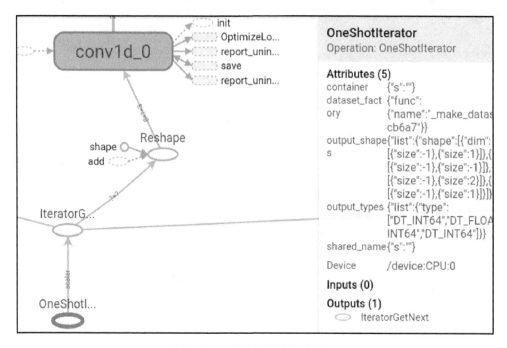

图 7.4　查找可能的输入节点名

 你可能会困惑为何不能采用之前所用的技术来解决"Not found: Op type not registered 'OneShotIterator'（找不到: Op 类型未注册的'OneShotIterator'）"的错误，即先通过 grep 'REGISTER. * "OneShotIterator"' 'tensorflow/core/ops/ * . cc 命令确定哪个源文件包含了 Op 操作（将会观察到 tensorflow/core/ops/dataset_ops. cc: REGISTER_OP（"OneShotIterator"）的输出），然后将 tensorflow/core/ops/dataset_ops. cc 添加到 tf_op_files. txt 并重新编译 TensorFlow 库。不过即使上述方法可行，也会使得解决方法更加复杂，这是因为现在需要向模型提供一些与 OneShotIterator 相关的数据，而不是用户直接绘制的点数据。

此外，在右侧的更高一级（见图 7.5），还有另一个操作——Squeeze，作为 rnn_classification 子图的输入。

无须考虑 Reshape 右侧的 Shape 运算操作，因为这实际上是 rnn_classification 子图的输出。因此，上述所有分析的意图是表明可用 Reshape 和 Squeeze 作为两个输入节点，然后利用前面所介绍的 transform_graph 工具，就可以剥离 Reshape 和 Squeeze 下面的节点，包括 OneShotIterator。

现在，在 TensorFlow 根目录下运行以下命令：

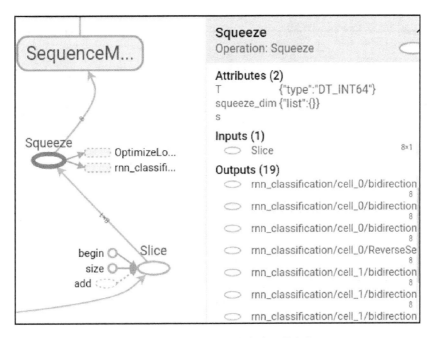

图 7.5　进一步分析以确定输入节点名

```
bazel-bin/tensorflow/tools/graph_transforms/transform_graph --
in_graph=/tmp/quickdraw_frozen_dense_biasadd_argmax.pb --
out_graph=/tmp/quickdraw_frozen_strip_transformed.pb --
inputs="Reshape,Squeeze" --outputs="dense/BiasAdd,ArgMax" --transforms='
strip_unused_nodes(name=Squeeze,type_for_name=int64,shape_for_name="8",name
=Reshape,type_for_name=float,shape_for_name="8,16,3")'
```

此处，针对 strip_unused_nodes 使用一种更高级的格式：对于每个输入节点名（Squeeze 和 Reshape），指定其特定类型和形状，以避免之后出现模型加载错误。有关 transform_graph 工具中 strip_unused_nodes 的更多详细信息，参见 https：//github. com/tensorflow/tensorflow/ tree/master/tensorflow/tools/graph_transforms 上的文档。

现在，在 iOS 或 Android 中加载模型时，将不会出现 "OneShotIterator" 错误。但可能正如预期的那样，又会产生一个新错误 "Invalid argument：Input 0 of node IsVariableInitialized was passed int64 from global_step：0 incompatible with expected int64_ref（无法创建 TensorFlow 图：无效参数：节点 IsVariableInitialized 的输入 0 从 global_step：0 中传递的 int64 与期望的 int64_ref 不兼容）"。

首先需要了解有关 IsVariableInitialized 的更多信息。返回到 TensorBoard 的 GRAPHS 选项卡，会在左侧看到一个红色高亮显示的 IsVariableInitialized 操作，同时在右侧信息面板中显示以 global_step 作为输入（见图 7.6）。

即使不能确定 IsVariableInitialized 操作的具体作用，但可以肯定其与模型推断无关，模型推断仅需一些期望输入（见图 7.4 和图 7.5）并以生成的图分类作为输出（见图 7.3）。

那么，如何去掉 global_step 及其相关的其他 cond 节点？这些节点由于孤立而无法被

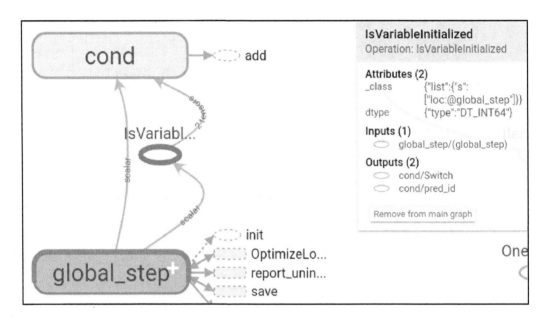

图 7.6 确定导致产生模型加载错误但与模型推断无关的节点

transform_graph 工具剥离。幸运的是，freeze＿graph 脚本支持这一点，其仅在 https：//github. com/tensorflow/tensorflow/blob/master/tensorflow/python/tools/freeze＿graph. py 的源代码中有解释说明。可通过脚本中的 variable_names_blacklist 参数来指定应在冻结模型中删除的节点：

```
python tensorflow/python/tools/freeze_graph.py --
input_graph=/tmp/graph.pbtxt --input_checkpoint=/tmp/model.ckpt-314576 --
output_graph=/tmp/quickdraw_frozen_long_blacklist.pb --
output_node_names="dense/BiasAdd,ArgMax" --
variable_names_blacklist="IsVariableInitialized,global_step,global_step/Ini
tializer/zeros,cond/pred_id,cond/read/Switch,cond/read,cond/Switch_1,cond/M
erge"
```

此处，仅列出了 global_step 和 cond 范围内的节点。现在再次运行 transform_graph 工具：

```
bazel-bin/tensorflow/tools/graph_transforms/transform_graph --
in_graph=/tmp/quickdraw_frozen_long_blacklist.pb --
out_graph=/tmp/quickdraw_frozen_long_blacklist_strip_transformed.pb --
inputs="Reshape,Squeeze" --outputs="dense/BiasAdd,ArgMax" --transforms='
strip_unused_nodes(name=Squeeze,type_for_name=int64,shape_for_name="8",name
=Reshape,type_for_name=float,shape_for_name="8,16,3")'
```

在 iOS 或 Android 中加载生成的模型文件 quickdraw＿frozen＿long＿blacklist＿strip＿trans-formed. pb，此时不再会出现 IsVariableInitialized 错误。当然，在 iOS 和 Android 上还存在另一个错误。加载之前的模型会产生以下错误：

```
Couldn't load model: Invalid argument: No OpKernel was registered to
support Op 'RefSwitch' with these attrs. Registered devices: [CPU],
Registered kernels:
 device='GPU'; T in [DT_FLOAT]
 device='GPU'; T in [DT_INT32]
 device='GPU'; T in [DT_BOOL]
 device='GPU'; T in [DT_STRING]
 device='CPU'; T in [DT_INT32]
 device='CPU'; T in [DT_FLOAT]
 device='CPU'; T in [DT_BOOL]

[[Node: cond/read/Switch = RefSwitch[T=DT_INT64,
_class=["loc:@global_step"], _output_shapes=[[], []]](global_step,
cond/pred_id)]]
```

要解决上述错误，必须以不同方式分别针对 iOS 和 Android 构建自定义的 TensorFlow 库。在后续内容中讨论如何具体实现之前，首先完成一项操作：将模型转换为内存映射版本，以便在 iOS 中可以更快地加载且占用更少的内存。

```
bazel-bin/tensorflow/contrib/util/convert_graphdef_memmapped_format \
--in_graph=/tmp/quickdraw_frozen_long_blacklist_strip_transformed.pb \
--
out_graph=/tmp/quickdraw_frozen_long_blacklist_strip_transformed_memmapped.
pb
```

7.3 在 iOS 中应用绘图分类模型

为修复上述 RefSwitch 错误，无论是在第 2 章和第 6 章中所用的 TensorFlow Pod，还是在其他章中手动构建的 TensorFlow 库中出现的这种错误，都必须采用一些新的技巧。产生错误是因为 RefSwitch 操作需要 int64 数据类型，但这不是 TensorFlow 库中内置的注册数据类型之一，因为要保证库尽可能小，默认情况下只包含每个操作所用的公共数据类型。在 Python 中，可从模型构建端解决这一问题，但此处，仅介绍如何从 iOS 端解决该问题，这在无法访问源代码来构建模型时非常有用。

7.3.1 构建 iOS 的自定义 TensorFlow 库

从 tensorflow/contrib/makefile/Makefile 中打开 Makefile，如果是 TensorFlow 1.4，则搜索 IOS_ARCH。对于每种架构（总共有 5 种：ARMV7、ARMV7S、ARM64、I386 和 X86_64），将 - D__ANDROID_TYPES_SLIM__更改为 - D__ANDROID_TYPES_FULL__。而 TensorFlow 1.5（或更高版本）中的 Makefile 稍有不同，尽管仍在同一文件夹中。对于 TensorFlow 更高版本，搜索 ANDROID_TYPES_SLIM 并将其更改为 ANDROID_TYPES_FULL。现在通过运行 tensorflow/contrib/makefile/build_all_ios. sh 重新编译 TensorFlow 库。在此之后，加载模型文件时，将不会再出现 RefSwitch 错误。由支持所有数据类型的 TensorFlow 库构建的应用程序大小约为 70MB，而由支持默认精简数据类型的库构建的应用程序大小为 37MB。

这似乎还不够，仍会产生另一个模型加载错误：

```
Could not create TensorFlow Graph: Invalid argument: No OpKernel was
registered to support Op 'RandomUniform' with these attrs. Registered
devices: [CPU], Registered kernels: <no registered kernels>.
```

幸运的是，如果已阅读了前面内容，那么就应该非常熟悉如何解决这类错误。在此快速回顾一下：首先确定哪些 op 和内核文件定义并实现了该操作，然后检查 tf_op_files. txt 文件中是否包含 op 或内核文件，且应该至少缺少其中一个文件，从而导致错误；现在只需将 op 或内核文件添加到 tf_op_files. txt 并重新编译库。在本例中，运行以下命令：

```
grep RandomUniform tensorflow/core/ops/*.cc
grep RandomUniform tensorflow/core/kernels/*.cc
```

可输出以下文件：

```
tensorflow/core/ops/random_grad.cc
tensorflow/core/ops/random_ops.cc:
tensorflow/core/kernels/random_op.cc
```

tensorflow/contrib/makefile/tf_op_files. txt 文件中只包含上述前两个文件，因此只需将最后一个文件 tensorflow/core/kernels/random_op. cc 添加到 tf_op_files. txt 的末尾处，然后再次运行 tensorflow/contrib/makefile/build_all_ios. sh。

最终，在加载模型时不再产生任何错误，那么就可以通过实现应用程序逻辑来处理用户绘图，将绘图点转换为模型期望格式，并得到分类结果，从而体会真正的乐趣。

7.3.2　开发使用模型的 iOS 应用程序

现在，基于 Objective – C 创建一个新的 Xcode 工程，然后从前面创建的 Image2Text iOS 工程中拖放 tensorflow_util. h 和 tensorflow_util. mm 文件到新建工程中。另外，再拖放两个模型文件 quickdraw_frozen_long_blacklist_strip_transformed. pb 和 quickdraw_frozen_long_blacklist_strip_transformed_memmapped. pb，以及将 training. tfrecord. class 文件从 models/tutorials/rnn/quickdraw/rnn_tutorial_data 拖放到 QuickDraw 工程中，并重命名 training. tfrecord. classes 为 classes. txt。

同时将 ViewController. m 重命名为 ViewController. mm，并在 tensorflow_util. h 中注释 GetTopN 函数定义，以及在 tensorflow_util. mm 中注释函数实现，这是因为将在 ViewController. mm 中实现修改版本的函数。此时，新建工程如图 7.7 所示。

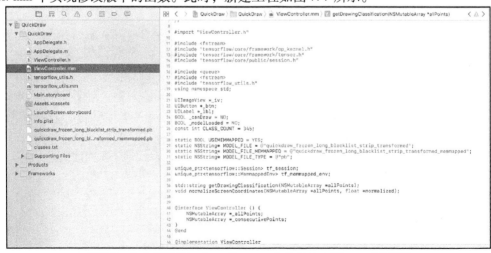

图 7.7　包含原始 ViewController. mm 文件的 QuickDraw 工程界面

现在，准备单独实现 ViewController. mm 来完成任务。

1）在设置基本常量和变量以及两个函数原型之后（见图 7.6），在 ViewController 的 viewDidLoad 中，实例化一个 UIButton、UILabel 和 UIImageView。每个 UI 控件都设置了几个 NSLayoutConstraint 常量（完整代码列表，参见源代码库）。UIImageView 相关的代码如下：

```
_iv = [[UIImageView alloc] init];
_iv.contentMode = UIViewContentModeScaleAspectFit;
[_iv setTranslatesAutoresizingMaskIntoConstraints:NO];
[self.view addSubview:_iv];
```

UIImageView 用于显示通过 UIBezierPath 实现的用户绘图。另外，初始化两个用于分别保存每个连续点和用户绘制所有点的数组。

```
_allPoints = [NSMutableArray array];
_consecutivePoints = [NSMutableArray array];
```

2）单击初始标题为 Start 的按钮后，用户可以开始绘图；这时按钮标题更改为 Restart，并重置其他一些参数。

```
- (IBAction)btnTapped:(id)sender {
    _canDraw = YES;
    [_btn setTitle:@"Restart" forState:UIControlStateNormal];
    [_lbl setText:@""];
    _iv.image = [UIImage imageNamed:@""];
    [_allPoints removeAllObjects];
}
```

3）为处理用户绘图，首先实现一个 touchesBegan 方法。

```
- (void) touchesBegan:(NSSet *)touches withEvent:(UIEvent *)event {
    if (!_canDraw) return;
    [_consecutivePoints removeAllObjects];
    UITouch *touch = [touches anyObject];
    CGPoint point = [touch locationInView:self.view];
    [_consecutivePoints addObject:[NSValue
valueWithCGPoint:point]];
    _iv.image = [self createDrawingImageInRect:_iv.frame];
}
```

然后实现 touchesMoved 方法。

```
- (void) touchesMoved:(NSSet *)touches withEvent:(UIEvent *)event {
    if (!_canDraw) return;
    UITouch *touch = [touches anyObject];
    CGPoint point = [touch locationInView:self.view];
    [_consecutivePoints addObject:[NSValue
valueWithCGPoint:point]];
    _iv.image = [self createDrawingImageInRect:_iv.frame];
}
```

最后是 touchesEnded 方法。

```
- (void) touchesEnded:(NSSet *)touches withEvent:(UIEvent *)event {
    if (!_canDraw) return;
    UITouch *touch = [touches anyObject];
    CGPoint point = [touch locationInView:self.view];
```

```
    [_consecutivePoints addObject:[NSValue
valueWithCGPoint:point]];
    [_allPoints addObject:[NSArray
arrayWithArray:_consecutivePoints]];
    [_consecutivePoints removeAllObjects];
    _iv.image = [self createDrawingImageInRect:_iv.frame];
    dispatch_async(dispatch_get_global_queue(0, 0), ^{
        std::string classes = getDrawingClassification(_allPoints);
        dispatch_async(dispatch_get_main_queue(), ^{
            NSString *c = [NSString
stringWithCString:classes.c_str() encoding:[NSString
defaultCStringEncoding]];
            [_lbl setText:c];
        });
    });
}
```

上述代码非常简单而无须解释，除了两个方法——createDrawingImageInRect 和 getDraw-ingClassification，其将在后面介绍。

4）createDrawingImageInRect 方法调用 UIBezierPath 中的 moveToPoint 和 addLineToPoint 方法来显示用户绘图。首先通过触摸事件准备所有已完成的笔画，并将所有点保存在_allPoints 数组中。

```
- (UIImage *)createDrawingImageInRect:(CGRect)rect
{
UIGraphicsBeginImageContextWithOptions(CGSizeMake(rect.size.width,
rect.size.height), NO, 0.0);
    UIBezierPath *path = [UIBezierPath bezierPath];
    for (NSArray *cp in _allPoints) {
        bool firstPoint = TRUE;
        for (NSValue *pointVal in cp) {
            CGPoint point = pointVal.CGPointValue;
            if (firstPoint) {
                [path moveToPoint:point];
                firstPoint = FALSE;
            }
            else
                [path addLineToPoint:point];
        }
    }
```

然后，准备当前正在进行的笔画中的所有点，这些点保存在_consecutivePoints 中。

```
bool firstPoint = TRUE;
for (NSValue *pointVal in _consecutivePoints) {
    CGPoint point = pointVal.CGPointValue;
    if (firstPoint) {
        [path moveToPoint:point];
        firstPoint = FALSE;
    }
    else
        [path addLineToPoint:point];
}
```

最后，执行实际绘图并将绘图作为 UIImage 返回，以在 UIImageView 中显示。

```
path.lineWidth = 6.0;
[[UIColor blackColor] setStroke];
[path stroke];
UIImage *image = UIGraphicsGetImageFromCurrentImageContext();
UIGraphicsEndImageContext();
return image;
}
```

5）首先，在 getDrawingClassification 中使用与上章相同的代码来加载模型或内存映射模型。

```
std::string getDrawingClassification(NSMutableArray *allPoints) {
    if (!_modelLoaded) {
        tensorflow::Status load_status;
        if (USEMEMMAPPED) {
            load_status =
LoadMemoryMappedModel(MODEL_FILE_MEMMAPPED, MODEL_FILE_TYPE,
&tf_session, &tf_memmapped_env);
        }
        else {
            load_status = LoadModel(MODEL_FILE, MODEL_FILE_TYPE,
&tf_session);
        }
        if (!load_status.ok()) {
            LOG(FATAL) << "Couldn't load model: " << load_status;
            return "";
        }
        _modelLoaded = YES;
    }
```

然后，调用另一个函数 normalizeScreenCoordinates 之前，获取总的点数并分配一个浮点数数组，将点转换为模型所需的格式。

```
if ([allPoints count] == 0) return "";
int total_points = 0;
for (NSArray *cp in allPoints) {
    total_points += cp.count;
}
float *normalized_points = new float[total_points * 3];
normalizeScreenCoordinates(allPoints, normalized_points);
```

接下来，定义输入和输出节点名，并创建一个包含总点数的张量。

```
    std::string input_name1 = "Reshape";
    std::string input_name2 = "Squeeze";
    std::string output_name1 = "dense/BiasAdd";
    std::string output_name2 = "ArgMax"
    const int BATCH_SIZE = 8;

    tensorflow::Tensor seqlen_tensor(tensorflow::DT_INT64,
tensorflow::TensorShape({BATCH_SIZE}));
    auto seqlen_mapped = seqlen_tensor.tensor<int64_t, 1>();
    int64_t* seqlen_mapped_data = seqlen_mapped.data();
    for (int i=0; i<BATCH_SIZE; i++) {
        seqlen_mapped_data[i] = total_points;
    }
```

注意，在运行 train_model. py 进行模型训练时，必须使用相同的 BATCH_SIZE，其默认为 8。

接着创建保存所有转换点值的另一个张量。

```
tensorflow::Tensor points_tensor(tensorflow::DT_FLOAT,
tensorflow::TensorShape({8, total_points, 3}));
auto points_tensor_mapped = points_tensor.tensor<float, 3>();
float* out = points_tensor_mapped.data();
for (int i=0; i<BATCH_SIZE; i++) {
    for (int j=0; j<total_points*3; j++)
        out[i*total_points*3+j] = normalized_points[j];
}
```

6）现在，运行模型并获得期望的输出。

```
std::vector<tensorflow::Tensor> outputs;
tensorflow::Status run_status = tf_session->Run({{input_name1,
points_tensor}, {input_name2, seqlen_tensor}}, {output_name1,
output_name2}, {}, &outputs);
if (!run_status.ok()) {
    LOG(ERROR) << "Getting model failed:" << run_status;
    return "";
}

tensorflow::string status_string = run_status.ToString();
tensorflow::Tensor* logits_tensor = &outputs[0];
```

7）采用修改后的 GetTopN 并解析 logit 以获得最优结果。

```
const int kNumResults = 5;
const float kThreshold = 0.1f;
std::vector<std::pair<float, int> > top_results;
const Eigen::TensorMap<Eigen::Tensor<float, 1,
Eigen::RowMajor>, Eigen::Aligned>& logits =
logits_tensor->flat<float>();

GetTopN(logits, kNumResults, kThreshold, &top_results);
string result = "";
for (int i=0; i<top_results.size(); i++) {
    std::pair<float, int> r = top_results[i];
    if (result == "")
        result = classes[r.second];
    else result += ", " + classes[r.second];
}
```

8）通过将 logits 值转换为 softmax 值来更改 GetTopN，并返回 softmax 最大值及其相应位置。

```
float sum = 0.0;
for (int i = 0; i < CLASS_COUNT; ++i) {
    sum += expf(prediction(i));
}
for (int i = 0; i < CLASS_COUNT; ++i) {
    const float value = expf(prediction(i)) / sum;
    if (value < threshold) {
        continue;
    }
```

```
        top_result_pq.push(std::pair<float, int>(value, i));
        if (top_result_pq.size() > num_results) {
            top_result_pq.pop();


        }
    }
```

9）最后，通过 normalizeScreenCoordinates 函数将触摸事件中捕获的所有点从其屏幕坐标转换为增量差值，这基本上是 https：//github. com/tensorflow/models/blob/master/tutorials/rnn/quickdraw/create_dataset. py 中 parse_line 的 Python 方法。

```
void normalizeScreenCoordinates(NSMutableArray *allPoints, float
*normalized) {
    float lowerx=MAXFLOAT, lowery=MAXFLOAT, upperx=-MAXFLOAT,
uppery=-MAXFLOAT;
    for (NSArray *cp in allPoints) {
        for (NSValue *pointVal in cp) {
            CGPoint point = pointVal.CGPointValue;
            if (point.x < lowerx) lowerx = point.x;
            if (point.y < lowery) lowery = point.y;
            if (point.x > upperx) upperx = point.x;
            if (point.y > uppery) uppery = point.y;
        }
    }
    float scalex = upperx - lowerx;
    float scaley = uppery - lowery;
    int n = 0;
    for (NSArray *cp in allPoints) {
        int m=0;
        for (NSValue *pointVal in cp) {
            CGPoint point = pointVal.CGPointValue;
            normalized[n*3] = (point.x - lowerx) / scalex;
            normalized[n*3+1] = (point.y - lowery) / scaley;
            normalized[n*3+2] = (m ==cp.count-1 ? 1 : 0);
            n++; m++;
        }
    }
    for (int i=0; i<n-1; i++) {
        normalized[i*3] = normalized[(i+1)*3] - normalized[i*3];
        normalized[i*3+1] = normalized[(i+1)*3+1] -
normalized[i*3+1];
        normalized[i*3+2] = normalized[(i+1)*3+2];
    }
}
```

现在，可在 iOS 模拟器或设备上运行应用程序，接着开始绘图，并查看模型识别到的绘图内容。图 7.8 显示了一些绘图和分类结果，尽管绘图不佳，但整个过程运行正常！

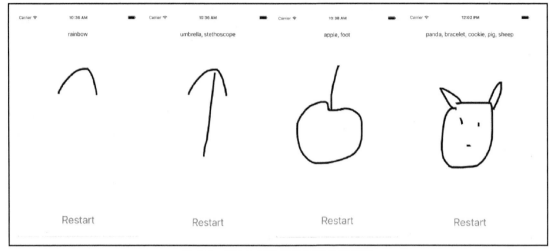

图 7.8　iOS 上显示的绘图和分类结果

7.4　在 Android 中应用绘图分类模型

现在分析如何在 Android 中加载和使用绘图分类模型。在前面的内容中，仅通过 Android 应用程序的 build. gradle 文件并添加 compile 'org. tensorflow：tensorflow – android：+ '代码来添加 TensorFlow 支持。与 iOS 相比，Android 的默认 TensorFlow 库对于注册操作和数据类型具有更好的支持，对于 iOS，必须构建一个自定义的 TensorFlow 库来修复不同的模型加载或运行错误（例如，在第 3 ~ 5 章中），这可能是因为 Google 优先支持 Android，其次才支持 iOS。

事实上，在处理各种令人惊叹的模型时，这是迟早要面对且不可避免的问题：必须手动编译用于 Android 的 TensorFlow 库，以修复默认 TensorFlow 库无法处理的一些错误。如 "No OpKernel was registered to support Op 'RefSwitch' with these attrs（已注册 No OpKernel 以支持具有这些属性的 Op 'RefSwitch'）" 的错误就是这样一种错误。对于乐观的开发人员来说，这意味着又是一个学习新技巧的机会。

7.4.1　构建 Android 的自定义 TensorFlow 库

按照以下步骤来手动编译一个用于 Android 的自定义 TensorFlow 库。

1）在 TensorFlow 根目录下，有一个名为 WORKSPACE 的文件。对其进行编辑，使得 android_sdk_repository 和 android_ndk_repository 的设置如下（将 build_tools_version 以及 SDK 和 NDK 路径替换为实际值）：

```
android_sdk_repository(
    name = "androidsdk",
    api_level = 23,
    build_tools_version = "26.0.1",
    path = "$HOME/Library/Android/sdk",
)

android_ndk_repository(
```

```
name="androidndk",
path="$HOME/Downloads/android-ndk-r15c",
api_level=14)
```

2）如果你实现过本书中的 iOS 应用程序，并将 tensorflow/core/platform/default/mutex. h 文件中的#include" nsync_cv. h" 和#include"nsync_mu. h" 更改为#include"nsync/public/nsync_cv. h" 和#include" nsync/public/nsync_mu. h"（如第 3 章中所述），那么需要将其更改回原来的设置，才能成功构建 TensorFlow Android 库（后面在使用手动构建的 TensorFlow 库处理 Xcode 和 iOS 应用程序时，又需要在两个头文件之前添加 nsync/public）。

> 来回更改 tensorflow/core/platform/default/mutex. h 当然不是一种理想的解决方案。这只是一种权宜之计。由于只需在开始手动构建 TensorFlow iOS 库或构建自定义 TensorFlow 库时进行更改，因此目前尚可接受。

3）如果有支持 x86 CPU 的模拟器或 Android 设备，那么运行以下命令即可编译 TensorFlow 本地库。

```
bazel build -c opt --copt="-D__ANDROID_TYPES_FULL__"
//tensorflow/contrib/android:libtensorflow_inference.so \
    --crosstool_top=//external:android/crosstool \
    --host_crosstool_top=@bazel_tools//tools/cpp:toolchain \
    --cpu=x86_64
```

如果你的 Android 设备像大多数设备一样支持 armeabi – v7a，那么运行以下命令：

```
bazel build -c opt --copt="-D__ANDROID_TYPES_FULL__"
//tensorflow/contrib/android:libtensorflow_inference.so \
    --crosstool_top=//external:android/crosstool \
    --host_crosstool_top=@bazel_tools//tools/cpp:toolchain \
    --cpu=armeabi-v7a
```

> 在 Android 应用程序中使用手动构建的本机库时，需要让应用程序知道该库是针对何种 CPU 指令集（也称为应用程序二进制接口（Application Binary Interface，ABI））构建的。Android 支持的 ABI 主要有两类：ARM 和 x86；而 armeabi – v7a 是针对 Android 系统的最主流 ABI。要确定设备或模拟器使用的是何种 ABI，需运行 adb – s < device_id > shell getprop ro. product. cpu. abi。例如，对于 Nexus 平板电脑，上述命令返回 armeabi – v7a，而对于仿真器，则返回 x86_64。

如果要在 x86_64 模拟器上进行开发过程中的快速测试，且在设备上进行最终性能测试，则可能需要同时编译两个库。

编译完成后，在 bazelbin/tensorflow/contrib/android 文件夹中将会生成 TensorFlow 本地库文件 libtensorflow_inference. so。将其拖放到位于 android/app/src/main/jniLibs/armeabi – v7a 或 android/app/src/main/jniLibs/x86_64 的应用程序文件夹中，如图 7.9 所示。

图 7.9　TensorFlow 本地库文件

4）执行以下命令，构建 TensorFlow 本地库的 Java 接口。

```
bazel build
//tensorflow/contrib/android:android_tensorflow_inference_java
```

这将在 bazelbin/tensorflow/contrib/android 中生成 libandroid_tensorflow_inference_java. jar 文件。将该文件移动到 android/app/libs 文件夹，如图 7.10 所示。

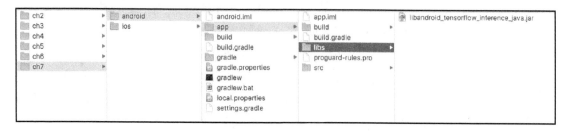

图 7.10　TensorFlow 库的 Java 接口文件

现在，准备在 Android 中编写和测试模型。

7.4.2　开发使用模型的 Android 应用程序

按照以下步骤利用 TensorFlow 库和之前构建的模型来创建一个新的 Android 应用程序。

1）在 Android Studio 中，创建一个名为 QuickDraw 的新的 Android 应用程序，并选择所有默认设置。然后在应用程序的 build. gradle 文件中依赖项的末尾处添加 compile files（'libs/libandroid_tensorflow_inference_java. jar'）代码。像前面一样创建一个新的 assets 文件夹，并将 quickdraw_frozen_long_blacklist_strip_transformed. pb 和 classes. txt 拖放到该文件夹中。

2）创建一个 View 扩展的新的 Java 类 QuickDrawView，并设置字段及其构造函数，如下：

```
public class QuickDrawView extends View {
    private Path mPath;
    private Paint mPaint, mCanvasPaint;
    private Canvas mCanvas;
    private Bitmap mBitmap;
    private MainActivity mActivity;
    private List<List<Pair<Float, Float>>> mAllPoints = new
ArrayList<List<Pair<Float, Float>>>();
    private List<Pair<Float, Float>> mConsecutivePoints = new
ArrayList<Pair<Float, Float>>();

    public QuickDrawView(Context context, AttributeSet attrs) {
        super(context, attrs);
        mActivity = (MainActivity) context;
        setPathPaint();
    }
```

其中，mAllPoints 用于保存 mConsecutivePoints 的列表。QuickDrawView 用于在主活动布局中显示用户绘图。

3）定义 setPathPaint 方法如下：

```java
private void setPathPaint() {
    mPath = new Path();
    mPaint = new Paint();
    mPaint.setColor(0xFF000000);
    mPaint.setAntiAlias(true);
    mPaint.setStrokeWidth(18);
    mPaint.setStyle(Paint.Style.STROKE);
    mPaint.setStrokeJoin(Paint.Join.ROUND);
    mCanvasPaint = new Paint(Paint.DITHER_FLAG);
}
```

添加两个实例化 Bitmap 和 Canvas 对象，并在画布上显示用户绘图的重写方法如下：

```java
@Override
protected void onSizeChanged(int w, int h, int oldw, int oldh) {
    super.onSizeChanged(w, h, oldw, oldh);
    mBitmap = Bitmap.createBitmap(w, h, Bitmap.Config.ARGB_8888);
    mCanvas = new Canvas(mBitmap);
}

@Override
protected void onDraw(Canvas canvas) {
    canvas.drawBitmap(mBitmap, 0, 0, mCanvasPaint);
    canvas.drawPath(mPath, mPaint);
}
```

4）重写方法 onTouchEvent 用于填充 mConsecutivePoints 和 mAllPoints，调用画布的 drawPath 方法，使绘图无效（以调用 onDraw 方法），以及（每次根据 MotionEvent. ACTION_UP 完成一个笔画时）启动一个新线程来利用模型进行绘图分类。

```java
@Override
public boolean onTouchEvent(MotionEvent event) {
    if (!mActivity.canDraw()) return true;
    float x = event.getX();
    float y = event.getY();
    switch (event.getAction()) {
        case MotionEvent.ACTION_DOWN:
            mConsecutivePoints.clear();
            mConsecutivePoints.add(new Pair(x, y));
            mPath.moveTo(x, y);
            break;
        case MotionEvent.ACTION_MOVE:
            mConsecutivePoints.add(new Pair(x, y));
            mPath.lineTo(x, y);
            break;
        case MotionEvent.ACTION_UP:
            mConsecutivePoints.add(new Pair(x, y));
            mAllPoints.add(new ArrayList<Pair<Float, Float>>
            (mConsecutivePoints));
            mCanvas.drawPath(mPath, mPaint);
            mPath.reset();
            Thread thread = new Thread(mActivity);
            thread.start();
            break;
```

```
        default:
            return false;
    }
    invalidate();
    return true;
}
```

5）定义两个由 MainActivity 调用的 public 方法，以获取所有点，并在用户单击 Restart 按钮后重置绘图。

```
public List<List<Pair<Float, Float>>> getAllPoints() {
    return mAllPoints;
}

public void clearAllPointsAndRedraw() {
    mBitmap = Bitmap.createBitmap(mBitmap.getWidth(),
    mBitmap.getHeight(), Bitmap.Config.ARGB_8888);
    mCanvas = new Canvas(mBitmap);
    mCanvasPaint = new Paint(Paint.DITHER_FLAG);
    mCanvas.drawBitmap(mBitmap, 0, 0, mCanvasPaint);
    setPathPaint();
    invalidate();
    mAllPoints.clear();
}
```

6）现在打开 MainActivity，在其中实现 Runnable 及其字段，如下：

```
public class MainActivity extends AppCompatActivity implements
Runnable {

    private static final String MODEL_FILE =
"file:///android_asset/quickdraw_frozen_long_blacklist_strip_transf
ormed.pb";
    private static final String CLASSES_FILE =
"file:///android_asset/classes.txt";

    private static final String INPUT_NODE1 = "Reshape";
    private static final String INPUT_NODE2 = "Squeeze";
    private static final String OUTPUT_NODE1 = "dense/BiasAdd";
    private static final String OUTPUT_NODE2 = "ArgMax";

    private static final int CLASSES_COUNT = 345;
    private static final int BATCH_SIZE = 8;
    private String[] mClasses = new String[CLASSES_COUNT];
    private QuickDrawView mDrawView;
    private Button mButton;
    private TextView mTextView;
    private String mResult = "";
    private boolean mCanDraw = false;

    private TensorFlowInferenceInterface mInferenceInterface;
```

7）在主布局文件 activity_main.xml 中，除了像之前一样添加一个 TextView 和一个 Button，还创建一个 QuickDrawView。

```
<com.ailabby.quickdraw.QuickDrawView
    android:id="@+id/drawview"
    android:layout_width="fill_parent"
    android:layout_height="fill_parent"
    app:layout_constraintBottom_toBottomOf="parent"
    app:layout_constraintLeft_toLeftOf="parent"
    app:layout_constraintRight_toRightOf="parent"

app:layout_constraintTop_toTopOf="parent"/>
```

8）返回 MainActivity，在 onCreate 方法中，将 UI 元素 ID 与字段绑定，为 Start/Restart 按钮设置单击监听程序，然后将 classes. txt 文件读取为字符串数组。

```
@Override
protected void onCreate(Bundle savedInstanceState) {
    super.onCreate(savedInstanceState);
    setContentView(R.layout.activity_main);

    mDrawView = findViewById(R.id.drawview);
    mButton = findViewById(R.id.button);
    mTextView = findViewById(R.id.textview);
    mButton.setOnClickListener(new View.OnClickListener() {
        @Override
        public void onClick(View v) {
            mCanDraw = true;
            mButton.setText("Restart");
            mTextView.setText("");
            mDrawView.clearAllPointsAndRedraw();
        }
    });
    String classesFilename =
CLASSES_FILE.split("file:///android_asset/")[1];
    BufferedReader br = null;
    int linenum = 0;
    try {
        br = new BufferedReader(new
InputStreamReader(getAssets().open(classesFilename)));
        String line;
        while ((line = br.readLine()) != null) {
            mClasses[linenum++] = line;
        }
        br.close();
    } catch (IOException e) {
        throw new RuntimeException("Problem reading classes file!"
, e);
    }
}
```

9）然后从线程的 run 方法调用一个同步方法 classifyDrawing。

```
public void run() {
    classifyDrawing();
}

private synchronized void classifyDrawing() {
    try {
```

```
        double normalized_points[] = normalizeScreenCoordinates();
        long total_points = normalized_points.length / 3;
        float[] floatValues = new
float[normalized_points.length*BATCH_SIZE];

        for (int i=0; i<normalized_points.length; i++) {
            for (int j=0; j<BATCH_SIZE; j++)
                floatValues[j*normalized_points.length + i] =
(float)normalized_points[i];
        }

        long[] seqlen = new long[BATCH_SIZE];
        for (int i=0; i<BATCH_SIZE; i++)
            seqlen[i] = total_points;
```

稍后实现的 normalizeScreenCoordinates 方法用于将用户绘图点转换为模型期望的格式。floatValues 和 seqlen 作为输入馈入模型。注意，floatValues 必须使用 float 型，而 seqlen 使用 long 型，这是因为模型需要这些确切的数据类型（float 和 int64），否则在使用模型时会在运行时发生错误。

10）创建一个 TensorFlow 库的 Java 接口来加载模型，向模型提供输入并获得输出。

```
AssetManager assetManager = getAssets();
mInferenceInterface = new
TensorFlowInferenceInterface(assetManager, MODEL_FILE);

mInferenceInterface.feed(INPUT_NODE1, floatValues, BATCH_SIZE,
total_points, 3);
mInferenceInterface.feed(INPUT_NODE2, seqlen, BATCH_SIZE);

float[] logits = new float[CLASSES_COUNT * BATCH_SIZE];
float[] argmax = new float[CLASSES_COUNT * BATCH_SIZE];

mInferenceInterface.run(new String[] {OUTPUT_NODE1, OUTPUT_NODE2},
false);
mInferenceInterface.fetch(OUTPUT_NODE1, logits);
mInferenceInterface.fetch(OUTPUT_NODE1, argmax);
```

11）对得到的 logits 概率进行归一化处理并按降序排序。

```
double sum = 0.0;
for (int i=0; i<CLASSES_COUNT; i++)
    sum += Math.exp(logits[i]);
List<Pair<Integer, Float>> prob_idx = new ArrayList<Pair<Integer,
Float>>();
for (int j = 0; j < CLASSES_COUNT; j++) {
    prob_idx.add(new Pair(j, (float)(Math.exp(logits[j]) / sum) ));
}
Collections.sort(prob_idx, new Comparator<Pair<Integer, Float>>() {
    @Override
    public int compare(final Pair<Integer, Float> o1, final
Pair<Integer, Float> o2) {
        return o1.second > o2.second ? -1 : (o1.second == o2.second
? 0 : 1);
    }
});
```

得到前五个结果并在 TextView 中显示。

```
mResult = "";
for (int i=0; i<5; i++) {
    if (prob_idx.get(i).second > 0.1) {
        if (mResult == "") mResult = "" +
mClasses[prob_idx.get(i).first];
        else mResult = mResult + ", " +
mClasses[prob_idx.get(i).first];
    }
}
runOnUiThread(
    new Runnable() {
        @Override
        public void run() {
            mTextView.setText(mResult);
        }
    });
```

12）最后，实现 normalizeScreenCoordinates 方法，这是 iOS 实现的一个简单端口。

```
private double[] normalizeScreenCoordinates() {
    List<List<Pair<Float, Float>>> allPoints =
mDrawView.getAllPoints();
    int total_points = 0;
    for (List<Pair<Float, Float>> cp : allPoints) {
        total_points += cp.size();
    }

    double[] normalized = new double[total_points * 3];
    float lowerx=Float.MAX_VALUE, lowery=Float.MAX_VALUE, upperx=-
Float.MAX_VALUE, uppery=-Float.MAX_VALUE;
    for (List<Pair<Float, Float>> cp : allPoints) {
        for (Pair<Float, Float> p : cp) {
            if (p.first < lowerx) lowerx = p.first;
            if (p.second < lowery) lowery = p.second;
            if (p.first > upperx) upperx = p.first;
            if (p.second > uppery) uppery = p.second;
        }
    }
    float scalex = upperx - lowerx;
    float scaley = uppery - lowery;

    int n = 0;
    for (List<Pair<Float, Float>> cp : allPoints) {
        int m = 0;
        for (Pair<Float, Float> p : cp) {
            normalized[n*3] = (p.first - lowerx) / scalex;
            normalized[n*3+1] = (p.second - lowery) / scaley;
            normalized[n*3+2] = (m ==cp.size()-1 ? 1 : 0);
            n++; m++;
        }
    }
```

```
for (int i=0; i<n-1; i++) {
    normalized[i*3] = normalized[(i+1)*3] - normalized[i*3];
    normalized[i*3+1] = normalized[(i+1)*3+1] -
                                    normalized[i*3+1];
    normalized[i*3+2] = normalized[(i+1)*3+2];
}
return normalized;
}
```

在 Android 模拟器或设备上运行应用程序，并享受实时给出分类结果的涂鸦的乐趣。显示结果如图 7.11 所示。

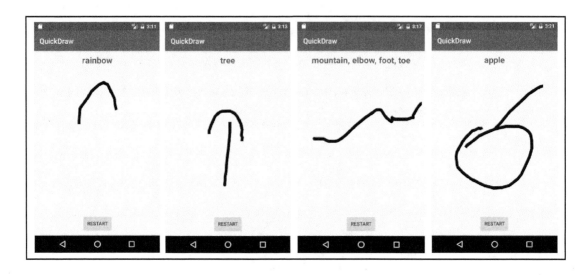

图 7.11　Android 上的绘图和分类结果

　　至此，已了解了训练快速绘图模型并将其用于 iOS 和 Android 应用程序的整个过程，那么现在就可以对训练模型进行微调，使其更加准确，同时也可以改进移动应用程序，使其更加有趣。

　　在结束本章内容之前的最后一个注意事项是，如果在构建用于 Android 的 TensorFlow 本地库时使用了错误的 ABI，尽管仍可以在 Android Studio 中编译和运行应用程序，但会产生一条 "java. lang. RuntimeException：Native TF methods not found；check that the correct native libraries are present in the APK（找不到本地 TF 方法；检查 APK 中是否存在正确的本地库）" 的错误。这表明在应用程序的 jniLibs 文件夹中没有正确的 TensorFlow 本地库（见图 7.9）。要确定 jniLibs 的特定 ABI 文件夹中是否缺少该文件，可在 Android Studio | View | Tool Windows 中打开设备文件资源管理器。选择设备的 data | app | package | lib 进行查看，如图 7.12 所示。如果喜欢使用命令行，也可以使用 adb 工具来查找。

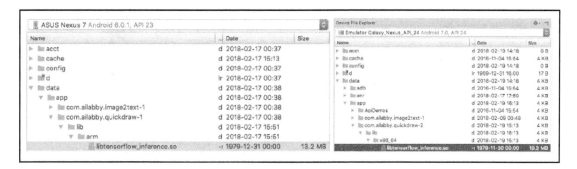

图 7.12　通过设备文件资源管理器查看 TensorFlow 本地库文件

7.5　小结

本章首先阐述了绘图分类模型的工作原理，然后介绍了如何使用高级 TensorFlow API——Estimator 来训练这种模型。分析了如何编写 Python 代码来利用经过训练的模型进行预测，接着详细讨论了如何确定正确的输入/输出节点名，以及如何以正确方式冻结和转换模型以使之应用于移动应用程序。另外，还介绍了一种重新构建 TensorFlow 自定义 iOS 库的新方法，以及一个构建用于 Android 的 TensorFlow 自定义库的详细步骤，以修复使用模型时的错误。最后，给出了 iOS 和 Android 代码，这些代码捕获并显示用户绘图，将其转换为模型期望的数据，并处理和显示模型返回的分类结果。希望你在学习本章内容的过程中有所收获，同时也获得乐趣。

到目前为止，除了来自其他开源项目的一些模型之外，在 iOS 和 Android 应用程序中所用的所有预训练或训练的模型都是来自 TensorFlow 开源项目的，该项目无疑提供了一系列功能强大的模型。其中一些模型在 GPU 上进行了数周的训练。但是，如果有兴趣从头开始构建自己的模型，或者对本章中所用到的 RNN 模型及其概念还有些困惑，那么下章内容将如你所愿：会讨论如何从头开始构建自己的 RNN 模型，并将其应用于移动应用程序，由此得到另一种乐趣——从股市中赚钱，至少尽最大努力赚钱。当然，没有人能保证每次都能从股票交易中获利，但至少提供了如何利用 RNN 模型来提高赚钱的机会。

第 8 章
基于 RNN 的股票价格预测

　　如果对上章中在移动设备上涂鸦和构建（运行模型来识别涂鸦）感兴趣，那么也可能会在股票市场赚到钱时感到高兴不已，而没有赚到钱时感到沮丧。一方面，股票价格是时间序列数据，确切地说是一个离散时间序列数据，处理时间序列数据的最佳深度学习方法是在前面已经讨论过的 RNN。Aurélien Géron 在其所著的 *Hands – On Machine Learning with Scikit – Learn and TensorFlow* 一书中建议利用 RNN 来"分析股票价格等相关时间序列数据，并建议何时买入或卖出"。另一方面，也有人认为根据股票过去的表现并不能预测其未来的收益，一个随机选择的投资组合可能和一个专家精心挑选的投资组合表现一样好。事实上，Keras（一个可运行在 TensorFlow 和其他库基础上的非常受欢迎的深度学习高级库）的开发者 Francois Chollet 在其所著的 *Deep Learning with Python* 一书中认为仅凭公共数据的 RNN 要击败市场"是一项非常困难的尝试，可能会浪费大量时间和精力而没有任何用处"。

　　尽管"可能"会存在浪费时间和资源的风险，但至少能够更多了解 RNN，以及为何 RNN 预测股票价格的结果要好于 50% 的随机策略，基于此，首先将概述如何使用 RNN 进行股票价格预测，然后讨论了如何使用 TensorFlow API 建立 RNN 模型来预测股票价格，以及如何利用更易用的 Keras API 建立一个 RNN LSTM 模型来预测股票价格。此处，将测试这些模型是否能击败随机买入/卖出策略。如果认为所构建的模型能提高战胜市场的机会或仅是为了提高实际经验而感到满意，那么接下来将讨论如何冻结和准备 TensorFlow 模型和 Keras 模型，使之能够在 iOS 和 Android 应用程序上运行。如果这个模型确实能提高机会，那么由这些模型驱动的移动应用程序将有助于随时随地做出股票买卖决定。是否感觉有些不确定和兴奋？那么就欢迎到市场中验证一下。

　　综上，本章的主要内容包括：

　　1）RNN 和股票价格预测的工作原理。

　　2）利用 TensorFlow RNN API 进行股票价格预测。

　　3）利用 Keras RNN LSTM API 进行股票价格预测。

　　4）在 iOS 上运行 TensorFlow 和 Keras 模型。

　　5）在 Android 上运行 TensorFlow 和 Keras 模型。

8.1　RNN 和股票价格预测的工作原理

　　前馈网络（如密集连接网络）不具有记忆功能，且是将每个输入视为一个整体。例如，以像素向量表征的输入图像是由前馈网络在一步中处理的。但是对于时间序列数据（如最近 10 天或 20 天的股票价格），由一个具有记忆功能的网络来处理会比较好；假设过去 10 天的股票价格分别是 X_1，X_2，$\cdots$，X_{10}，其中 X_1 是最早的，而 X_{10} 是最新的，那么 10 天内的所有价格可看作是一个输入序列，若采用 RNN 来处理这种输入时，执行的步骤如下：

1）与输入序列中第一个元素 X_1 相连的一个特定 RNN 单元处理 X_1，并获得相应输出 y_1。

2）与输入序列中下一个元素 X_2 相连的另一个 RNN 单元根据 X_2 和上一个输出 y_1 来获得下一个输出 y_2。

3）重复执行上述过程：RNN 单元在时间步 i 处理输入序列中第 i 个元素 X_i 时，根据在时间步 $i-1$ 处的先前输出 y_{i-1} 与 X_i 一起在时间步 i 生成新的输出 y_i。

因此，在时间步 i 的输出 y_i 具有输入序列中所有元素的相关信息，包括时间步 i：X_1，X_2，$\cdots$，X_{i-1} 和 X_i。在 RNN 训练过程中，将每个时间步的预测价格（即 y_1，y_2，$\cdots$，y_9 和 y_{10}）与每个时间步的实际价格（即 X_2，X_3，$\cdots$，X_{10} 和 X_{11}）进行比较，由此可定义一个损失函数，经优化后以更新网络参数。训练完成后，在预测时，将 X_{11} 作为输入序列 X_1，X_2，$\cdots$，X_{10} 的预测结果。

这就是为什么说 RNN 具有记忆功能的原因。RNN 这样处理股价数据似乎很有道理，因为根据直觉可判断，今天（以及明天、后天等）的股票价格可能会受到前 N 天价格的影响。

LSTM 只是 RNN 中的一种类型，主要用于解决第 6 章中提到的 RNN 的梯度消失问题。总的来说，在 RNN 模型的训练过程中，如果输入序列的时间步太长，那么通过反向传播来更新前一个时间步的网络权值可能会得到值为 0 的梯度，从而导致没有学习效果。例如，若以 50 天的价格作为输入，如果采用 50 天，或者甚至 40 天，那么时间步会变得太长，导致常规的 RNN 无法训练。LSTM 通过添加一个长期状态来解决这一问题，该状态决定哪些信息可以丢弃，哪些信息需要保存并记忆多个时间步。

另一种能够很好解决梯度消失问题的 RNN 被称为门控循环单元（Gated Recurrent Unit，GRU），这是一种稍微简化的标准 LSTM 模型，现在也得到了越来越多的关注。TensorFlow API 和 Keras API 都支持基本的 RNN 模型和 LSTM/GRU 模型。在接下来的内容中，将分析可用于 RNN 和标准 LSTM 模型的具体 TensorFlow 和 Keras API，另外也可以在代码中将 "LSTM" 替换为 "GRU"，来比较使用 GRU 模型与 RNN 和标准 LSTM 模型的结果。

改进 LSTM 模型性能的三种常用技术如下。

1）堆叠 LSTM 层并增加各层中的神经元个数：如果不发生过拟合，这通常会生成更强大和更精确的网络模型。如果不了解，那么一定要在 TensorFlow 平台（http：//playground. tensorflow. org）中尝试体验一下。

2）采用退出机制来处理过拟合。退出意味着在一层中随机删除隐层单元和输入层单元。

3）采用双向 RNN，即在两个方向（常规方向和反方向）上处理每个输入序列，从而希望检测出常规单向 RNN 可能忽略的模式。

上述所有技术现已都实现，可在 TensorFlow API 和 Keras API 中轻松访问。

那么如何利用 RNN 和 LSTM 来检验股票价格的预测效果呢？此外，将使用一个在 ht-tps：//www. alphavantage. co 上的免费 API 收集的特定股票代码的每日股价数据，将数据解析为训练集和测试集，每次对 RNN/LSTM 模型馈入一批训练输入数据（每批数据包含 20 个时间步，即连续 20 天的股票价格）来训练模型，并进行测试以查看模型针对测试数据集的精度。另外，还将测试 TensorFlow API 和 Keras API，并比较常规 RNN 模型和 LSTM 模型之间的差异。除此之外，还将测试三个稍微不同的输入和输出序列，以确定哪一个序列最好。

1）根据过去 N 日价格预测某日的价格。

2）根据过去 N 日价格预测 M 日的价格。

3）将过去 N 日价格偏移 1 日，并以预测序列的最后输出值作为下一日的预测价格进行预测。

接下来，开始深入研究 TensorFlow RNN API，编写代码来训练一个预测股票价格的模型，并查看模型的精度。

8.2　利用 TensorFlow RNN API 进行股票价格预测

首先，需要在 https：//www. alphavantage. co 上申请免费的 API 密钥，以获得某一股票代码的股价数据。获得 API 密钥后，打开一个终端并运行以下命令（用实际密钥替换 < your_api_key >），从而获取亚马逊公司（amzn）和谷歌公司（goog）的每日股票数据，或替换为感兴趣的其他任何代码。

```
curl -o daily_amzn.csv
"https://www.alphavantage.co/query?function=TIME_SERIES_DAILY&symbol=amzn&a
pikey=<your_api_key>&datatype=csv&outputsize=full"

curl -o daily_goog.csv
"https://www.alphavantage.co/query?function=TIME_SERIES_DAILY&symbol=goog&a
pikey=<your_api_key>&datatype=csv&outputsize=full"
```

这将产生 daily_amzn. csv 或 daily_goog. csv 文件，其中，第 1 行是"时间戳、开盘、高点、低点、收盘价、成交量"，其余各行分别为每日股票信息。此处，只关心收盘价，因此运行以下命令获取所有收盘价。

```
cut -d ',' -f 5 daily_amzn.csv | tail -n +2 > amzn.txt

cut -d ',' -f 5 daily_goog.csv | tail -n +2 > goog.txt
```

接下来，分析利用 TensorFlow RNN API 来训练和预测模型的完整 Python 代码。

8.2.1　在 TensorFlow 中训练 RNN 模型

1）导入所需的 Python 包并定义一些常量。

```
import numpy as np
import tensorflow as tf
from tensorflow.contrib.rnn import *
import matplotlib.pyplot as plt

num_neurons = 100
```

```
num_inputs = 1
num_outputs = 1
symbol = 'goog' # amzn
epochs = 500
seq_len = 20
learning_rate = 0.001
```

Numpy（http：//www. numpy. org）是执行 *n* 维数组操作的最常用 Python 库，Matplotlib（https：//matplotlib. org）是先进的二维绘图 Python 库。此处，利用 numpy 来处理数据集，并利用 Matplotlib 来可视化股价和预测值。num_neurons 是指 RNN（或更准确地说是 RNN 单元）在每个时间步具有的神经元个数，每个神经元在当前时间步同时接收输入序列的输入值和上一时间步的输出值。num_inputs 和 num_outputs 指定了每个时间步的输入个数和输出个数，此时在每个时间步对一个包含 num_neurons 个神经元的 RNN 单元输入一个 20 日股票价格的输入序列，并期望在每个时间步输出一个预测的股票价格。seq_len 是时间步个数。为此将以 Google 公司 20 日股票价格作为输入序列，并将其传送给一个具有 100 个神经元的 RNN 单元。

2）打开并读取包含所有股票价格的文本文件，将价格解析为 float 类型列表，倒序排列使得首先处理最早价格，然后每次添加 seq_len + 1 的值（第一个 seq_len 值将作为 RNN 的输入序列，最后一个 seq_len 值将是目标输出序列），从列表的第一个值开始，每次移动 1，直到列表结束，逐一转换为 numpy result 数组。

```
f = open(symbol + '.txt', 'r').read()
data = f.split('\n')[:-1] # get rid of the last '' so float(n)
works
data.reverse()
d = [float(n) for n in data]

result = []
for i in range(len(d) - seq_len - 1):
    result.append(d[i: i + seq_len + 1])

result = np.array(result)
```

3）现在，result 数组中已包含了模型所需的整个数据集，但需进一步将其处理为 RNN API 的期望格式。首先将数组分成训练集（占整个数据集的90%）和测试集（占10%）。

```
row = int(round(0.9 * result.shape[0]))
train = result[:row, :]
test = result[row:, :]
```

然后随机排列训练集，这是训练机器学习模型时的标准操作。

```
np.random.shuffle(train)
```

生成训练集和测试集的输入序列——X_train 和 X_test，以及训练集和测试集的目标输出序列——y_train 和 y_test。注意，大写 X 和小写 y 是机器学习中常用的命名约定，分别表示输入和目标输出。

```
X_train = train[:, :-1] # all rows with all columns except the last
one
X_test = test[:, :-1] # each row contains seq_len + 1 columns

y_train = train[:, 1:]
y_test = test[:, 1:]
```

最后，将上述 4 个数组重塑为三维形式（批大小、时间步数量和输入/输出个数），以完成训练数据集和测试数据集的准备工作。

```
X_train = np.reshape(X_train, (X_train.shape[0], X_train.shape[1],
num_inputs))
X_test = np.reshape(X_test, (X_test.shape[0], X_test.shape[1],
num_inputs))
y_train = np.reshape(y_train, (y_train.shape[0], y_train.shape[1],
num_outputs))
y_test = np.reshape(y_test, (y_test.shape[0], y_test.shape[1],
num_outputs))
```

注意，X_train.shape［1］、X_test.shape［1］、y_train.shape［1］ 和 y_test.shape［1］ 大小与 seq_len 相同。

4）至此，准备建立模型。创建两个占位符，以便保存训练过程中的 X_train 和 y_ train，以及测试过程中的 X_test。

```
X = tf.placeholder(tf.float32, [None, seq_len, num_inputs])
y = tf.placeholder(tf.float32, [None, seq_len, num_outputs])
```

通过 BasicRNNCell 在每个时间步创建一个 RNN 单元，其中包含 num_neurons 个神经元。

```
cell = tf.contrib.rnn.OutputProjectionWrapper(
    tf.contrib.rnn.BasicRNNCell(num_units=num_neurons,
activation=tf.nn.relu), output_size=num_outputs)
outputs, _ = tf.nn.dynamic_rnn(cell, X, dtype=tf.float32)
```

OutputProjectionWrapper 用于在每个单元的输出层上添加一个全连接层，使得在每个时间步，RNN 单元的输出（即 num_neurons 值序列）减少到一个值。这就是 RNN 如何能够针对每个时间步输入序列中的每个值输出一个值，或针对每个实例包含 seq_len 个值的输入序列输出总共 seq_len 个值的原因。

dynamic_rnn 用于在所有时间步上循环遍历共计 seq_len（在 X 形状中定义）个 RNN 单元，可返回两个值：每个时间步的输出列表和网络最终状态。接下来，利用第一个输出返回值的重塑形式来定义损失函数。

5）通过以标准方式指定预测张量、损失、优化器和训练操作来完成模型定义。

```
preds = tf.reshape(outputs, [1, seq_len], name="preds")
loss = tf.reduce_mean(tf.square(outputs - y))
optimizer = tf.train.AdamOptimizer(learning_rate=learning_rate)
training_op = optimizer.minimize(loss)
```

注意，在使用 freeze_graph 工具准备将模型部署到移动设备上时，"preds" 作为输出节点名称，也可用于运行模型进行预测的 iOS 和 Android 中。显然，在开始训练模型之前已知这些信息绝对是件好事，有利于从头构建的模型。

6）开始执行训练过程。在每个周期（epoch）中，输入 X_train 和 y_train 数据来运行 training_op 操作，使得损失最小化，然后保存模型检查点文件，并每隔 10 个周期输出一次损失值。

```
init = tf.global_variables_initializer()
saver = tf.train.Saver()
```

```
with tf.Session() as sess:
    init.run()

    count = 0
    for _ in range(epochs):
        n=0
        sess.run(training_op, feed_dict={X: X_train, y: y_train})
        count += 1
        if count % 10 == 0:
            saver.save(sess, "/tmp/" + symbol + "_model.ckpt")
            loss_val = loss.eval(feed_dict={X: X_train, y:
y_train})
            print(count, "loss:", loss_val)
```

运行上述代码，可得到输出如下：

```
(10, 'loss:', 243802.61)
(20, 'loss:', 80629.57)
(30, 'loss:', 40018.996)
(40, 'loss:', 28197.496)
(50, 'loss:', 24306.758)
...
(460, 'loss:', 93.095985)
(470, 'loss:', 92.864082)
(480, 'loss:', 92.33461)

(490, 'loss:', 92.09893)
(500, 'loss:', 91.966286)
```

 可用 BasicLSTMCell 替换步骤 4）中的 BasicRNNCell，并运行训练代码，只是用 BasicLSTMCell 进行训练的话要慢得多，且在经过 500 个周期后损失值仍然很大。在本节中，不再试验 BasicLSTMCell，但是为了比较起见，在后面基于 Keras 的内容中，将介绍堆叠 LSTM 层、退出和双向 RNN 的详细用法。

8.2.2 测试 TensorFlow RNN 模型

为了观察经过 500 个周期后的损失值是否足够好，可添加使用测试数据集的以下代码，计算在所有测试示例中得到正确预测的数量（确切地说，是指相对于前一日的价格，预测价格与目标价格的趋势相同）。

```
correct = 0
y_pred = sess.run(outputs, feed_dict={X: X_test})
targets = []
predictions = []
for i in range(y_pred.shape[0]):
    input = X_test[i]
    target = y_test[i]
    prediction = y_pred[i]

    targets.append(target[-1][0])
    predictions.append(prediction[-1][0])
```

```
if target[-1][0] >= input[-1][0] and prediction[-1][0] >=
input[-1][0]:
    correct += 1
elif target[-1][0] < input[-1][0] and prediction[-1][0] <
input[-1][0]:
    correct += 1
```

现在，可利用 plot 方法来可视化正确预测率。

```
total = len(X_test)
xs = [i for i, _ in enumerate(y_test)]
plt.plot(xs, predictions, 'r-', label='prediction')
plt.plot(xs, targets, 'b-', label='true')
plt.legend(loc=0)
plt.title("%s - %d/%d=%.2f%%" %(symbol, correct, total,
        100*float(correct)/total))
plt.show()
```

运行代码，显示结果如图 8.1 所示，正确预测率为 56.25%。

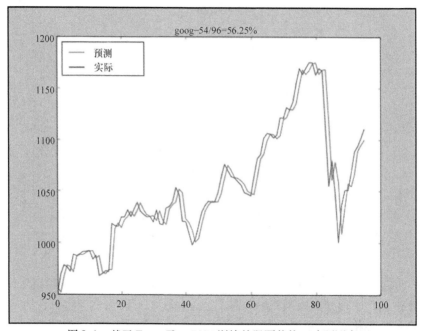

图 8.1　基于 TensorFlow RNN 训练的股票价格正确预测率

值得注意的是，每次执行上述训练和测试代码时，得到的正确预测率可能略有不同。通过微调模型的超参数，可能会得到超过 60% 的正确预测率，这似乎要优于随机预测的结果。如果乐观的话，会认为至少比 50% 的结果更好（56.25%），从而对该模型在移动设备上的运行结果感到满意。接下来，分析是否可以利用 Keras 库来构建更好的模型。在此之前，首先通过简单运行以下命令来冻结经过训练的 TensorFlow 模型。

```
python tensorflow/python/tools/freeze_graph.py --
input_meta_graph=/tmp/amzn_model.ckpt.meta --
input_checkpoint=/tmp/amzn_model.ckpt --output_graph=/tmp/amzn_tf_frozen.pb
--output_node_names="preds" --input_binary=true
```

8.3 利用 Keras RNN LSTM API 进行股票价格预测

Keras 是一个简单易用的高级深度学习 Python 库，可运行在其他主流的深度学习库之上（包括 TensorFlow、Theano 和 CNTK）。下面将要介绍，利用 Keras 可使得模型构建和应用更加容易。要安装和使用 Keras，以及作为 Keras 后端的 TensorFlow，最好先安装一个虚拟环境——virtualenv。

```
sudo pip install virtualenv
```

如果已在计算机上下载了 TensorFlow 1.4 源文件，以及 iOS 及 Android 应用程序，那么直接运行以下命令，使用 TensorFlow 1.4 自定义库。

```
cd
mkdir ~/tf14_keras
virtualenv --system-site-packages ~/tf14_keras/
cd ~/tf14_keras/
source ./bin/activate
easy_install -U pip
pip install --upgrade
https://storage.googleapis.com/tensorflow/mac/cpu/tensorflow-1.4.0-py2-none
-any.whl
pip install keras
```

如果计算机上是 TensorFlow 1.5 源文件，则需安装兼容 Keras 的 TensorFlow 1.5，因为由 Keras 创建的模型需要与 TensorFlow 移动应用程序所用的 TensorFlow 版本相同，否则在加载模型时会发生错误。

```
cd
mkdir ~/tf15_keras
virtualenv --system-site-packages ~/tf15_keras/
cd ~/tf15_keras/
source ./bin/activate
easy_install -U pip
pip install --upgrade
https://storage.googleapis.com/tensorflow/mac/cpu/tensorflow-1.5.0-py2-none
-any.whl
pip install keras
```

如果系统不是 Mac 操作系统或者是具有 GPU 的计算机系统，那么需要用正确的 URL 替换 TensorFlow Python 包的 URL（可在 https：//www. tensorflow. org/install 下载）。

8.3.1 在 Keras 中训练 RNN 模型

现在，分析如何在 Keras 中构建和训练用于预测股票价格的 LSTM 模型。首先，导入必要库并设置常量。

```
import keras
from keras import backend as K
from keras.layers.core import Dense, Activation, Dropout
from keras.layers.recurrent import LSTM
from keras.layers import Bidirectional
```

```
from keras.models import Sequential
import matplotlib.pyplot as plt

import tensorflow as tf
import numpy as np

symbol = 'amzn'
epochs = 10
num_neurons = 100
seq_len = 20
pred_len = 1
shift_pred = False
```

shift_pred 用于确定是希望预测整个股票价格的输出序列,还是仅预测单个输出价格。如果 shift_pred 为 True,则从输入的 X_1,X_2,X_3,$\cdots$,X_n 中预测 X_2,X_3,$\cdots$,X_{n+1},正如在前面使用 TensorFlow API 那样。如果 shift_pred 为 False,则将根据输入的 X_1,X_2,$\cdots$,X_n 来预测 pred_len 个输出。例如,若 pred_len 为 1,则仅预测 X_{n+1};若 pred_len 为 3,则预测 X_{n+1}、X_{n+2} 和 X_{n+3},这是很有必要的,因为想要知道价格是连续 3 天上涨,还是仅上涨 1 天然后又下跌 2 天。

现在,通过对前面的数据加载代码进行修改来创建一个方法,该方法是基于 pred_len 和 shift_pred 的设置来准备适当的训练数据集和测试数据集。

```
def load_data(filename, seq_len, pred_len, shift_pred):
    f = open(filename, 'r').read()
    data = f.split('\n')[:-1] # get rid of the last '' so float(n) works
    data.reverse()
    d = [float(n) for n in data]
    lower = np.min(d)
    upper = np.max(d)
    scale = upper-lower
    normalized_d = [(x-lower)/scale for x in d]

    result = []
    if shift_pred:
        pred_len = 1
    for i in range((len(normalized_d) - seq_len - pred_len)/pred_len):
        result.append(normalized_d[i*pred_len: i*pred_len + seq_len +
pred_len])
    result = np.array(result)
    row = int(round(0.9 * result.shape[0]))
    train = result[:row, :]
    test = result[row:, :]

    np.random.shuffle(train)

    X_train = train[:, :-pred_len]
    X_test = test[:, :-pred_len]

    if shift_pred:
        y_train = train[:, 1:]
        y_test = test[:, 1:]
    else:
```

```
        y_train = train[:, -pred_len:]
        y_test = test[:, -pred_len:]
    X_train = np.reshape(X_train, (X_train.shape[0], X_train.shape[1],
                                                           1))

    X_test = np.reshape(X_test, (X_test.shape[0], X_test.shape[1], 1))

    return [X_train, y_train, X_test, y_test, lower, scale]
```

注意，在此进行了与上章相同的归一化处理，以查看模型是否得到改进。另外，在利用经过训练的模型进行预测时，也返回了反归一化所需的 lower 和 scale 值。

此处，调用 load_data 来获得训练数据集和测试数据集，以及 lower 和 scale 值。

```
X_train, y_train, X_test, y_test, lower, scale = load_data(symbol + '.txt',
seq_len, pred_len, shift_pred)
```

完整的建模代码如下：

```
model = Sequential()
model.add(Bidirectional(LSTM(num_neurons, return_sequences=True,
input_shape=(None, 1)), input_shape=(seq_len, 1)))
model.add(Dropout(0.2))

model.add(LSTM(num_neurons, return_sequences=True))
model.add(Dropout(0.2))

model.add(LSTM(num_neurons, return_sequences=False))
model.add(Dropout(0.2))

if shift_pred:
    model.add(Dense(units=seq_len))
else:
    model.add(Dense(units=pred_len))

model.add(Activation('linear'))
model.compile(loss='mse', optimizer='rmsprop')

model.fit(
    X_train,
    y_train,
    batch_size=512,
    epochs=epochs,
    validation_split=0.05)

print(model.output.op.name)
print(model.input.op.name)
```

上述代码非常简单，无须过多解释，其比 TensorFlow 中的建模代码简单得多，即便是新增了 Bidirectional、Dropout、validation_split 和堆叠 LSTM 层。不过需要注意的是，在 LSTM 中调用的 return_sequences 参数需要为 True，以保证 LSTM 单元的输出是完整的输出序列，而不仅仅是输出序列中的最后一个输出，除非是最后一个堆叠层。最后两条 print 语句是用于在冻结模型并在移动设备上运行模型时输出所需的输入节点名（bidirectional_1_input）和输出节点名（activation_1/Identity）。

现在，运行上述代码，可得输出如下：

```
824/824 [==============================] - 7s 9ms/step - loss: 0.0833 -
val_loss: 0.3831
Epoch 2/10
824/824 [==============================] - 2s 3ms/step - loss: 0.2546 -
val_loss: 0.0308
Epoch 3/10
824/824 [==============================] - 2s 2ms/step - loss: 0.0258 -
val_loss: 0.0098
Epoch 4/10
824/824 [==============================] - 2s 2ms/step - loss: 0.0085 -
val_loss: 0.0035
Epoch 5/10
824/824 [==============================] - 2s 2ms/step - loss: 0.0044 -
val_loss: 0.0026
Epoch 6/10
824/824 [==============================] - 2s 2ms/step - loss: 0.0038 -
val_loss: 0.0022
Epoch 7/10
824/824 [==============================] - 2s 2ms/step - loss: 0.0033 -
val_loss: 0.0019
Epoch 8/10
824/824 [==============================] - 2s 2ms/step - loss: 0.0030 -
val_loss: 0.0019
Epoch 9/10
824/824 [==============================] - 2s 2ms/step - loss: 0.0028 -
val_loss: 0.0017
Epoch 10/10
824/824 [==============================] - 2s 3ms/step - loss: 0.0027 -
val_loss: 0.0019
```

通过简单调用 model. fit 来输出训练损失和验证损失。

8.3.2　测试 Keras RNN 模型

现在，保存模型检查点文件，并利用测试数据集来计算正确预测的个数，如上节中所述。

```
saver = tf.train.Saver()
saver.save(K.get_session(), '/tmp/keras_' + symbol + '.ckpt')

predictions = []
correct = 0
total = pred_len*len(X_test)
for i in range(len(X_test)):
    input = X_test[i]
    y_pred = model.predict(input.reshape(1, seq_len, 1))
    predictions.append(scale * y_pred[0][-1] + lower)
    if shift_pred:
        if y_test[i][-1] >= input[-1][0] and y_pred[0][-1] >= input[-1]
[0]:
            correct += 1
```

```
        elif y_test[i][-1] < input[-1][0] and y_pred[0][-1] < input[-1][0]:
    else:
            correct += 1
        for j in range(len(y_test[i])):
            if y_test[i][j] >= input[-1][0] and y_pred[0][j] >=
input[-1][0]:
                correct += 1
            elif y_test[i][j] < input[-1][0] and y_pred[0][j] <
input[-1][0]:
                correct += 1
```

主要通过调用 model. predict 方法来得到 X_test 中每个实例的预测值，并将其与实际价格和前一日价格相结合来检验在趋势上是否预测正确。最后，绘制预测值和测试数据集中的实际价格值：

```
y_test = scale * y_test + lower
y_test = y_test[:, -1]
xs = [i for i, _ in enumerate(y_test)]
plt.plot(xs, y_test, 'g-', label='true')
plt.plot(xs, predictions, 'r-', label='prediction')
plt.legend(loc=0)
if shift_pred:
    plt.title("%s - epochs=%d, shift_pred=True, seq_len=%d: %d/%d=%.2f%%"
%(symbol, epochs, seq_len, correct, total, 100*float(correct)/total))
else:
    plt.title("%s - epochs=%d, lens=%d,%d: %d/%d=%.2f%%" %(symbol, epochs,
seq_len, pred_len, correct, total, 100*float(correct)/total))

plt.show()
```

结果如图 8.2 所示。

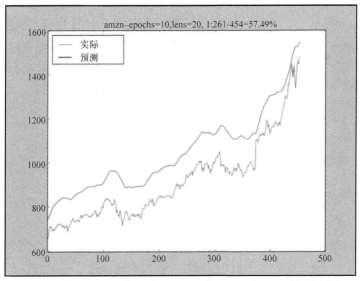

图 8.2   使用基于双向堆叠 LSTM 层的 Keras 进行股票价格预测

很容易堆叠更多的 LSTM 层，或增加超参数（如学习率和退出率），以及设置许多常量。但在设置不同的 pred_len 和 shift_pred 条件下，发现预测正确率没有显著差异。这或许表明接近 60% 的正确率应该是极限性能，接下来分析如何在 iOS 和 Android 上应用基于 Tensor-

Flow 和 Keras 的训练模型，尽管之后可继续尝试改进模型，但首先需确认使用基于 Tensor-Flow 和 Keras 的 RNN 训练模型是否存在问题。

正如 Franc̨ois Chollet 指出的，"深度学习与其说是一门科学，不如说是一门艺术……每一个问题都是独一无二的，必须依靠经验不断尝试和评估各种不同的策略。目前尚未有任何一种理论能够提前预知应该怎么做来最好地解决问题。只有不断尝试和重复"。希望本书提供了一个好的起点——利用 TensorFlow 和 Keras API 改进股价预测模型。

本节需要完成的最后一项操作是在检查点处冻结 Keras 模型，这是因为 TensorFlow 和 Keras 是安装在虚拟环境中的，TensorFlow 是虚拟环境 virtualenv 中唯一安装并支持的深度学习库，而 Keras 以 TensorFlow 为后端，并调用 saver. save（K. get_session（），'/tmp/keras_' + symbol + '. ckpt'）来生成 TensorFlow 格式的检查点文件。现在运行以下命令来冻结检查点（回顾在训练过程中通过 print（model. input. op. name）来获得 output_node_name）。

```
python tensorflow/python/tools/freeze_graph.py --
input_meta_graph=/tmp/keras_amzn.ckpt.meta --
input_checkpoint=/tmp/keras_amzn.ckpt --
output_graph=/tmp/amzn_keras_frozen.pb --
output_node_names="activation_1/Identity" --input_binary=true
```

由于该模型非常简单，因此将直接在移动设备上应用这两个冻结模型，而无须像前两章那样使用 transform_graph 工具。

8.4　在 iOS 上运行 TensorFlow 和 Keras 模型

此处，为避免重复，不再介绍工程配置步骤，只需按照前面的步骤创建一个名为 Stock-Price 的新的 Objective – C 工程，该工程将用到手动构建的 TensorFlow 库（如果需要详细信息，请参阅 7.3 节）。然后在工程中添加 amzn_tf_frozen. pb 和 amzn_keras_frozen. pb 两个模型文件，此时，在 Xcode 环境下的 StockPrice 工程如图 8.3 所示。

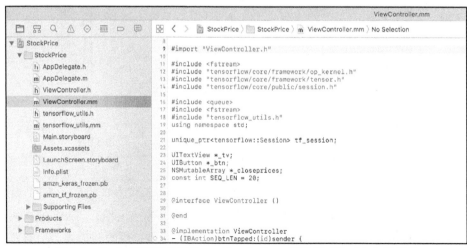

图 8.3　Xcode 环境下应用 TensorFlow 和 Keras 训练模型的 iOS 应用程序

在 ViewController. mm 文件中，首先声明一些变量和一个常量。

```
unique_ptr<tensorflow::Session> tf_session;
UITextView *_tv;
UIButton *_btn;
NSMutableArray *_closeprices;
const int SEQ_LEN = 20;
```

然后创建一个按钮单击处理程序，让用户选择 TensorFlow 模型或 Keras 模型（与前面操作一样，在 viewDidLoad 方法中创建按钮）。

```
- (IBAction)btnTapped:(id)sender {
    UIAlertAction* tf = [UIAlertAction actionWithTitle:@"Use TensorFlow
Model" style:UIAlertActionStyleDefault handler:^(UIAlertAction * action) {
        [self getLatestData:NO];
    }];
    UIAlertAction* keras = [UIAlertAction actionWithTitle:@"Use Keras
Model" style:UIAlertActionStyleDefault handler:^(UIAlertAction * action) {
        [self getLatestData:YES];
    }];
    UIAlertAction* none = [UIAlertAction actionWithTitle:@"None"
style:UIAlertActionStyleDefault handler:^(UIAlertAction * action) {}];
    UIAlertController* alert = [UIAlertController
alertControllerWithTitle:@"RNN Model Pick" message:nil
preferredStyle:UIAlertControllerStyleAlert];

    [alert addAction:tf];
    [alert addAction:keras];
    [alert addAction:none];
    [self presentViewController:alert animated:YES completion:nil];
}
```

getLatestData 方法首先发出一个 URL 请求，以获取精简版的 Alpha Vantage API，该 API 可返回 Amazon 公司每日股票数据的最后 100 个数据点，然后解析结果并在_closeprices 数组中保存最后 20 个收盘价。

```
-(void)getLatestData:(BOOL)useKerasModel {
    NSURLSession *session = [NSURLSession sharedSession];
    [[session dataTaskWithURL:[NSURL
URLWithString:@"https://www.alphavantage.co/query?function=TIME_SERIES_DAIL
Y&symbol=amzn&apikey=<your_api_key>&datatype=csv&outputsize=compact"]
        completionHandler:^(NSData *data,
                            NSURLResponse *response,
                            NSError *error) {
            NSString *stockinfo = [[NSString alloc] initWithData:data
encoding:NSASCIIStringEncoding];
            NSArray *lines = [stockinfo
componentsSeparatedByString:@"\n"];
            _closeprices = [NSMutableArray array];
            for (int i=0; i<SEQ_LEN; i++) {
                NSArray *items = [lines[i+1]
```

```
componentsSeparatedByString:@","];
                    }
                            [_closeprices addObject:items[4]];
                    if (useKerasModel)
                            [self runKerasModel];
                    else
                            [self runTFModel];
            }] resume];
    }
```

runTFModel 方法定义如下。

```
- (void) runTFModel {
    tensorflow::Status load_status;
    load_status = LoadModel(@"amzn_tf_frozen", @"pb", &tf_session);
    tensorflow::Tensor prices(tensorflow::DT_FLOAT,
    tensorflow::TensorShape({1, SEQ_LEN, 1}));
    auto prices_map = prices.tensor<float, 3>();
    NSString *txt = @"Last 20 Days:\n";

    for (int i = 0; i < SEQ_LEN; i++){
        prices_map(0,i,0) = [_closeprices[SEQ_LEN-i-1] floatValue];
        txt = [NSString stringWithFormat:@"%@%@\n", txt,
                                    _closeprices[SEQ_LEN-i-1]];
    }
    std::vector<tensorflow::Tensor> output;
    tensorflow::Status run_status = tf_session->Run({{"Placeholder",
                                    prices}}, {"preds"}, {}, &output);
    if (!run_status.ok()) {
        LOG(ERROR) << "Running model failed:" << run_status;
    }
    else {
        tensorflow::Tensor preds = output[0];
        auto preds_map = preds.tensor<float, 2>();
        txt = [NSString stringWithFormat:@"%@\nPrediction with TF RNN
                    model:\n%f", txt, preds_map(0,SEQ_LEN-1)];
        dispatch_async(dispatch_get_main_queue(), ^{
            [_tv setText:txt];
            [_tv sizeToFit];
        });
    }
}
```

preds_map（0，SEQ_LEN−1）是根据前 20 日的股价所预测的下一日价格；Placeholder
是在 8.2.1 节的步骤 4）中 X = tf. placeholder（tf. float32，［None，seq_len，num_inputs]）中
定义的输入节点名称。在由模型生成预测值后，将其与最近 20 日的价格一起显示在 TextView
中。

runKeras 方法的定义类似，只是需要反归一化处理和输入/输出节点名称不同。由于
Keras 模型是训练为仅输出一个预测价格，而不是 seq_len 个的价格序列，因此调用 preds_
map（0，0）方法来获得预测值。

```objc
- (void) runKerasModel {
    tensorflow::Status load_status;
    load_status = LoadModel(@"amzn_keras_frozen", @"pb", &tf_session);
    if (!load_status.ok()) return;
    tensorflow::Tensor prices(tensorflow::DT_FLOAT,
    tensorflow::TensorShape({1, SEQ_LEN, 1}));
    auto prices_map = prices.tensor<float, 3>();
    float lower = 5.97;
    float scale = 1479.37;
    NSString *txt = @"Last 20 Days:\n";
    for (int i = 0; i < SEQ_LEN; i++){
        prices_map(0,i,0) = ([_closeprices[SEQ_LEN-i-1] floatValue] -
                                                        lower)/scale;

        txt = [NSString stringWithFormat:@"%@%@\n", txt,
                                    _closeprices[SEQ_LEN-i-1]];
    }
    std::vector<tensorflow::Tensor> output;
    tensorflow::Status run_status =
tf_session->Run({{"bidirectional_1_input", prices}},
{"activation_1/Identity"},
                                                    {}, &output);

    if (!run_status.ok()) {
        LOG(ERROR) << "Running model failed:" << run_status;
    }
    else {
        tensorflow::Tensor preds = output[0];
        auto preds_map = preds.tensor<float, 2>();
        txt = [NSString stringWithFormat:@"%@\nPrediction with Keras
            RNN model:\n%f", txt, scale * preds_map(0,0) + lower];
        dispatch_async(dispatch_get_main_queue(), ^{
            [_tv setText:txt];
            [_tv sizeToFit];
        });
    }
}
```

现在运行应用程序并单击 Predict 按钮，将弹出模型选择消息框（见图 8.4 所示）。
如果选择 TensorFlow 模型，可能会出现错误。

图 8.4　选择 TensorFlow 或 Keras RNN 模型

```
Could not create TensorFlow Graph: Invalid argument: No OpKernel was
registered to support Op 'Less' with these attrs. Registered devices:
[CPU], Registered kernels:
 device='CPU'; T in [DT_FLOAT]
[[Node: rnn/while/Less = Less[T=DT_INT32,
_output_shapes=[[]]](rnn/while/Merge, rnn/while/Less/Enter)]]
```

如果选择 Keras 模型，出现的错误可能稍微不同。

```
Could not create TensorFlow Graph: Invalid argument: No OpKernel was
registered to support Op 'Less' with these attrs. Registered devices:
[CPU], Registered kernels:
 device='CPU'; T in [DT_FLOAT]
[[Node: bidirectional_1/while_1/Less = Less[T=DT_INT32,
_output_shapes=[[]]](bidirectional_1/while_1/Merge,
bidirectional_1/while_1/Less/Enter)]]
```

在上章中，已出现过有关 RefSwitch 操作的类似错误，并且已知解决这种错误的方法是在启用 – D__ANDROID_TYPES_FULL__的情况下构建 TensorFlow 库。如果没有出现上述错误，表明已在上章的 iOS 应用程序中构建了这样一个库；否则，按照 7.3.1 节所介绍的步骤来构建新的 TensorFlow 库，然后再次运行应用程序。

此处，选择 TensorFlow 模型，结果如图 8.5 所示。

若选择 Keras 模型，则输出的预测结果不同，如图 8.6 所示。

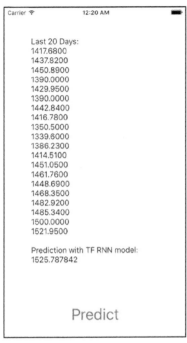

图 8.5　基于 TensorFlow RNN 模型的预测结果

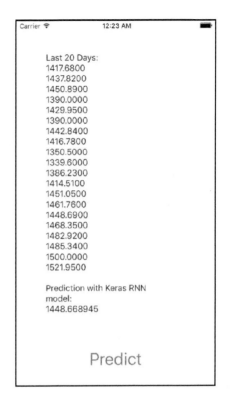

图 8.6　基于 Keras RNN 模型的预测结果

在没有进一步深入研究的情况下，无法确定哪个模型更有效，但可以确定的是，RNN 模型都是利用 TensorFlow API 和 Keras API 从头开始训练的，精度接近 60%，在 iOS 上运行良好，这是非常值得的，因为此处所构建的模型被许多专家认为与随机选择的性能相同，同时在建模过程中，学到了一些新的有用知识——基于 TensorFlow 和 Keras 来构建 RNN 模型并在 iOS 上顺利运行。接下来，在继续下章的学习之前，还剩下一件事：在 Android 上应用这些模型会怎么样？会存在一些新的问题吗？

8.5　在 Android 上运行 TensorFlow 和 Keras 模型

事实证明，在 Android 上应用上述模型非常顺利，甚至无须像上章那样使用自定义的 TensorFlow Android 库，尽管必须在 iOS 上使用自定义的 TensorFlow 库。在 build. gradle 文件中由 compile 'org. tensorflow：tensorflow－android：＋'编译的 TensorFlow Android 库必须比用于 iOS 的 TensorFlow pod 具有更完备的数据类型支持。

为测试 Android 中的模型，需创建一个新的 Android 应用程序——StockPrice，并将两个模型文件添加到其 assets 文件夹中。然后在界面布局中添加几个按钮和一个 TextView 控件，并在 MainActivity. java 中定义一些字段和常量。

```
    private static final String TF_MODEL_FILENAME =
"file:///android_asset/amzn_tf_frozen.pb";
    private static final String KERAS_MODEL_FILENAME =
"file:///android_asset/amzn_keras_frozen.pb";
    private static final String INPUT_NODE_NAME_TF = "Placeholder";
    private static final String OUTPUT_NODE_NAME_TF = "preds";
    private static final String INPUT_NODE_NAME_KERAS =
"bidirectional_1_input";
    private static final String OUTPUT_NODE_NAME_KERAS =
"activation_1/Identity";
    private static final int SEQ_LEN = 20;
    private static final float LOWER = 5.97f;
    private static final float SCALE = 1479.37f;

    private TensorFlowInferenceInterface mInferenceInterface;

    private Button mButtonTF;
    private Button mButtonKeras;
    private TextView mTextView;
    private boolean mUseTFModel;
    private String mResult;
```
onCreate 方法定义如下：
```
 protected void onCreate(Bundle savedInstanceState) {
     super.onCreate(savedInstanceState);
     setContentView(R.layout.activity_main);

     mButtonTF = findViewById(R.id.tfbutton);
     mButtonKeras = findViewById(R.id.kerasbutton);

    mTextView = findViewById(R.id.textview);
    mTextView.setMovementMethod(new ScrollingMovementMethod());
    mButtonTF.setOnClickListener(new View.OnClickListener() {
        @Override
        public void onClick(View v) {
            mUseTFModel = true;
            Thread thread = new Thread(MainActivity.this);
            thread.start();
        }
    });
    mButtonKeras.setOnClickListener(new View.OnClickListener() {
        @Override
        public void onClick(View v) {
            mUseTFModel = false;
            Thread thread = new Thread(MainActivity.this);
            thread.start();
        }
    });

 }
```
　　其余的代码都位于 run 方法中，单击 TF PREDICTION 或 KERAS PREDICTION 按钮，启动工作者线程，除了在运行模型前后使用 Keras 模型需要进行归一化和反归一化处理之外，几乎无须任何解释说明。

```java
public void run() {
    runOnUiThread(
            new Runnable() {
                @Override
                public void run() {
                    mTextView.setText("Getting data...");
                }
            });

    float[] floatValues = new float[SEQ_LEN];

    try {
        URL url = new
URL("https://www.alphavantage.co/query?function=TIME_SERIES_DAILY&symbol=am
zn&apikey=4SOSJM2XCRIB5IUS&datatype=csv&outputsize=compact");
        HttpURLConnection urlConnection = (HttpURLConnection)
url.openConnection();
        InputStream in = new
BufferedInputStream(urlConnection.getInputStream());
        Scanner s = new Scanner(in).useDelimiter("\\n");
        mResult = "Last 20 Days:\n";
        if (s.hasNext()) s.next(); // get rid of the first title line
        List<String> priceList = new ArrayList<>();
        while (s.hasNext()) {
            String line = s.next();
            String[] items = line.split(",");
            priceList.add(items[4]);
        }

        for (int i=0; i<SEQ_LEN; i++)
            mResult += priceList.get(SEQ_LEN-i-1) + "\n";

        for (int i=0; i<SEQ_LEN; i++) {
            if (mUseTFModel)
                floatValues[i] = Float.parseFloat(priceList.get(SEQ_LEN-
i-1));
            else
                floatValues[i] = (Float.parseFloat(priceList.get(SEQ_LEN-
i-1)) - LOWER) / SCALE;
        }

        AssetManager assetManager = getAssets();
        mInferenceInterface = new
TensorFlowInferenceInterface(assetManager, mUseTFModel ? TF_MODEL_FILENAME
: KERAS_MODEL_FILENAME);

        mInferenceInterface.feed(mUseTFModel ? INPUT_NODE_NAME_TF :
INPUT_NODE_NAME_KERAS, floatValues, 1, SEQ_LEN, 1);

        float[] predictions = new float[mUseTFModel ? SEQ_LEN : 1];
```

```
        mInferenceInterface.run(new String[] {mUseTFModel ?
OUTPUT_NODE_NAME_TF : OUTPUT_NODE_NAME_KERAS}, false);
        mInferenceInterface.fetch(mUseTFModel ? OUTPUT_NODE_NAME_TF :
OUTPUT_NODE_NAME_KERAS, predictions);
        if (mUseTFModel) {
            mResult += "\nPrediction with TF RNN model:\n" +
predictions[SEQ_LEN - 1];
        }
        else {
            mResult += "\nPrediction with Keras RNN model:\n" +
(predictions[0] * SCALE + LOWER);
        }

        runOnUiThread(
            new Runnable() {
                @Override
                public void run() {
                    mTextView.setText(mResult);
                }
            });

    } catch (Exception e) {
        e.printStackTrace();
    }
}
```

现在运行应用程序，并单击 TF PREDICTION 按钮，结果如图 8.7 所示。

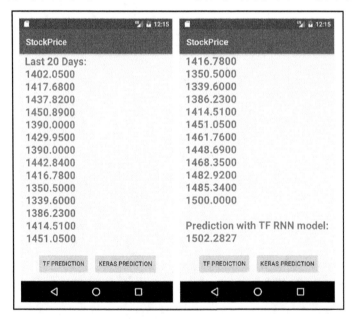

图 8.7　利用 TensorFlow 模型对 Amazon 公司的股票价格进行预测

若选择单击 KERAS PREDICTION 按钮，则结果如图 8.8 所示。

图 8.8 利用 Keras 模型对 Amazon 公司的股票价格进行预测

8.6 小结

在本章中,我们从一件被认为不可能的事情开始思考,即试图通过利用 TensorFlow 和 Keras RNN API 来预测股价,以击败市场预测。首先讨论了什么是 RNN 和 LSTM 模型,以及如何使用这些模型来预测股价。然后在 TensorFlow 和 Keras 下从头构建了两个 RNN 模型,测试正确率接近 60%。最后,介绍了如何冻结模型并在 iOS 和 Android 上进行应用,同时通过构建自定义 TensorFlow 库修复了在 iOS 上运行时可能出现的错误。

如果对没有建立一个正确预测率为 80% 或 90% 的模型而感到有点失望,那么可能需要继续执行"尝试迭代"过程,并观察以这种正确预测率来预测股价是否可行。但是,从使用 TensorFlow API 和 Keras API 构建、训练和测试 RNN 模型以及在 iOS 和 Android 上运行这些模型中所学到的知识是必须掌握的。

如果对采用深度学习技术击败市场预测的行为感兴趣并为此兴奋不已,那么你会对下章中研究的 GAN(生成对抗网络)更感兴趣,这是一种试图击败能够分辨真假数据的对手,并在生成貌似真实数据的数据方面越来越出色从而捉弄对手的模型。GAN 实际上被一些深度学习领域的顶尖研究人员誉为近 10 年来深度学习领域最有趣、最激动人心的思想。

第 9 章
基于 GAN 的图像生成与增强

自从 2012 年深度学习开始兴起以来，一些人认为没有什么新的思想能比 Ian Goodfellow 于 2014 年在其发表的论文中提出的 GAN（生成对抗网络）（https：//arxiv.org/abs/1406.2661）更有趣或更有发展前景。事实上，Facebook 公司人工智能研究部门前负责人，同时也是深度学习研究先驱之一的 Yann LeCun 曾将 GAN 和对抗训练称为"过去 10 年中机器学习领域最伟大思想"。正因如此，本书应涵盖相关内容，通过详细介绍来理解为什么 GAN 会如此令人兴奋，以及如何构建 GAN 模型并运行在 iOS 和 Android 系统中。

本章将首先概述什么是 GAN 和其工作原理，以及为何具有如此巨大的潜力。然后介绍两种 GAN 模型：一个是可用来生成类似人类手写体数字的基本 GAN 模型，另一个是可将低分辨率图像增强为高分辨率图像的改进 GAN 模型。接着将讨论如何利用 Python 和 TensorFlow 构建和训练这类模型，以及如何将该模型部署到移动设备。最后，将通过生成手写体数字和增强图像模型的完整源代码来展示 iOS 和 Android 应用程序。在本章结束时，可以具备进一步探索各种基于 GAN 的模型的能力，或能够构建实际模型，并理解在具体移动应用程序中如何运行。

综上，本章的主要内容包括：

1）GAN 的工作原理。

2）基于 TensorFlow 构建和训练 GAN 模型。

3）在 iOS 中应用 GAN 模型。

4）在 Android 中应用 GAN 模型。

9.1 GAN 的工作原理

GAN 是一种能够通过学习生成类似于真实数据或训练集数据的神经网络。其核心思想是使得一个生成器网络和一个鉴别器网络相互竞争：生成器网络试图生成类似于真实数据的数据，而鉴别器网络则是尝试判断所生成的数据是真（来源于已知真实数据）还是假（由生成器生成）。同时训练生成器和鉴别器，在训练过程中，生成器学习生成越来越像真实数据的数据，而鉴别器学习区分真实数据和假数据。在以生成器的输出作为鉴别器的输入时，生成器通过不断学习，试图将鉴别器输出为真实数据的概率尽可能接近于 1.0，而鉴别器则是通过尽量实现以下两个目标来进行学习：

1）在以生成器的输出作为鉴别器输入时，使得鉴别器输出为真实数据的概率尽可能接近于 0.0，这恰好与生成器的学习目标相反。

2）在鉴别器输入为真实数据时，使得鉴别器输出为真实数据的概率尽可能接近于 1.0。

在生成器和鉴别器两个参与者目标竞争的前提下，GAN 实际上是一个在两者之间寻求平衡的系统。如果两个参与者的能力都无限，且能够进行最优训练，那么纳什均衡（源于约翰·纳什——1994 年诺贝尔经济学奖得主和电影《美丽心灵》男主角原型）处于一个稳定状态，在对应于生成器生成貌似真实数据的数据和鉴别器无法区分真实数据和假数据的状态下，任何参与者都不能通过改变自身策略来获得奖励。

如果有兴趣想要了解更多关于纳什均衡的知识，可以通过网络搜索"可汗学院纳什均衡"，查看由 Sal Khan 发布的两个相关视频。另外，网络上的纳什均衡页面和《经济学人》杂志上解释经济学的文章"What is the Nash equilibrium and why does it matter"（https：//www.economist.com/blogs/economist – explains/2016/09/economist – explains – economics）也值得仔细阅读。深入了解 GAN 背后的基本概念和思想有助于更好地理解为何其具有如此巨大的潜力。

生成器能够生成看起来像真实数据的数据，意味着基于 GAN 可以开发各种功能强大的应用程序，如下：

1）由低质量图像生成高质量图像。

2）图像修复（修复丢失或损坏的图像）。

3）翻译图像（例如，从轮廓草图到实际照片，添加或删除对象（如人脸上的眼镜））。

4）从文本生成图像（与第 6 章中的 Text2Image 正好相反）。

5）生成与训练集中音频相似的音频波形。

总体来说，GAN 具有从随机输入中生成逼真的图像、文本或音频数据的潜力；如果已有一组包含原始数据和目标数据的训练集，GAN 还可以从类似于源数据的输入中生成与目标数据相似的数据。正是由于 GAN 模型中的生成器和鉴别器具有以动态方式来生成各种类型的逼真输出这一通用特性，使得 GAN 得到广泛关注。

但是，由于生成器和鉴别器的动态性或目标竞争性，训练 GAN 使其达到纳什均衡状态是一个棘手的难题。事实上，这仍然是一个开放的研究问题，Ian Goodfellow 在 2017 年 8 月接受 Andrew Ng 的 Heroes of Deep Learning 访谈中谈到，如果能让 GAN 变得像深度学习一样可靠，那么 GAN 就会取得更大的成功，否则最终会被其他形式的生成模型取代。

尽管在 GAN 的训练过程中存在着挑战，但目前已有许多有效的手段可用于训练过程（https：//github.com/soumith/ganhacks），本书不会在此对其详细介绍，不过如果有兴趣调整本章所介绍的模型，或许多其他 GAN 模型（https：//github.com/eriklindernoren/Keras – GAN），甚至构建实际的 GAN 模型，这些手段和方法可能会很有用。

9.2　基于 TensorFlow 构建和训练 GAN 模型

一般来说，一个 GAN 模型包含两个神经网络：G 代表生成器神经网络，D 表示鉴别器神经网络。x 是指来自训练集的一些真实数据输入，z 是随机输入噪声。在训练过程中，D(x)

表示 x 为真实数据的概率，且鉴别器 D 试图使 D(x)接近于 1；G(z)是随机输入 z 下的生成输出，且鉴别器 D 试图使 D(G(z))接近于 0，同时，生成器 G 试图使 D(G(z))接近于 1。接下来，首先学习如何在 TensorFlow 和 Python 下构建一个可以得到或生成手写体数字的基本 GAN 模型。

9.2.1 生成手写体数字的基本 GAN 模型

手写体数字的训练模型是基于代码库 https：//github.com/jeffxtang/generative – adversarial – networks 的，（这是 https：//github.com/jonbruner/generative – adversarial – networks 的一个分支），添加了显示生成数字的脚本，并用一个输入占位符保存 TensorFlow 训练好的模型，这样 iOS 和 Android 应用程序就可以使用该模型。如果在继续学习之前需要对 GAN 模型和代码有一个基本了解，可查看原始代码库中的博客文章（https：//www.oreilly.com/learning/generative – adversarial – networks – for – beginners）。

在分析定义生成器神经网络和鉴别器神经网络，并执行 GAN 训练的核心代码段之前，首先复制代码库，在代码库文件夹下运行脚本来训练和测试模型：

```
git clone https://github.com/jeffxtang/generative-adversarial-networks
cd generative-adversarial-networks
```

该分叉增加了代码保存到 gan – script – fast.py 脚本文件的检查点，还增加了一个新的脚本文件 gan – script – test.py，通过随机输入占位符来测试并保存新的检查点，从而使得利用新的检查点冻结的模型可用于 iOS 和 Android 应用程序。

运行 python gan – script – fast.py 命令来训练模型，在装有 GTX – 1070 GPU 的 Ubuntu 操作系统上只需不到 1h。训练完成后，检查点文件将保存在模型文件夹中。现在运行 python gan – script – test.py 来查看一些生成的手写体数字。该脚本还从模型文件夹中读取检查点文件，在运行 gan – script – fast.py 时保存文件，并将更新的检查点文件和随机输入占位符一起重新保存到 newmodel 文件夹中。

```
ls -lt newmodel
-rw-r--r-- 1 jeffmbair staff 266311 Mar 5 16:43 ckpt.meta
-rw-r--r-- 1 jeffmbair staff 65 Mar 5 16:42 checkpoint
-rw-r--r-- 1 jeffmbair staff 69252168 Mar 5 16:42 ckpt.data-00000-of-00001
-rw-r--r-- 1 jeffmbair staff 2660 Mar 5 16:42 ckpt.index
```

gan – script – test.py 中的下一个代码段表示在执行 print（generated_images）时会显示输入节点名（z_placeholder）和输出节点名（Sigmoid_1）。

```
z_placeholder = tf.placeholder(tf.float32, [None, z_dimensions],
name='z_placeholder')
...
saver.restore(sess, 'model/ckpt')
generated_images = generator(z_placeholder, 5, z_dimensions)
print(generated_images)
images = sess.run(generated_images, {z_placeholder: z_batch})
saver.save(sess, "newmodel/ckpt")
```

在 gan – script – fast.py 脚本中，def discriminator（images，reuse_variables = None）方法定义了鉴别器网络，这是以一个真实的手写体数字图像或由生成器生成的图像为输入，经过一个包含两个 conv2d 层（每一层之后都有一个 relu 激活层和平均池化层）和两个完全连接层的典型小规模 CNN 网络，输出一个标量值，表示输入图像是真或假的概率。另一个 def generator（batch_size，z_dim）方法定义了生成器网络，是以一个随机输入图像向量为输入，并将其转换为一个包含 3 个 conv2d 层的 28 × 28 图像。

上述两种方法可用来定义三个输出，如下：

1）Gz，一个随机输入图像的生成器输出：Gz = generator（batch_size，z_dimensions）。

2）Dx，一个真实图像的鉴别器输出：Dx = discriminator（x_placeholder）。

3）Dg，Gz 的鉴别器输出：Dg = discriminator（Gz，reuse_variables = True）。

以及定义三个损失函数，如下：

1）d_loss_real，Dx 和 1 的差值：d_loss_real = tf. reduce_mean（tf. nn. sigmoid_cross_entropy_with_logits（logits = Dx，labels = tf. ones_like（Dx）））。

2）d_loss_fake，Dg 和 0 的差值：d_loss_fake = tf. reduce_mean（tf. nn. sigmoid_cross_entropy_with_logits（logits = Dg，labels = tf. zeros_like（Dg）））。

3）g_loss，Dg 和 1 的差值：g_loss = tf. reduce_mean（tf. nn. sigmoid_cross_entropy_with_logits（logits = Dg，labels = tf. ones_like（Dg）））。

注意，鉴别器试图最小化 d_loss_fake，而生成器试图最小化 g_loss，两种情况下 Dg 之差分别为 0 和 1。

最后，可针对这三个损失函数设置三个优化器：d_trainer_fake、d_trainer_real 和 g_trainer，这些都是在 tf. train. AdamOptimizer's minimize 方法中定义的。

现在，脚本只创建一个 TensorFlow 会话，在生成器的输入为随机图像，以及鉴别器的输入为真实图像和虚假图像的情况下，通过运行三个优化器，对生成器和鉴别器进行 100000 步的训练。

在运行 gan – script – fast. py 和 gan – script – test. py 之后，将检查点文件从 newmodel 文件夹复制到/tmp，然后转到 TensorFlow 根目录并运行以下代码。

```
python tensorflow/python/tools/freeze_graph.py \
--input_meta_graph=/tmp/ckpt.meta \
--input_checkpoint=/tmp/ckpt \
--output_graph=/tmp/gan_mnist.pb \
--output_node_names="Sigmoid_1" \
--input_binary=true
```

这将创建可在移动应用程序上使用的冻结模型 gan_mnist. pb。在此之前，先分析一种能够增强低分辨率图像的改进 GAN 模型。

9.2.2 提高图像分辨率的改进 GAN 模型

此处用于增强低分辨率模糊图像的模型是基于论文 "Image – to – Image Translation with Conditional Adversarial Networks"（https：//arxiv. org/abs/1611. 07004）及其 TensorFlow 实现的——pix2pix（https：//affinelayer. com/pix2pix/）。在代码库分支中（https：//github. com/jeffxtang/pix2pix – tensorflow），添加了两个脚本。

1）tools/convert. py 由普通图像创建模糊图像。

2）pix2pix_runinference. py 为低分辨率图像输入添加一个占位符和一个返回增强图像的操作，并保存新的检查点文件，冻结这些文件以生成在移动设备上使用的模型文件。

总体来说，pix2pix 是通过 GAN 将输入图像映射到输出图像。可以利用不同类型的输入图像和输出图像来实现多种有意义的图像转换，如下：

1）地图到航拍图像。

2）日间图像到夜间图像。

3）边缘轮廓到完整照片。

4）黑/白图像到彩色图像。

5）损坏图像到原始图像。

6）低分辨率图像到高分辨率图像。

在所有情况下，生成器都是将输入图像转换为输出图像，使之看起来像是实际的目标图像，而鉴别器是将从训练集获取的样本或生成器的输出作为输入，并试图判断这是真实图像还是由生成器所生成的图像。当然，与生成手写体数字的模型相比，pix2pix 中的生成器网络和鉴别器网络的构建方式更为复杂，且训练过程中还采用了一些技巧来使得这一过程较为稳定，相关详细信息可参阅上面论文或 TensorFlow 实现方法的链接。此处，将讨论如何建立一个训练集，并训练 pix2pix 模型来增强低分辨率图像。

1）在终端运行以下命令来复制代码库。

```
git clone https://github.com/jeffxtang/pix2pix-tensorflow
cd pix2pix-tensorflow
```

2）创建一个新的文件夹 photos/original，并复制一些图像文件到其中，例如，将第 2 章所用的犬类数据集（http：//vision. stanford. edu/aditya86/ImageNetDogs）中的所有拉布拉多猎犬的照片复制到 photos/original 文件夹中。

3）运行脚本 python tools/process. py －－input_dir photos/original －－operation resize －－output_dir photos/resize，调整 photos/original 文件夹中的图像文件大小，并将其保存到 photos/resized 文件夹中。

4）运行 mkdir photos/blurry，然后执行 python tools/convert. py，并通过主流 ImageMagick 工具中的 convert 命令将调整大小后的图像转换成模糊图像。convert. py 的代码如下：

```
import os
file_names = os.listdir("photos/resized/")
for f in file_names:
    if f.find(".png") != -1:
        os.system("convert photos/resized/" + f + " -blur 0x3
photos/blurry/" + f)
```

5）将 photos/resized 和 photos/blurry 中的每个图像文件组成图像对，并将所有图像对（一个是调整大小后的图像，另一个是模糊图像）保持到 photos/resized_blurry 文件夹中。

```
python tools/process.py   --input_dir photos/resized   --b_dir
photos/blurry   --operation combine   --output_dir
photos/resized_blurry
```

6）运行分割工具 python tools/split. py －－dir photos/resized_blurry，将文件分为 train 文件

夹和 val 文件夹。

7）执行以下命令来训练 pix2pix 模型。

```
python pix2pix.py \
  --mode train \
  --output_dir photos/resized_blurry/ckpt_1000 \
  --max_epochs 1000 \
  --input_dir photos/resized_blurry/train \
  --which_direction BtoA
```

其中，方向 BtoA 是指从模糊图像转换成原始图像。整个训练过程在 GTX - 1070 GPU 上需要大约 4h，保存在 photos/resized_blurry/ckpt_1000 目录下的检查点文件如下：

```
-rw-rw-r-- 1 jeff jeff 1721531 Mar 2 18:37 model-136000.meta
-rw-rw-r-- 1 jeff jeff 81 Mar 2 18:37 checkpoint
-rw-rw-r-- 1 jeff jeff 686331732 Mar 2 18:37
model-136000.data-00000-of-00001
-rw-rw-r-- 1 jeff jeff 10424 Mar 2 18:37 model-136000.index
-rw-rw-r-- 1 jeff jeff 3807975 Mar 2 14:19 graph.pbtxt
-rw-rw-r-- 1 jeff jeff 682 Mar 2 14:19 options.json
```

8）另外，也可以在测试模式下运行脚本，然后在 - - output_dir 指定的目录下查看图像转换结果。

```
python pix2pix.py \
  --mode test \
  --output_dir photos/resized_blurry/output_1000 \
  --input_dir photos/resized_blurry/val \
  --checkpoint photos/resized_blurry/ckpt_1000
```

9）运行 pix2pix_runinference. py 脚本来恢复在步骤 7）中保存的检查点，为图像输入创建一个新的占位符，以测试图像 ww. png 为输入，转换结果 result. png 为输出，最后将新的检查点文件保存到 newckpt 文件夹中。

```
python pix2pix_runinference.py \
--mode test \
--output_dir photos/blurry_output \
--input_dir photos/blurry_test \
--checkpoint photos/resized_blurry/ckpt_1000
```

pix2pix_runinference. py 中的下列代码段将设置并显示输入节点和输出节点。

```
    image_feed = tf.placeholder(dtype=tf.float32, shape=(1, 256,
256, 3), name="image_feed")
    print(image_feed) # Tensor("image_feed:0", shape=(1, 256, 256,
3), dtype=float32)
    with tf.variable_scope("generator", reuse=True):
        output_image = deprocess(create_generator(image_feed, 3))
        print(output_image)
#Tensor("generator_1/deprocess/truediv:0", shape=(1, 256, 256, 3),
dtype=float32)
```

包含 tf. variable_scope（"generator"，reuse = True）：的代码行非常重要，因为需要共享生成器变量，以便可以使用所有训练后的参数值。否则，得到的转换结果不正常。

以下代码展示了如何为占位符提供数据，运行 GAN 模型并将生成器的输出以及检查点文件一同保存到 newckpt 文件夹中。

```
if a.mode == "test":
    from scipy import misc
    image = misc.imread("ww.png").reshape(1, 256, 256, 3)
    image = (image / 255.0) * 2 - 1
    result = sess.run(output_image, feed_dict={image_feed:image})
    misc.imsave("result.png", result.reshape(256, 256, 3))
    saver.save(sess, "newckpt/pix2pix")
```

图9.1 显示了原始测试图像、模糊图像，以及经过训练的 GAN 模型的生成器输出图像。虽然结果并不理想，但 GAN 模型在没有模糊效果的情况下确实具有更高的分辨率。

图9.1 原始图像、模糊图像和生成图像

10）现在将 newckpt 文件夹复制到/tmp 目录下，可将模型冻结，如下：

```
python tensorflow/python/tools/freeze_graph.py \
--input_meta_graph=/tmp/newckpt/pix2pix.meta \
--input_checkpoint=/tmp/newckpt/pix2pix \
--output_graph=/tmp/newckpt/pix2pix.pb \
--output_node_names="generator_1/deprocess/truediv" \
--input_binary=true
```

11）生成的 pix2pix.pb 模型文件相当大，约为 217MB，在 iOS 或 Android 设备上加载时会导致系统崩溃或出现内存不足（OOM）的错误。必须将其转换为适用于 iOS 的内存映射格式，正如在第6章中处理复杂的 im2txt 模型那样。

```
bazel-bin/tensorflow/tools/graph_transforms/transform_graph \
--in_graph=/tmp/newckpt/pix2pix.pb \
--out_graph=/tmp/newckpt/pix2pix_transformed.pb \
--inputs="image_feed" \
--outputs="generator_1/deprocess/truediv" \
--transforms='strip_unused_nodes(type=float, shape="1,256,256,3")
    fold_constants(ignore_errors=true, clear_output_shapes=true)
    fold_batch_norms
    fold_old_batch_norms'

bazel-bin/tensorflow/contrib/util/convert_graphdef_memmapped_format \
\
--in_graph=/tmp/newckpt/pix2pix_transformed.pb \
--out_graph=/tmp/newckpt/pix2pix_transformed_memmapped.pb
```

这样，pix2pix_transformed_memmapped.pb 模型就可用于 iOS 系统。

12）为了构建适用于 Android 的模型，需要对冻结模型进行量化，将模型大小从 217MB
减小到 54MB 左右。

```
bazel-bin/tensorflow/tools/graph_transforms/transform_graph \
--in_graph=/tmp/newckpt/pix2pix.pb \
--out_graph=/tmp/newckpt/pix2pix_transformed_quantized.pb --
inputs="image_feed" \
--outputs="generator_1/deprocess/truediv" \
--transforms='quantize_weights'
```

接下来，分析如何在移动应用程序中应用这两种 GAN 模型。

9.3　在 iOS 中应用 GAN 模型

如果尝试在 iOS 应用程序中使用 TensorFlow pod，并加载 gan_mnist. pb 文件，则会产生错
误，如下：

```
Could not create TensorFlow Graph: Invalid argument: No OpKernel was
registered to support Op 'RandomStandardNormal' with these attrs.
Registered devices: [CPU], Registered kernels:
 <no registered kernels>

[[Node: z_1/RandomStandardNormal = RandomStandardNormal[T=DT_INT32,
_output_shapes=[[50,100]], dtype=DT_FLOAT, seed=0, seed2=0](z_1/shape)]]
```

确保 tensorflow/contrib/makefile/tf_op_files. txt 文件中包含实现 RandomStandardNormal 操
作的 tensorflow/core/kernels/random_op. cc 文件，且 libtensorflow – core. a 是由添加在 tf_op_
files. txt 文件中的 tensorflow/contrib/makefile/build_all_ios. sh 代码行构建而成的。

此外，如果在基于 TensorFlow 1.4 构建的自定义 TensorFlow 库中尝试加载 pix2pix_trans-
formed_memmapped. pb，还会出现以下错误：

```
No OpKernel was registered to support Op 'FIFOQueueV2' with these attrs.
Registered devices: [CPU], Registered kernels:
  <no registered kernels>
  [[Node: batch/fifo_queue = FIFOQueueV2[_output_shapes=[[]], capacity=32,
component_types=[DT_STRING, DT_FLOAT, DT_FLOAT], container="", shapes=[[],
[256,256,1], [256,256,2]], shared_name=""]()]]
```

为此，需要在 tf_op_files. txt 文件中添加 tensorflow/core/kernels/fifo_queue_op. cc 并重新
构建 iOS 库。但如果使用的是 TensorFlow 更高版本，则 tensorflow/core/kernels/fifo_queue_
op. cc 已添加到 tf_op_files. txt 文件中。在随后发布的每个新版本的 TensorFlow 中，越来越多
的内核会默认添加到 tf_op_files. txt 文件中。

在为该模型构建了 TensorFlow iOS 库之后，接下来，在 Xcode 中创建一个名为 GAN 的新
工程，并在工程中设置 TensorFlow，正如在第 8 章和不使用 TensorFlow pod 的其他章中那样操
作。然后，将两个模型文件 gan_mnist. pb，以及 pix2pix_transformed_memmapped. pb，以及一
个测试图像拖放到工程中。另外，从第 6 章的 iOS 工程中复制 tensorflow_utils. h、tensorflow_
utils. mm、ios_image_load. h 和 ios_image_load. mm 文件到 GAN 工程中。并将 ViewController. m
重命名为 ViewController. mm。

此时，Xcode 的界面如图 9.2 所示。

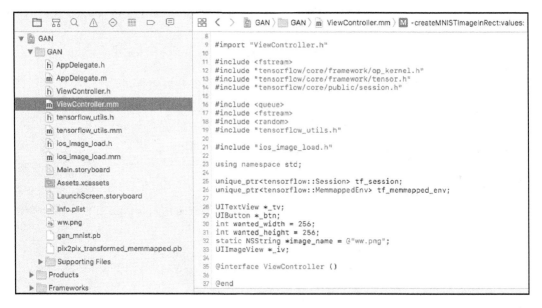

图 9.2　Xcode 中的 GAN 应用程序

接下来，将创建一个按钮，当单击该按钮时，会提示用户选择一个模型来生成数字图像或增强图像。

```
- (IBAction)btnTapped:(id)sender {
    UIAlertAction* mnist = [UIAlertAction actionWithTitle:@"Generate
Digits" style:UIAlertActionStyleDefault handler:^(UIAlertAction * action) {
        _iv.image = NULL;
        dispatch_async(dispatch_get_global_queue(0, 0), ^{
            NSArray *arrayGreyscaleValues = [self runMNISTModel];
            dispatch_async(dispatch_get_main_queue(), ^{
                UIImage *imgDigit = [self createMNISTImageInRect:_iv.frame
values:arrayGreyscaleValues];
                _iv.image = imgDigit;
            });
        });
    }];
    UIAlertAction* pix2pix = [UIAlertAction actionWithTitle:@"Enhance
Image" style:UIAlertActionStyleDefault handler:^(UIAlertAction * action) {
        _iv.image = [UIImage imageNamed:image_name];
        dispatch_async(dispatch_get_global_queue(0, 0), ^{
            NSArray *arrayRGBValues = [self runPix2PixBlurryModel];

            dispatch_async(dispatch_get_main_queue(), ^{
                UIImage *imgTranslated = [self
createTranslatedImageInRect:_iv.frame values:arrayRGBValues];
                _iv.image = imgTranslated;
            });
        });
    }];
    UIAlertAction* none = [UIAlertAction actionWithTitle:@"None"
```

```
style:UIAlertActionStyleDefault handler:^(UIAlertAction * action) {}];
    UIAlertController* alert = [UIAlertController
alertControllerWithTitle:@"Use GAN to" message:nil
preferredStyle:UIAlertControllerStyleAlert];
    [alert addAction:mnist];
    [alert addAction:pix2pix];
    [alert addAction:none];
    [self presentViewController:alert animated:YES completion:nil];
}
```

上述代码非常简单。该应用程序的主要功能可通过四个方法来实现：runMNISTModel、runPix2PixBlurryModel、createMNISTImageInRect 和 createTranslatedImageInRect。

9.3.1　基本 GAN 模型应用

在 runMNISTModel 中，调用辅助方法 LoadModel 来加载 GAN 模型，然后将输入张量设置为 6 批服从正态分布的 100 个随机数（均值为 0.0，方差为 1.0）。正态分布的随机输入正是模型所期望的。此处，可将 6 更改为其他任何值，并返回生成的数字。

```
- (NSArray*) runMNISTModel {
    tensorflow::Status load_status;
    load_status = LoadModel(@"gan_mnist", @"pb", &tf_session);
    if (!load_status.ok()) return NULL;
    std::string input_layer = "z_placeholder";
    std::string output_layer = "Sigmoid_1";

    tensorflow::Tensor input_tensor(tensorflow::DT_FLOAT,
tensorflow::TensorShape({6, 100}));
    auto input_map = input_tensor.tensor<float, 2>();
    unsigned seed =
(unsigned)std::chrono::system_clock::now().time_since_epoch().count();
    std::default_random_engine generator (seed);
    std::normal_distribution<double> distribution(0.0, 1.0);
    for (int i = 0; i < 6; i++){

      for (int j = 0; j < 100; j++){
          double number = distribution(generator);
          input_map(i,j) = number;
      }
}
```

runMNISTModel 方法中的其余代码是用于运行模型的，可以得到 $6 \times 28 \times 28$ 浮点数的输出，表示每批大小为 28×28 的图像中每个像素的灰度值，并在将图像上下文转换为在 UIImageView 中返回并显示的 UIImage 之前，调用方法 createMNISTImageInRect 通过 UIBezierPath 来渲染数字图像上下文中的数字。

```
    std::vector<tensorflow::Tensor> outputs;
    tensorflow::Status run_status = tf_session->Run({{input_layer,
input_tensor}},
                                          {output_layer}, {},
&outputs);
    if (!run_status.ok()) {
        LOG(ERROR) << "Running model failed: " << run_status;
```

```
            return NULL;
        }
        tensorflow::string status_string = run_status.ToString();
        tensorflow::Tensor* output_tensor = &outputs[0];
        const Eigen::TensorMap<Eigen::Tensor<float, 1, Eigen::RowMajor>,
    Eigen::Aligned>& output = output_tensor->flat<float>();
        const long count = output.size();
        NSMutableArray *arrayGreyscaleValues = [NSMutableArray array];
        for (int i = 0; i < count; ++i) {
            const float value = output(i);
            [arrayGreyscaleValues addObject:[NSNumber numberWithFloat:value]];
        }
        return arrayGreyscaleValues;
    }
```

createMNISTImageInRect 的定义如下，此处采用了与第 7 章中类似的技术。

```
    - (UIImage *)createMNISTImageInRect:(CGRect)rect
    values:(NSArray*)greyscaleValues
    {
        UIGraphicsBeginImageContextWithOptions(CGSizeMake(rect.size.width,
    rect.size.height), NO, 0.0);
        int i=0;
        const int size = 3;
        for (NSNumber *val in greyscaleValues) {
            float c = [val floatValue];
            int x = i%28;

            int y = i/28;
            i++;

            CGRect rect = CGRectMake(145+size*x, 50+y*size, size, size);
            UIBezierPath *path = [UIBezierPath bezierPathWithRect:rect];
            UIColor *color = [UIColor colorWithRed:c green:c blue:c alpha:1.0];
            [color setFill];
            [path fill];
        }
        UIImage *image = UIGraphicsGetImageFromCurrentImageContext();
        UIGraphicsEndImageContext();
        return image;
    }
```

对于每个像素，绘制一个宽度和高度均为 3 的小矩形，并返回像素的灰度值。

9.3.2 改进 GAN 模型应用

在 runPix2PixBlurryModel 方法中，采用 LoadMemoryMappedModel 方法来加载 pix2pix_transformed_memmapped. pb 模型文件，并采用与第 4 章中类似的方式来加载测试图像和设置输入张量。

```
    - (NSArray*) runPix2PixBlurryModel {
        tensorflow::Status load_status;
        load_status = LoadMemoryMappedModel(@"pix2pix_transformed_memmapped",
    @"pb", &tf_session, &tf_memmapped_env);
        if (!load_status.ok()) return NULL;
```

```
std::string input_layer = "image_feed";
std::string output_layer = "generator_1/deprocess/truediv";

NSString* image_path = FilePathForResourceName(@"ww", @"png");
int image_width;
int image_height;
int image_channels;
std::vector<tensorflow::uint8> image_data =
LoadImageFromFile([image_path UTF8String], &image_width, &image_height,
&image_channels);
```

然后运行模型，得到 $256 \times 256 \times 3$（图像大小为 256×256，且 RGB 值为 3）浮点数的输出，并调用 createTranslatedImageInRect 方法将数字转换为 UIImage。

```
std::vector<tensorflow::Tensor> outputs;
tensorflow::Status run_status = tf_session->Run({{input_layer,
image_tensor}},
                                                {output_layer}, {},
&outputs);
if (!run_status.ok()) {
    LOG(ERROR) << "Running model failed: " << run_status;
    return NULL;
}
tensorflow::string status_string = run_status.ToString();
tensorflow::Tensor* output_tensor = &outputs[0];
const Eigen::TensorMap<Eigen::Tensor<float, 1, Eigen::RowMajor>,
Eigen::Aligned>& output = output_tensor->flat<float>();

const long count = output.size(); // 256*256*3
NSMutableArray *arrayRGBValues = [NSMutableArray array];
for (int i = 0; i < count; ++i) {
    const float value = output(i);
    [arrayRGBValues addObject:[NSNumber numberWithFloat:value]];
}
return arrayRGBValues;
```

其中，最后的 createTranslatedImageInRect 方法定义如下，代码非常简单，在此不再赘述。

```
- (UIImage *)createTranslatedImageInRect:(CGRect)rect
values:(NSArray*)rgbValues
{
    UIGraphicsBeginImageContextWithOptions(CGSizeMake(wanted_width,
wanted_height), NO, 0.0);
    for (int i=0; i<256*256; i++) {
        float R = [rgbValues[i*3] floatValue];
        float G = [rgbValues[i*3+1] floatValue];
        float B = [rgbValues[i*3+2] floatValue];
        const int size = 1;
        int x = i%256;
        int y = i/256;
        CGRect rect = CGRectMake(size*x, y*size, size, size);
        UIBezierPath *path = [UIBezierPath bezierPathWithRect:rect];
        UIColor *color = [UIColor colorWithRed:R green:G blue:B alpha:1.0];
        [color setFill];
        [path fill];
    }
```

```
    UIImage *image = UIGraphicsGetImageFromCurrentImageContext();
    UIGraphicsEndImageContext();
    return image;
}
```

现在，在 iOS 模拟器或设备上运行该应用程序，单击 GAN 按钮，选择 Generate Digits，就会得到如图 9.3 所示的 GAN 生成的手写数字体结果。

图 9.3　GAN 模型选择以及生成的手写体数字的结果

这些数字看起来很像是真实的人类手写体数字，所有这些都是在对基本 GAN 模型进行训练后实现的。如果回顾刚才实现训练的代码，并仔细思考一下 GAN 的基本工作原理——生成器和鉴别器是如何相互竞争对抗，以试图达到生成器可生成鉴别器无法分辨是真是假的逼真假数据的稳定的纳什均衡状态，这时或许会更能体验到 GAN 的惊人之处。

现在，选择 Enhance Image 选项，将会得到如图 9.4 所示的结果，这与图 9.1 中由 Python 测试代码生成的结果相同。

这时已了解 iOS 下的具体应用。接下来，该分析 Android 系统中的 GAN 模型应用了。

图 9.4　iOS 中的原始模糊图像和增强图像

9.4　在 Android 中应用 GAN 模型

现已证明，在 Android 中运行 GAN 模型无须使用自定义的 TensorFlow Android 库，正如在第 7 章中那样。只需创建一个名为 GAN 的 Android Studio 新应用程序，且采用所有默认设置，在应用程序的 build. gradle 文件中添加 compile 'org. tensorflow：tensorflow - android：+ '一行代码，创建一个新的 assets 文件夹，并在其中复制两个 GAN 模型文件和一个用于测试的模糊图像。

此时，Android Studio 中的工程界面如图 9.5 所示。

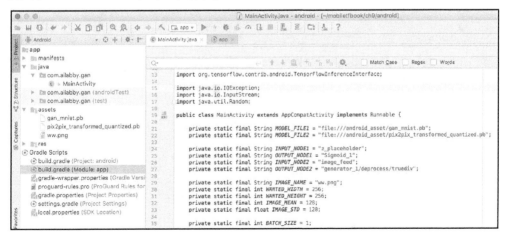

图 9.5　Android Studio 中 GAN 应用程序界面并给出常量定义

注意，为简单起见，此处将 BATCH_SIZE 设置为 1。当然也可以很容易地将其设置为任意值，然后像在 iOS 中那样返回许多输出结果。除了图 9.5 中定义的常量之外，还需创建一些实例变量。

```
private Button mButtonMNIST;
private Button mButtonPix2Pix;
private ImageView mImageView;
private Bitmap mGeneratedBitmap;
private boolean mMNISTModel;

private TensorFlowInferenceInterface mInferenceInterface;
```

该应用程序的布局包含一个 ImageView 和两个按钮，正如前面所做的那样，然后在 on-Create 方法中对这些元素进行实例化。

```
protected void onCreate(Bundle savedInstanceState) {
    super.onCreate(savedInstanceState);
    setContentView(R.layout.activity_main);

    mButtonMNIST = findViewById(R.id.mnistbutton);
    mButtonPix2Pix = findViewById(R.id.pix2pixbutton);
    mImageView = findViewById(R.id.imageview);
    try {
        AssetManager am = getAssets();
        InputStream is = am.open(IMAGE_NAME);

        Bitmap bitmap = BitmapFactory.decodeStream(is);
        mImageView.setImageBitmap(bitmap);
} catch (IOException e) {
    e.printStackTrace();
}
```

接着，为这两个按钮设置两个单击侦听器。

```
mButtonMNIST.setOnClickListener(new View.OnClickListener() {
    @Override
    public void onClick(View v) {
        mMNISTModel = true;
        Thread thread = new Thread(MainActivity.this);
        thread.start();
    }
});
mButtonPix2Pix.setOnClickListener(new View.OnClickListener() {
    @Override
    public void onClick(View v) {
        try {
            AssetManager am = getAssets();
            InputStream is = am.open(IMAGE_NAME);
            Bitmap bitmap = BitmapFactory.decodeStream(is);
            mImageView.setImageBitmap(bitmap);
            mMNISTModel = false;
            Thread thread = new Thread(MainActivity.this);
            thread.start();
        } catch (IOException e) {
```

```
                    e.printStackTrace();
                }
            }
        });
    }
```

当单击一个按钮时，就会在一个工作者线程中运行 run 方法。

```
public void run() {
    if (mMNISTModel)
        runMNISTModel();
    else
        runPix2PixBlurryModel();
}
```

9.4.1 基本 GAN 模型应用

在 runMNISTModel 方法中，首先为模型准备一个随机输入。

```
void runMNISTModel() {
    float[] floatValues = new float[BATCH_SIZE*100];

    Random r = new Random();
    for (int i=0; i<BATCH_SIZE; i++) {
        for (int j=0; i<100; i++) {
            double sample = r.nextGaussian();
            floatValues[i] = (float)sample;
        }
    }
```

接着将输入馈入到模型中，运行模型并得到输出值，此时输出值为 0.0 ~ 1.0 之间的灰度值，然后将其转换为 0 ~ 255 范围内的整数值。

```
    float[] outputValues = new float[BATCH_SIZE * 28 * 28];
    AssetManager assetManager = getAssets();
    mInferenceInterface = new TensorFlowInferenceInterface(assetManager,
MODEL_FILE1);

    mInferenceInterface.feed(INPUT_NODE1, floatValues, BATCH_SIZE, 100);
    mInferenceInterface.run(new String[] {OUTPUT_NODE1}, false);
    mInferenceInterface.fetch(OUTPUT_NODE1, outputValues);

    int[] intValues = new int[BATCH_SIZE * 28 * 28];
    for (int i = 0; i < intValues.length; i++) {
        intValues[i] = (int) (outputValues[i] * 255);
    }
```

之后，为创建位图时设置的每个像素使用返回和转换后的灰度值。

```
    try {
        Bitmap bitmap = Bitmap.createBitmap(28, 28,
Bitmap.Config.ARGB_8888);
        for (int y=0; y<28; y++) {
            for (int x=0; x<28; x++) {
                int c = intValues[y*28 + x];
                int color = (255 & 0xff) << 24 | (c & 0xff) << 16 | (c &
0xff) << 8 | (c & 0xff);
```

```
        bitmap.setPixel(x, y, color);
    }
}

    mGeneratedBitmap = Bitmap.createBitmap(bitmap);
}
catch (Exception e) {
    e.printStackTrace();
}
```
最后，在 UI 主线程的 ImageView 中显示位图。
```
runOnUiThread(
    new Runnable() {
        @Override
        public void run() {
            mImageView.setImageBitmap(mGeneratedBitmap);
        }
    });
}
```
如果现在运行应用程序，并为避免产生编译错误而执行一个 void runPix2PixBlurryModel
（）｛｝ 的空实现，则会得到如图 9.6 所示的初始界面和单击 GENERATE DIGITS 后的结果。

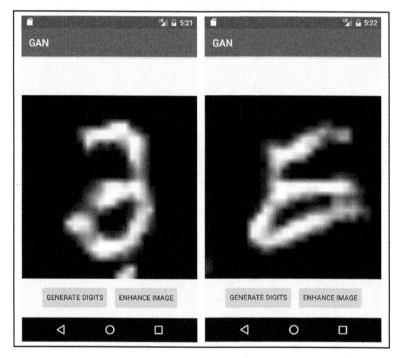

图 9.6　显示生成的数字

9.4.2　改进 GAN 模型应用

runPix2PixBlurryModel 方法类似于前几章中将输入图像馈入到模型的代码。首先从位图图像中获取 RGB 值，然后将其保存到一个浮点数组中。

```
void runPix2PixBlurryModel() {
    int[] intValues = new int[WANTED_WIDTH * WANTED_HEIGHT];
    float[] floatValues = new float[WANTED_WIDTH * WANTED_HEIGHT * 3];
    float[] outputValues = new float[WANTED_WIDTH * WANTED_HEIGHT * 3];

    try {
        Bitmap bitmap =
BitmapFactory.decodeStream(getAssets().open(IMAGE_NAME));
        Bitmap scaledBitmap = Bitmap.createScaledBitmap(bitmap,
WANTED_WIDTH, WANTED_HEIGHT, true);
        scaledBitmap.getPixels(intValues, 0, scaledBitmap.getWidth(), 0, 0,
scaledBitmap.getWidth(), scaledBitmap.getHeight());
        for (int i = 0; i < intValues.length; ++i) {
            final int val = intValues[i];
            floatValues[i * 3 + 0] = (((val >> 16) & 0xFF) - IMAGE_MEAN) /
IMAGE_STD;
            floatValues[i * 3 + 1] = (((val >> 8) & 0xFF) - IMAGE_MEAN) /
IMAGE_STD;
            floatValues[i * 3 + 2] = ((val & 0xFF) - IMAGE_MEAN) /
IMAGE_STD;
        }
```

然后，以某一输入运行模型，获取并将输出值转换为一个用于设置新位图图像像素的整型数组。

```
        AssetManager assetManager = getAssets();
        mInferenceInterface = new
TensorFlowInferenceInterface(assetManager, MODEL_FILE2);
        mInferenceInterface.feed(INPUT_NODE2, floatValues, 1,
WANTED_HEIGHT, WANTED_WIDTH, 3);
        mInferenceInterface.run(new String[] {OUTPUT_NODE2}, false);
        mInferenceInterface.fetch(OUTPUT_NODE2, outputValues);

        for (int i = 0; i < intValues.length; ++i) {
            intValues[i] = 0xFF000000
                    | (((int) (outputValues[i * 3] * 255)) << 16)
                    | (((int) (outputValues[i * 3 + 1] * 255)) << 8)
                    | ((int) (outputValues[i * 3 + 2] * 255));
        }

        Bitmap outputBitmap = scaledBitmap.copy( scaledBitmap.getConfig() ,
true);
        outputBitmap.setPixels(intValues, 0, outputBitmap.getWidth(), 0, 0,
outputBitmap.getWidth(), outputBitmap.getHeight());
        mGeneratedBitmap = Bitmap.createScaledBitmap(outputBitmap,
bitmap.getWidth(), bitmap.getHeight(), true);

    }
    catch (Exception e) {
        e.printStackTrace();
    }
```

最后，在主 UI 的 ImageView 中显示位图。

```
runOnUiThread(
        new Runnable() {
            @Override
            public void run() {
                mImageView.setImageBitmap(mGeneratedBitmap);
            }
        });
}
```

再次运行应用程序，单击 ENHANCE IMAGE 按钮，几秒后，会显示增强后的图像，如图 9.7 所示。

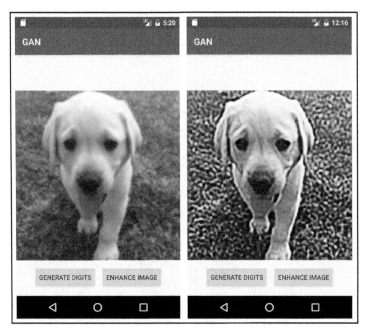

图 9.7　Android 中的模糊图像和增强图像

这样就实现了应用两个 GAN 模型的 Android 应用程序。

9.5　小结

本章简要介绍了 GAN 的工作原理与应用。讨论了什么是 GAN 及其为何如此重要，生成器和鉴别器相互对抗竞争并试图击败对方的方式可能对大多数人来说都很有吸引力。然后，详细介绍了如何训练一个基本 GAN 模型和一个实现图像分辨率增强的改进模型，以及如何应用于移动设备。最后，展示了如何使用这些模型来构建 iOS 和 Android 应用程序。如果对整个过程和结果非常感兴趣，那么肯定会想进一步探索 GAN，这是一个为克服之前模型的缺点而开发出各种新型 GAN 模型的快速发展领域；例如，开发需要对图像对进行训练的 pix2pix 模型的研究人员，正如在 9.2.2 节中所述，提出了一种无须图像对要求的称为 CycleGAN（https：//junyanz. github. io/CycleGAN）的新型 GAN 模型。如果对生成的数字图像或增强图像的质量不满意，那么可能还应该进一步探索 GAN，以分析如何改进 GAN 模型。正如前面所述，目前针对 GAN 的研究还不成熟，研究人员仍需继续努力使之训练稳定，一旦模型稳定，将会取得更大的成功。你已获得了如何在移动应用程序中快速部署 GAN 模型的经验。现在可以决定是继续关注最新且性能最佳的 GAN 并将其应用于移动设备上，还是暂时放弃移动开发工作，而亲自构建新的或改进现有的 GAN 模型。

如果说 GAN 在深度学习社区已得到了广泛关注，那么 AlphaGo 在 2016 年和 2017 年击败最优秀的人类围棋选手的成就，无疑让所有生活在现代社会中的人感到惊叹不已。此外，2017 年 10 月，AlphaGo Zero——一种完全不需要任何人类知识而基于自学习强化学习的新算法，令人难以置信地以 100∶0 击败了 AlphaGo；2017 年 12 月，发布了一款能够"在许多具有挑战性的领域中实现超人性能"的算法——Alpha Zero，而不同于 AlphaGo 和 AlphaGo Zero 仅针对围棋游戏。在下章，将学习如何使用最新最酷的 AlphaZero 来构建和训练一个能玩较为简单有趣游戏的模型，以及如何在移动设备上运行该模型。

第 10 章
移动设备上类 AlphaZero 的游戏
应用程序开发

尽管现在人工智能（AI）的日益普及主要是源于 2012 年在深度学习方面取得的突破进展，但 Google 公司 DeepMind 团队开发的 AlphaGo 在 2016 年 3 月以 4∶1 的比分击败围棋世界冠军李世石，然后在 2017 年 5 月以 3∶0 的比分击败了当时世界排名第一的围棋世界冠军柯洁，这些在很大程度上让 AI 成为家喻户晓的名词。而之前，鉴于围棋的复杂性，人们普遍认为计算机程序能够打败顶尖围棋选手似乎是一项不可能完成的任务，或者说至少再过十年都是不可能的。

在 2017 年 5 月 AlphaGo 与柯洁比赛之后，Google 公司宣布 AlphaGo 退役；DeepMind 团队——一家因拥有领先的深度强化学习技术而被 Google 公司收购的初创公司（同时也是 AlphaGo 的开发者），决定将其人工智能研究的重点转向其他领域。不过，在 2017 年 10 月，DeepMind 团队又发表了一篇关于围棋的论文 "GO：Mastering the Game of GO without Human Knowledge"（https：//deepmind. com/research/publications/mastering – game – go – without – hu-man – knowledge），文中提出了一种称为 AlphaGo Zero 的改进算法，该算法可完全通过自我强化学习来学习如何下围棋，而无须依赖任何人类的专家知识，如 AlphaGo 在模型训练时所需的大量专业的围棋棋谱。令人惊讶的是，AlphaGo Zero 以 100∶0 的悬殊比分彻底击败了 AlphaGo。

事实证明，这只是 Google 公司计划将 AlphaGo 背后的人工智能技术改进并应用于其他领域这一雄伟目标的第一步。2017 年 12 月，DeepMind 团队发表了另一篇论文 "Mastering Chess and Shogi by Self – Play with a General Reinforcement Learning Algorithm"（https：//arx-iv. org/pdf/1712. 01815. pdf），这是将 AlphaGo Zero 程序归纳为一个称为 AlphaZero 的算法，并利用该算法快速学习如何从零开始玩国际象棋，除了规则之外，在没有任何领域知识的情况下，从随机下棋开始，24h 内就已达到超过常人水平，之后击败了世界冠军。

本章将介绍 AlphaZero 中最新、最酷的特点，并讨论如何在第 8 章中所用的主流高级深度学习库——TensorFlow 和 Keras 下构建和训练一个类 AlphaZero 的模型来玩一个简单而有趣的游戏——Connect 4（https：//en. wikipedia. org/wiki/Connect_Four）。另外，还将介绍如何使用经过训练的类 AlphaZero 模型以获得一个训练有效的专家策略来指导在移动设备上玩游戏，并提供了使用该模型玩 Connect 4 游戏的 iOS 和 Android 应用程序的完整源代码。

综上，本章的主要内容包括：

1）AlphaZero 的工作原理。

2）构建和训练用于 Connect 4 游戏的类 AlphaZero 模型。

3）使用 iOS 中的模型玩 Connect 4 游戏。

4）使用 Android 中的模型玩 Connect 4 游戏。

10.1　AlphaZero 的工作原理

AlphaZero 算法由三个主要部分组成：

1）深度卷积神经网络，以棋盘位置（或状态）作为输入，并根据位置和策略输出一个值作为预测的游戏结果，该策略是来自输入棋盘状态下的每个可能动作的移动概率列表。

2）通用强化学习算法，除了游戏规则之外，无须任何特定领域知识，通过自我对弈从零开始学习。深度神经网络的参数是通过自我对弈强化学习来学习的，以使预测值与实际自我对弈结果之间的损失最小，并使得预测策略与上述算法得到的搜索概率之间的相似度最大。

3）通用（与领域无关）蒙特卡罗树搜索（Monte‑Carlo Tree Search，MCTS）算法，从头到尾完整模拟游戏的自我对弈过程，并在模拟过程中通过考虑深度神经网络返回的预测值和策略概率值，以及节点访问频率——偶尔选择一个访问次数较少的节点（在强化学习中被称为探索，与之相对应的是，选择具有较高预测值和策略的移动被称为开发）来选择每一步移动。只有探索和开发之间存在良好的平衡，才能得到较好的结果。

强化学习有着悠久的发展历史，可追溯到 20 世纪 60 年代，当时这一术语被首次用于工程文献中。但取得突破性进展是在 2013 年，当时 DeepMind 团队将强化学习与深度学习相结合，开发出了深度强化学习应用程序，该程序以原始像素为输入，从零开始学习玩 Atari 游戏，之后很快就能击败人类了。与需要标记数据来进行训练的监督学习不同（正如在前面构建和使用的许多模型中那样），强化学习是采用一种试错法来获得更好的结果的：智能体与环境交互，其在每个状态下所采取的每一个动作都会获得奖励（正或负）。在 AlphaZero 下国际象棋的示例中，只有在对弈结束后才能得到奖励，若结果是赢，则奖励为 +1，输的话为 −1，平局为 0。AlphaZero 中的强化学习算法是通过采用之前介绍的损失梯度下降来更新深度神经网络的参数，如同采用一个万能逼近函数来学习和编码游戏技巧。

学习或训练过程的结果可以是一个由深度神经网络生成的策略，表明应该在任一状态下采取何种行为，或者是一个将每个状态和每种可能行为映射到长期回报的值函数。

如果深度神经网络通过自我对弈强化学习所学到的策略非常理想，那么可能就不需要让程序在游戏过程中执行任何 MCTS——程序总是简单地选择概率最大的相应移动。但在国际象棋或围棋等复杂游戏中，不可能产生一个完美的策略，因此需要 MCTS 与训练好的深度网络配合，以寻找每种博弈状态下可能的最佳动作。

如果不熟悉强化学习或 MCTS，互联网上有很多相关资料。可在 http：//in-completeideas. net/book/the – book – 2nd. html 上查阅 Richard Sutton 和 Andrew Barto 合著的经典著作——*Reinforcement Learning：An Introduction*。另外，也可以在 YouTube 上观看由 DeepMind 团队中 AlphaGo 的技术负责人 David Silver 制作的强化学习视频课程（搜索 "reinforcement learning David Silver"）。OpenAI Gym（https：//gym. openai. com）是一个非常有用的强化学习工具包。在本书的最后一章，我们将深入探讨强化学习和 OpenAI Gym。对于 MCTS，请参阅链接 ht-tps：//en. wikipedia. org/wiki/Monte_Carlo_tree_search，以及博客文章（http：//tim. hibal. org/blog/alpha – zero – how – and – why – it – works）。

在下一节，我们将研究以 TensorFlow 为后端的 AlphaZero 算法的 Keras 实现，目标是利用该算法构建和训练一个玩 Connect 4 游戏的模型。此处将讨论模型架构，以及构建模型的 Keras 关键代码。

10.2 训练和测试用于 Connect 4 游戏的类 AlphaZero 模型

如果从来没有玩过 Connect 4 游戏，那么可以在 http：//www. connectfour. org 上免费玩。这是一个简单而有趣的游戏。概括来说，是两个玩家轮流将不同颜色的碟片从一列顶部扔到一个六行七列的网格中。新掉入的碟片要么位于某一列的底部（如果该列中没有碟片落入），要么位于这一列中上一个落入的碟片的顶部。谁先在三个可能方向（水平、垂直、对角线）中任意一个方向上有四张颜色相同的连续碟片，谁就赢得比赛。

Connect 4 游戏中的 AlphaZero 模型是基于 https：//github. com/jeffxtang/DeepReinforce-mentLearning 的，这是 https：//github. com/AppliedDataSciencePartners/DeepReinforcementLe-arning 的一个分支，同时还有一个讲解得很好的博客文章 "How to build your own AlphaZero AI using Python and Keras"（https：//applied – data. science/blog/how – to – build – your – own – alphazero – ai – using – python – and – keras），在继续下一步之前，建议先阅读上述内容，以便了解以下步骤的含义。

10.2.1 训练模型

在分析一些核心代码段之前，首先学习如何训练模型。第一步，在终端窗口执行以下命令来获得模型：

```
git clone https://github.com/jeffxtang/DeepReinforcementLearning
```

之后，如果在第 8 章中没有设置 Keras 和 TensorFlow 的虚拟环境，那么需按以下步骤进行安装：

```
cd
mkdir ~/tf_keras
virtualenv --system-site-packages ~/tf_keras/
cd ~/tf_keras/
source ./bin/activate
easy_install -U pip
```

```
#On Mac:
pip install --upgrade
https://storage.googleapis.com/tensorflow/mac/cpu/tensorflow-1.4.0-py2-none
-any.whl

#On Ubuntu:
pip install --upgrade
https://storage.googleapis.com/tensorflow/linux/gpu/tensorflow_gpu-1.4.0-cp
27-none-linux_x86_64.whl

easy_install ipython
pip install keras
```

另外，也可以在上述 pip install 命令中尝试使用 URL 下载 TensorFlow 1.5 ~ 1.8。

现在，先通过 cd DeepReinforcementLearning 命令打开 run. ipynb 文件，然后接着打开 jupyter notebook——根据具体的开发环境，如果出现任何错误，则需要安装缺少的 Python 包。在浏览器窗口打开 http：//localhost：8888/notebooks/run. ipynb 页面，并运行 jupyter notebook 上的第一个代码块来加载所有必要的核心库，然后运行第二个代码块来开始训练——这些代码是针对不断训练而编写的，所以在经过数小时的训练后，需要终止执行 jupyter notebook 命令。在旧版本的 Mac 操作系统上，查看在以下文件夹中创建的第一个版本的模型大约需要 1h（新版本（如 version0004. h5）中包含了比旧版本（如 version0001. h5）更精准的权重）。

```
(tf_keras) MacBook-Air:DeepReinforcementLearning jeffmbair$ ls -lt
run/models

-rw-r--r-- 1 jeffmbair staff 3781664 Mar 8 15:23 version0004.h5
-rw-r--r-- 1 jeffmbair staff 3781664 Mar 8 14:59 version0003.h5
-rw-r--r-- 1 jeffmbair staff 3781664 Mar 8 14:36 version0002.h5
-rw-r--r-- 1 jeffmbair staff 3781664 Mar 8 14:12 version0001.h5
-rw-r--r-- 1 jeffmbair  staff   656600 Mar  8 12:29 model.png
```

这些扩展名为 . h5 的文件是 HDF5 格式的 Keras 模型文件，其中每个文件主要包含了模型架构定义、训练权重和训练配置信息。稍后将分析如何使用 Keras 模型文件来生成 TensorFlow 检查点文件，然后可将其冻结到在移动设备上运行的模型文件中。

. png 模型文件中包含了深度神经网络架构的详细视图。该架构相当深，具有许多卷积层残差块，然后是批处理归一化层和 ReLU 层，以保证训练过程稳定。模型的顶部如图 10.1 所示（由于中间部分太大而未显示，若要详细查看，建议打开 model. png 文件）。

值得注意的是，这种神经网络被称为残差网络（ResNet），其是由 Microsoft 公司根据 2015 年 ImageNet 和 COCO 竞赛的获奖作品而引入的。在 ResNet 中，通过恒等映射（见图 10.1 中右侧箭头）来避免网络越深训练误差越大。有关 ResNet 的更多信息，可查看名为 "Deep Residual Learning for Image Recognition" 的原始论文（https：//arxiv. org/pdf/1512. 03385v1. pdf），以及博客文章 "Understanding Deep Residual Networks"（一个重新定义最先进深度神经网络的模块化简单学习框架）（https：//blog. waya. ai/deep – residuallearning – 9610bb62c355）。

深度网络的最后一层如图 10.2 所示，由图可知，在最后一个残差块和具有批量归一化层和 ReLU 层的卷积层之后，应用了稠密全连接层来输出 value_head 和 policy_head 值。

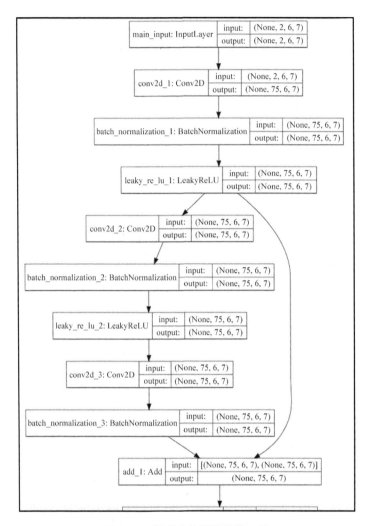

图 10.1　深度残差网络的第一层

在本节的最后一部分，将给出利用 Keras API（对 ResNet 有很好支持）来构建上述网络的 Python 代码段。接下来，先让这些模型相互对战，然后再与人类玩家对战，由此观察这些模型的性能好坏。

10.2.2　测试模型

例如，要对模型版本 4 与模型版本 1 进行比较，首先通过执行 mkdir－p run_archive/connect4/run0001/models 创建一个新的目录路径，并将 *.h5 文件从 run/models 复制到 run0001/models 文件夹。然后修改 DeepReinforcementLearning 文件夹中的 play.py 为

```
playMatchesBetweenVersions(env, 1, 1, 4, 10, lg.logger_tourney, 0)
```

其中，参数 1、1、4、10 中的第一个值表示运行版本，即 1 表示模型位于 run_archive/connect4 的 run0001/models 中。第二个和第三个值是指两个玩家的模型版本，即 1 和 4 意味

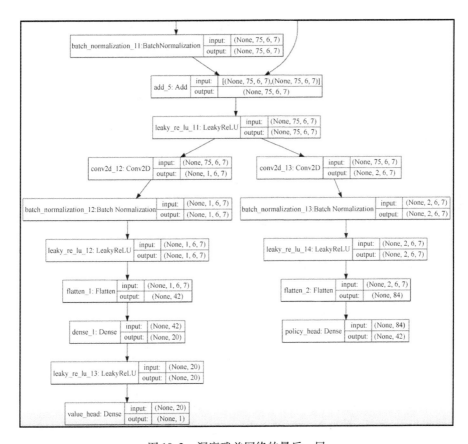

图 10.2　深度残差网络的最后一层

着这是模型版本 1 与版本 4 对战。第四个值（10）是指对战的次数或回合个数。

在按指定方式执行 python play. py 脚本进行游戏后，可通过以下命令查看游戏结果：

```
grep WINS run/logs/logger_tourney.log |tail -10
```

在版本 4 和版本 1 的对战中，可能会看到以下类似结果，这意味着两者水平相当。

```
2018-03-14 23:55:21,001 INFO player2 WINS!
2018-03-14 23:55:58,828 INFO player1 WINS!
2018-03-14 23:56:43,778 INFO player2 WINS!
2018-03-14 23:56:51,981 INFO player1 WINS!
2018-03-14 23:57:00,985 INFO player1 WINS!
2018-03-14 23:57:30,389 INFO player2 WINS!
2018-03-14 23:57:39,742 INFO player1 WINS!
2018-03-14 23:58:19,498 INFO player2 WINS!
2018-03-14 23:58:27,554 INFO player1 WINS!
2018-03-14 23:58:36,490 INFO player1 WINS!
```

在 config. py 中设置 MCTS_SIMS = 50，即 MCTS 的模拟次数，这对游戏时间具有很大影响。在每一个状态下，MCTS 都会模拟执行 MCTS_SIMS 次，并与训练后的网络一起，得出最佳的动作。因此，如果训练后的模型性能不够好，即便将 MCTS_SIMS 设为 50 会让 play. py 脚本运行时间更长，但并不一定能让玩家更强大。在采用特定版本的模型时可将其更改为不

同的值，以查看该值是如何影响模型的性能级别的。若与某一特定版本的模型进行人工对战，需将 play. py 更改为

```
playMatchesBetweenVersions(env, 1, 4, -1, 10, lg.logger_tourney, 0)
```

其中，－1 表示人类玩家。因此，上述代码是要求人类玩家（玩家 2）与玩家 1（模型版本 4）进行游戏对战。现在，运行 python play. py 之后，将弹出一条输入提示"Enter your chosen action:"；打开另一个终端窗口，转到 DeepReinforcementLearning 文件夹，然后输入 tail－f run/logs/logger_tourney. log 命令，则在屏幕上输出的棋盘格信息如下：

```
2018-03-15 00:03:43,907 INFO ====================
2018-03-15 00:03:43,907 INFO EPISODE 1 OF 10
2018-03-15 00:03:43,907 INFO ====================
2018-03-15 00:03:43,908 INFO player2 plays as X
2018-03-15 00:03:43,908 INFO ---------------
2018-03-15 00:03:43,908 INFO ['-', '-', '-', '-', '-', '-', '-']
2018-03-15 00:03:43,908 INFO ['-', '-', '-', '-', '-', '-', '-']
2018-03-15 00:03:43,908 INFO ['-', '-', '-', '-', '-', '-', '-']
2018-03-15 00:03:43,909 INFO ['-', '-', '-', '-', '-', '-', '-']
2018-03-15 00:03:43,909 INFO ['-', '-', '-', '-', '-', '-', '-']
2018-03-15 00:03:43,909 INFO ['-', '-', '-', '-', '-', '-', '-']
```

注意，最后 6 行代表 6 行 7 列的棋盘格：第一行对应 7 个动作编号——0、1、2、3、4、5、6，第二行对应 7、8、9、10、11、12、13，以此类推，因此最后一行是对应第 35、36、37、38、39、40、41 动作编号。

现在，在运行 play. py 的第一个终端中输入数字 38，执行版本 4 模型的玩家 1，记为 O，将会移动以呈现新的棋盘格，如下：

```
2018-03-15 00:06:13,360 INFO action: 38
2018-03-15 00:06:13,364 INFO ['-', '-', '-', '-', '-', '-', '-']
2018-03-15 00:06:13,365 INFO ['-', '-', '-', '-', '-', '-', '-']
2018-03-15 00:06:13,365 INFO ['-', '-', '-', '-', '-', '-', '-']
2018-03-15 00:06:13,365 INFO ['-', '-', '-', '-', '-', '-', '-']
2018-03-15 00:06:13,365 INFO ['-', '-', '-', '-', '-', '-', '-']
2018-03-15 00:06:13,365 INFO ['-', '-', '-', 'X', '-', '-', '-']
2018-03-15 00:06:13,366 INFO ---------------
2018-03-15 00:06:15,155 INFO action: 31

2018-03-15 00:06:15,155 INFO ['-', '-', '-', '-', '-', '-', '-']
2018-03-15 00:06:15,156 INFO ['-', '-', '-', '-', '-', '-', '-']
2018-03-15 00:06:15,156 INFO ['-', '-', '-', '-', '-', '-', '-']
2018-03-15 00:06:15,156 INFO ['-', '-', '-', '-', '-', '-', '-']
2018-03-15 00:06:15,156 INFO ['-', '-', '-', 'O', '-', '-', '-']
2018-03-15 00:06:15,156 INFO ['-', '-', '-', 'X', '-', '-', '-']
```

玩家 1 移动后，人类玩家继续输入新动作，直到游戏结束，接着开始下一回新的游戏。

```
2018-03-15 00:16:03,205 INFO action: 23
2018-03-15 00:16:03,206 INFO ['-', '-', '-', '-', '-', '-', '-']
2018-03-15 00:16:03,206 INFO ['-', '-', '-', 'O', '-', '-', '-']
2018-03-15 00:16:03,206 INFO ['-', '-', '-', 'O', 'O', 'O', '-']
2018-03-15 00:16:03,207 INFO ['-', '-', 'O', 'X', 'X', 'X', '-']
2018-03-15 00:16:03,207 INFO ['-', '-', 'X', 'O', 'X', 'O', '-']
2018-03-15 00:16:03,207 INFO ['-', '-', 'O', 'X', 'X', 'X', '-']
2018-03-15 00:16:03,207 INFO ---------------
```

```
2018-03-15 00:16:14,175 INFO action: 16
2018-03-15 00:16:14,178 INFO ['-', '-', '-', '-', '-', '-', '-']
2018-03-15 00:16:14,179 INFO ['-', '-', '-', 'O', '-', '-', '-']
2018-03-15 00:16:14,179 INFO ['-', '-', 'X', 'O', 'O', 'O', '-']
2018-03-15 00:16:14,179 INFO ['-', '-', 'O', 'X', 'X', 'X', '-']
2018-03-15 00:16:14,179 INFO ['-', '-', 'X', 'O', 'X', 'O', '-']
2018-03-15 00:16:14,180 INFO ['-', '-', 'O', 'X', 'X', 'X', '-']
2018-03-15 00:16:14,180 INFO ---------------
2018-03-15 00:16:14,180 INFO player2 WINS!
2018-03-15 00:16:14,180 INFO ====================
2018-03-15 00:16:14,180 INFO EPISODE 2 OF 5
```

这就是手动测试特定版本的模型性能的方法。理解上述棋盘格的表示也将有助于理解随后的 iOS 和 Android 代码。如果很容易就能击败一个模型，那么可通过以下一些工作来改进模型：

1）在 Python notebook 上连续运行 run.ipynb 文件中的模型（第二个代码块）几天。在本书的测试中，是在旧版本的 iMac 操作系统上运行了大约一天后，版本 19 的模型以 10∶0 击败版本 1 和版本 4 的模型（版本 1 和版本 4 的性能相当）。

2）为提高 MCTS 得分公式的性能：MCTS 在模拟过程中是采用置信上限树（Upper Confidence Tree，UCT）得分来选择要进行的下一步移动，模型中的公式如下（更多细节参见博客文章（http：//tim.hibal.org/blog/alpha－zero－how－and－why－it－works），以及 AlphaZero 的官方文件）：

```
edge.stats['P'] * np.sqrt(Nb) / (1 + edge.stats['N'])
```

若将其更改为如下类似 DeepMind 团队所采用的公式：

```
edge.stats['P'] * np.sqrt(np.log(1+Nb) / (1 + edge.stats['N']))
```

那么，版本 19 的模型将以 10∶0 完胜版本 1，即使设置 MCTS_SIMS 仅为 10。

3）优化深度神经网络模型，以尽可能复现 AlphaZero。

尽管深入探讨模型的细节已超出本书的讨论范畴，但接下来还是分析一下在 Keras 中如何构建这一模型，以便随后在 iOS 和 Android 中运行该模型时能够更深入地理解（可分析 agent.py、MCTS.py 以及 game.py 中的其余主要代码，以更好地理解游戏的工作原理）。

10.2.3 分析建模代码

在 model.py 中，Keras 输入如下：

```
from keras.models import Sequential, load_model, Model
from keras.layers import Input, Dense, Conv2D, Flatten, BatchNormalization,
Activation, LeakyReLU, add
from keras.optimizers import SGD
from keras import regularizers
```

四种关键建模方法为

```
def residual_layer(self, input_block, filters, kernel_size)
def conv_layer(self, x, filters, kernel_size)
def value_head(self, x)
def policy_head(self, x)
```

上述各种方法都有一个或多个 Conv2d 层，然后是 BatchNormalization 和 LeakyReLU 激活函数，如图 10.1 所示，但 value_head 和 policy_head 还有全连接层，如图 10.2 所示，在卷积层之后生成一个之前讨论过的针对输入状态的预测值和策略概率。在_build_model 方法中，定义了模型的输入和输出。

```
main_input = Input(shape = self.input_dim, name = 'main_input')

vh = self.value_head(x)
ph = self.policy_head(x)

model = Model(inputs=[main_input], outputs=[vh, ph])
```

深度神经网络以及模型损失和优化器也在_build_model 方法中进行了定义。

```
if len(self.hidden_layers) > 1:
    for h in self.hidden_layers[1:]:
        x = self.residual_layer(x, h['filters'], h['kernel_size'])

model.compile(loss={'value_head': 'mean_squared_error', 'policy_head':
softmax_cross_entropy_with_logits}, optimizer=SGD(lr=self.learning_rate,
momentum = config.MOMENTUM), loss_weights={'value_head': 0.5,
'policy_head': 0.5})
```

为了确定确切的输出节点名称（输入节点名称指定为'main_input'），可在 model.py 中添加 print（vh）和 print（ph）；这时运行 python play.py 将输出以下两行代码：

```
Tensor("value_head/Tanh:0", shape=(?, 1), dtype=float32)
Tensor("policy_head/MatMul:0", shape=(?, 42), dtype=float32)
```

10.2.4　冻结模型

首先，需要创建 TensorFlow 检查点文件——只需将 funcs.py 中关于玩家 1 和玩家 2 的两行代码注释掉，然后再次运行 python play.py：

```
if player1version > 0:
    player1_network = player1_NN.read(env.name, run_version,
player1version)
    player1_NN.model.set_weights(player1_network.get_weights())
    # saver = tf.train.Saver()
    # saver.save(K.get_session(), '/tmp/alphazero19.ckpt')

if player2version > 0:
    player2_network = player2_NN.read(env.name, run_version,
player2version)
    player2_NN.model.set_weights(player2_network.get_weights())
    # saver = tf.train.Saver()
    # saver.save(K.get_session(), '/tmp/alphazero_4.ckpt')
```

上述过程你应该很熟悉，因为这与在第 8 章中的操作类似。不过，一定要确保 alphazero19.ckpt 和 alphazero_4.ckpt 中的版本号（如 19 或 4）与 play.py 中所定义的一致，如 playMatchesBetweenVersions（env, 1, 19, 4, 10, lg.logger_tourney, 0），同时也要确保与 run_archive/connect4/run0001/models 文件夹中的文件一致，在本例中，文件夹中的文件是 version0019.h5 和 version0004.h5。

运行 play.py 后，将在/tmp 文件夹中生成 alphazero19 检查点文件。

```
-rw-r--r-- 1 jeffmbair wheel 99 Mar 13 18:17 checkpoint
-rw-r--r-- 1 jeffmbair wheel 1345545 Mar 13 18:17 alphazero19.ckpt.meta
-rw-r--r-- 1 jeffmbair wheel 7296096 Mar 13 18:17
alphazero19.ckpt.data-00000-of-00001
-rw-r--r-- 1 jeffmbair wheel 8362 Mar 13 18:17 alphazero19.ckpt.index
```

现在，转到 TensorFlow 的根目录下，运行 freeze_graph 脚本。

```
python tensorflow/python/tools/freeze_graph.py \
--input_meta_graph=/tmp/alphazero19.ckpt.meta \
--input_checkpoint=/tmp/alphazero19.ckpt \
--output_graph=/tmp/alphazero19.pb \
--output_node_names="value_head/Tanh,policy_head/MatMul" \
--input_binary=true
```

为简单起见，同时也因为这是一个小规模模型，因此不会像在第 6 章和第 9 章中那样进行图转换和内存映射转换。接下来，将准备在移动设备上使用该模型，并编写代码在 iOS 和 Android 设备上玩 Connect 4 游戏。

10. 3　利用 iOS 中的模型玩 Connect 4 游戏

对于一个新冻结的、可选择转换和内存映射的模型，可以尝试通过 TensorFlow pod 来判别是否能够以简单方式使用该模型。在本例中，所生成的 alphazero19. pb 模型在使用 Tensor-Flow pod 加载时，会产生以下错误：

```
Couldn't load model: Invalid argument: No OpKernel was registered to
support Op 'Switch' with these attrs. Registered devices: [CPU], Registered
kernels:
  device='GPU'; T in [DT_FLOAT]
  device='GPU'; T in [DT_INT32]
  device='GPU'; T in [DT_BOOL]
  device='GPU'; T in [DT_STRING]
  device='CPU'; T in [DT_INT32]
  device='CPU'; T in [DT_FLOAT]

    [[Node: batch_normalization_13/cond/Switch = Switch[T=DT_BOOL,
_output_shapes=[[], []]](batch_normalization_1/keras_learning_phase,
batch_normalization_1/keras_learning_phase)]]
```

正如在前几章中所讨论的，现在你应该已知如何修复这种类型的错误了。简单回顾一下，只需确保 Switch 操作的内核文件已包含在 tensorflow/contrib/makefile/tf_op_files. txt 文件中。这可通过运行 grep 'REGISTER. * " Switch" ' tensorflow/core/kernels/ * . cc 来确定用于 Switch 操作的内核文件，此时应显示 tensorflow/core/kernels/control_flow_ops. cc。默认情况下，自从 TensorFlow 1. 4 以来，control_flow_ops. cc 文件就是包含在 tf_op_files. txt 中的。因此，需要做的就是通过运行 tensorflow/contrib/makefile/build_all_ios. sh 来编译 TensorFlow 下的 iOS 自定义库。如果在上章已成功运行 iOS 应用程序，则表明库已编译成功，而无须或不再运行这些耗时的命令。

接下来，只需创建一个名为 AlphaZero 的新的 Xcode iOS 工程，并将上章 iOS 工程中的 tensorflow_utils. mm 和 tensorflow_utils. h 文件，以及上节生成的 alphazero19. pb 模型文件拖放到该工程中。将 ViewController. m 重命名为 ViewController. mm，并添加一些常量和变量。此

时的工程界面如图 10.3 所示。

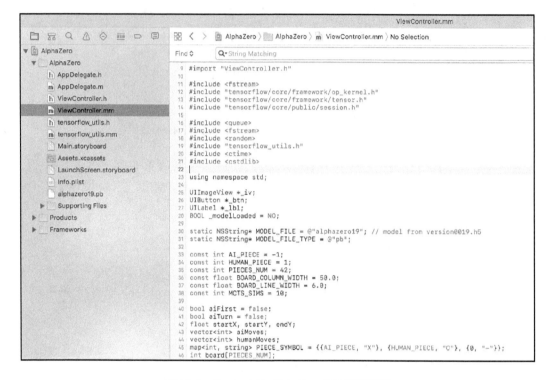

图 10.3 Xcode 中的 AlphaZero iOS 应用程序

此处，只需使用三个 UI 元素：

1）显示棋盘和棋子的 UIImageView。

2）显示游戏结果并提示用户操作的 UILabel。

3）用来开始游戏或重新开始游戏的 UIButton。如前所述，其是通过 viewDidLoad 方法以编程方式进行创建并定位的。

单击 Play 或 Replay 按钮后，随机决定谁先开始，重置以整数数组表示的棋盘，清除保存人类移动和 AI 移动顺序的两个向量，并重新绘制初始棋盘格。

```
int n = rand() % 2;
aiFirst = (n==0);
if (aiFirst) aiTurn = true;
else aiTurn = false;

for (int i=0; i<PIECES_NUM; i++)
    board[i] = 0;
aiMoves.clear();
humanMoves.clear();
_iv.image = [self createBoardImageInRect:_iv.frame];
```

然后在工作者线程上开始执行游戏。

```
dispatch_async(dispatch_get_global_queue(0, 0), ^{
    std::string result = playGame(withMCTS);
    dispatch_async(dispatch_get_main_queue(), ^{
        NSString *rslt = [NSString stringWithCString:result.c_str()
encoding:[NSString defaultCStringEncoding]];
        [_lbl setText:rslt];
        _iv.image = [self createBoardImageInRect:_iv.frame];
    });
});
```

在 playGame 方法中，首先检查模型是否已加载，如果没有，则需加载。

```
string playGame(bool withMCTS) {
    if (!_modelLoaded) {
        tensorflow::Status load_status;
        load_status = LoadModel(MODEL_FILE, MODEL_FILE_TYPE, &tf_session);
        if (!load_status.ok()) {
            LOG(FATAL) << "Couldn't load model: " << load_status;
            return "";
        }
        _modelLoaded = YES;
    }
```

如果轮到人类玩家操作，则返回并提示。否则，将棋盘状态转换为模型所期望的二进制输入格式。

```
    if (!aiTurn) return "Tap the column for your move";
    int binary[PIECES_NUM*2];
    for (int i=0; i<PIECES_NUM; i++)
        if (board[i] == 1) binary[i] = 1;
        else binary[i] = 0;
    for (int i=0; i<PIECES_NUM; i++)
        if (board[i] == -1) binary[42+i] = 1;
        else binary[PIECES_NUM+i] = 0;
```

例如，若棋盘数组是 [0 1 1 −1 1 −1 0 0 1 −1 −1 −1 1 0 0 1 −1 1 −1 1 0 0 −1 −1 −1 1 −1 0 1 1 1 −1 −1 −1 −1 1 1 1 −1 1 1 1 −1]，则表示棋盘状态如下（"X" 代表 1，"O" 代表 −1，" − " 则代表 0）：

```
['-', 'X', 'X', 'O', 'X', 'O', '-']
['-', 'X', 'O', 'O', 'O', 'X', '-']
['-', 'X', 'O', 'X', 'O', 'X', '-']
['-', 'O', 'O', 'O', 'X', 'O', '-']
['X', 'X', 'X', 'O', 'O', 'O', 'O']
['X', 'X', 'X', 'O', 'X', 'X', 'O']
```

此时，根据上述代码段生成的二进制数组将是 [0 1 1 0 1 0 0 0 1 0 0 0 1 0 0 1 0 1 0 1 0 0 0 0 0 1 0 0 1 1 1 0 0 0 0 1 1 1 0 1 1 0 0 0 0 1 0 1 0 0 0 1 1 1 0 0 0 0 1 0 1 0 0 0 1 1 1 0 1 0 0 0 0 1 1 1 1 0 0 0 1 0 0 1]，即对棋盘上两个玩家的棋子进行编码后的值。

仍然是在 playGame 方法中，调用 getProbs 方法，该方法可根据 binary 输入变量来运行冻结模型，并在 probs 变量中返回概率策略，从而找到所有策略中概率最大的策略。

```
    float *probs = new float[PIECES_NUM];
    for (int i=0; i<PIECES_NUM; i++)
        probs[i] = -100.0;
    if (getProbs(binary, probs)) {
```

```
    int action = -1;

    float max = 0.0;
    for (int i=0; i<PIECES_NUM; i++) {
        if (probs[i] > max) {
            max = probs[i];
            action = i;
        }
    }
}
```

此处将所有 probs 变量数组元素初始化为 −100.0 的原因是，在 getProbs 方法（稍后介绍）中，仅对于合理操作，probs 数组才会更改为策略返回的值（所有较小的值都在 −1.0 ~ 1.0 之间），因此，所有不当操作的 probs 值继续保持为 −100.0，经 softmax 函数后，这些不当操作的概率基本为零，从而对于允许操作，可用概率来衡量。

此处只是根据最大概率值来指导人工智能体的操作，而没有利用 MCTS，但如果要想让人工智能体在复杂游戏（如国际象棋或围棋）中真正强大的话，MCTS 是必不可少的。如前所述，如果训练模型返回的策略已足够完美，那么也无须利用 MCTS。在本书的源代码中提供了 MCTS 的具体实现以供参考，因此不再赘述 MCTS 的所有实现细节。

playGame 方法中的其余代码是根据模型返回的所有合理操作中概率最大的操作来作为所选择的操作并更新棋盘状态，然后调用 printBoard 辅助方法在 Xcode 输出面板上显示棋盘以便更好地进行调试，接着将执行的操作添加到 aiMoves 向量，以正确地重新绘制棋盘，最后在游戏结束时返回正确的状态信息。通过将 aiTurn 设置为 false，触摸事件处理程序（稍后介绍）可根据人类玩家的触摸手势来完成其打算进行的操作；如果 aiTurn 为 true，则触摸处理程序将忽略所有触摸手势。

```
        board[action] = AI_PIECE;
        printBoard(board);
        aiMoves.push_back(action);

        delete []probs;
        if (aiWon(board)) return "AI Won!";
        else if (aiLost(board)) return "You Won!";
        else if (aiDraw(board)) return "Draw";
    } else {
        delete []probs;
    }
    aiTurn = false;
    return "Tap the column for your move";
}
```

printBoard 辅助方法实现如下：
```
void printBoard(int bd[]) {
    for (int i = 0; i<6; i++) {
        for (int j=0; j<7; j++) {
            cout << PIECE_SYMBOL[bd[i*7+j]] << " ";
        }
        cout << endl;
    }
    cout << endl << endl;
}
```

Xcode 的输出面板将输出结果，如下：

```
- - - - - - -
- - - - - - -
- - O - - - -
X - O - - - O
O O O X X - X
X X O O X - X
```

在 getProbs 关键方法中，首先定义输入和输出节点名称，然后以二进制值表示输入张量。

```
bool getProbs(int *binary, float *probs) {
    std::string input_name = "main_input";
    std::string output_name1 = "value_head/Tanh";
    std::string output_name2 = "policy_head/MatMul";
    tensorflow::Tensor input_tensor(tensorflow::DT_FLOAT,
tensorflow::TensorShape({1,2,6,7}));
    auto input_mapped = input_tensor.tensor<float, 4>();
    for (int i = 0; i < 2; i++) {
        for (int j = 0; j<6; j++) {
            for (int k=0; k<7; k++) {
                input_mapped(0,i,j,k) = binary[i*42+j*7+k];
            }
        }
    }
```

此时，根据输入运行模型，可得输出为

```
    std::vector<tensorflow::Tensor> outputs;
    tensorflow::Status run_status = tf_session->Run({{input_name,
input_tensor}}, {output_name1, output_name2}, {}, &outputs);
    if (!run_status.ok()) {
        LOG(ERROR) << "Getting model failed:" << run_status;
        return false;
    }
    tensorflow::Tensor* value_tensor = &outputs[0];
    tensorflow::Tensor* policy_tensor = &outputs[1];
    const Eigen::TensorMap<Eigen::Tensor<float, 1, Eigen::RowMajor>,
Eigen::Aligned>& value = value_tensor->flat<float>();

    const Eigen::TensorMap<Eigen::Tensor<float, 1, Eigen::RowMajor>,
Eigen::Aligned>& policy = policy_tensor->flat<float>();
```

仅针对合理操作，才设置概率值，然后调用 softmax 函数使得所有合理操作的 probs 值之和为 1。

```
    vector<int> actions;
    getAllowedActions(board, actions);
    for (int action : actions) {
        probs[action] = policy(action);
    }
    softmax(probs, PIECES_NUM);
    return true;
}
```

getAllowedActions 函数定义如下：

```
void getAllowedActions(int bd[], vector<int> &actions) {
    for (int i=0; i<PIECES_NUM; i++) {
        if (i>=PIECES_NUM-7) {
            if (bd[i] == 0)
                actions.push_back(i);
        }
        else {
            if (bd[i] == 0 && bd[i+7] != 0)
                actions.push_back(i);
        }
    }
}
```

接下来的 softmax 函数非常简单，如下：

```
void softmax(float vals[], int count) {
    float max = -FLT_MAX;
    for (int i=0; i<count; i++) {
        max = fmax(max, vals[i]);
    }
    float sum = 0.0;
    for (int i=0; i<count; i++) {
        vals[i] = exp(vals[i] - max);
        sum += vals[i];
    }
    for (int i=0; i<count; i++) {
        vals[i] /= sum;
    }
}
```

另外，还定义了几个辅助函数来测试游戏结束时的状态，如下：

```
bool aiWon(int bd[]) {
    for (int i=0; i<69; i++) {
        int sum = 0;
        for (int j=0; j<4; j++)
            sum += bd[winners[i][j]];
        if (sum == 4*AI_PIECE ) return true;
    }
    return false;
}

bool aiLost(int bd[]) {
    for (int i=0; i<69; i++) {
        int sum = 0;
        for (int j=0; j<4; j++)
            sum += bd[winners[i][j]];
        if (sum == 4*HUMAN_PIECE ) return true;
    }
    return false;
}

bool aiDraw(int bd[]) {
    bool hasZero = false;
    for (int i=0; i<PIECES_NUM; i++) {
```

```
            if (bd[i] == 0) {
                hasZero = true;
                break;
            }
        }
    if (!hasZero) return true;
    return false;
}

bool gameEnded(int bd[]) {
    if (aiWon(bd) || aiLost(bd) || aiDraw(bd)) return true;
    return false;
}
```

aiWon 和 aiLost 函数都是使用一个常量数组来定义所有 69 个可能获胜的位置。

```
int winners[69][4] = {
    {0,1,2,3},
    {1,2,3,4},
    {2,3,4,5},
    {3,4,5,6},
    {7,8,9,10},
    {8,9,10,11},
    {9,10,11,12},
    {10,11,12,13},
    ......
    {3,11,19,27},
    {2,10,18,26},
    {10,18,26,34},
    {1,9,17,25},
    {9,17,25,33},
    {17,25,33,41},
    {0,8,16,24},
    {8,16,24,32},
    {16,24,32,40},

    {7,15,23,31},
    {15,23,31,39},
    {14,22,30,38}};
```

在触摸处理程序中，首先确保轮到人类玩家。然后检查触摸点的值是否位于棋盘区域内，根据触摸位置获取被单击的列，并更新 board 数组和 humanMoves 向量。

```
- (void) touchesEnded:(NSSet *)touches withEvent:(UIEvent *)event {
    if (aiTurn) return;
    UITouch *touch = [touches anyObject];
    CGPoint point = [touch locationInView:self.view];
    if (point.y < startY || point.y > endY) return;
    int column = (point.x-startX)/BOARD_COLUMN_WIDTH;
    for (int i=0; i<6; i++)
        if (board[35+column-7*i] == 0) {
            board[35+column-7*i] = HUMAN_PIECE;
            humanMoves.push_back(35+column-7*i);
            break;
        }
```

触摸处理程序的其余部分是通过调用 createBoardImageInRect 来重新绘制 ImageView，这是通过 BezierPath 来绘制或重绘棋盘和所有棋子，并检查游戏状态，若游戏结束，则返回结果，若尚未结束，则继续进行。

```
_iv.image = [self createBoardImageInRect:_iv.frame];
aiTurn = true;
if (gameEnded(board)) {
    if (aiWon(board)) _lbl.text = @"AI Won!";
    else if (aiLost(board)) _lbl.text = @"You Won!";
    else if (aiDraw(board)) _lbl.text = @"Draw";
    return;
}
dispatch_async(dispatch_get_global_queue(0, 0), ^{
    std::string result = playGame(withMCTS);
    dispatch_async(dispatch_get_main_queue(), ^{
        NSString *rslt = [NSString stringWithCString:result.c_str()
encoding:[NSString defaultCStringEncoding]];
        [_lbl setText:rslt];
        _iv.image = [self createBoardImageInRect:_iv.frame];
    });
});
}
```

其余的 iOS 代码都是在 createBoardImageInRect 方法中，该方法采用 UIBezierPath 中的 moveToPoint 和 addLineToPoint 方法来绘制棋盘。

```
- (UIImage *)createBoardImageInRect:(CGRect)rect
{
    int margin_y = 170;

    UIGraphicsBeginImageContextWithOptions(CGSizeMake(rect.size.width,
rect.size.height), NO, 0.0);
    UIBezierPath *path = [UIBezierPath bezierPath];

    startX = (rect.size.width - 7*BOARD_COLUMN_WIDTH)/2.0;
    startY = rect.origin.y+margin_y+30;
    endY = rect.origin.y - margin_y + rect.size.height;
    for (int i=0; i<8; i++) {
        CGPoint point = CGPointMake(startX + i * BOARD_COLUMN_WIDTH,
startY);
        [path moveToPoint:point];
        point = CGPointMake(startX + i * BOARD_COLUMN_WIDTH, endY);
        [path addLineToPoint:point];
    }
    CGPoint point = CGPointMake(startX, endY);
    [path moveToPoint:point];
    point = CGPointMake(rect.size.width - startX, endY);
    [path addLineToPoint:point];

    path.lineWidth = BOARD_LINE_WIDTH;
    [[UIColor blueColor] setStroke];
    [path stroke];
```

bezierPathWithOvalInRect 方法可绘制人工智能体和人类玩家操作的所有棋子——取决于谁先走第一步，接着开始交替绘制棋子，只是顺序不同。

```objc
        int columnPieces[] = {0,0,0,0,0,0,0};
        if (aiFirst) {
            for (int i=0; i<aiMoves.size(); i++) {
                int action = aiMoves[i];
                int column = action % 7;
                CGRect r = CGRectMake(startX + column * BOARD_COLUMN_WIDTH,
endY - BOARD_COLUMN_WIDTH - BOARD_COLUMN_WIDTH * columnPieces[column],
BOARD_COLUMN_WIDTH, BOARD_COLUMN_WIDTH);
                UIBezierPath *path = [UIBezierPath bezierPathWithOvalInRect:r];
                UIColor *color = [UIColor redColor];
                [color setFill];
                [path fill];
                columnPieces[column]++;
                if (i<humanMoves.size()) {
                    int action = humanMoves[i];
                    int column = action % 7;
                    CGRect r = CGRectMake(startX + column * BOARD_COLUMN_WIDTH,
endY - BOARD_COLUMN_WIDTH - BOARD_COLUMN_WIDTH * columnPieces[column],
BOARD_COLUMN_WIDTH, BOARD_COLUMN_WIDTH);
                    UIBezierPath *path = [UIBezierPath
bezierPathWithOvalInRect:r];
                    UIColor *color = [UIColor yellowColor];
                    [color setFill];
                    [path fill];
                    columnPieces[column]++;
                }
            }
        }
        else {
            for (int i=0; i<humanMoves.size(); i++) {
                int action = humanMoves[i];
                int column = action % 7;
                CGRect r = CGRectMake(startX + column * BOARD_COLUMN_WIDTH,
endY - BOARD_COLUMN_WIDTH - BOARD_COLUMN_WIDTH * columnPieces[column],
BOARD_COLUMN_WIDTH, BOARD_COLUMN_WIDTH);
                UIBezierPath *path = [UIBezierPath bezierPathWithOvalInRect:r];
                UIColor *color = [UIColor yellowColor];
                [color setFill];
                [path fill];
                columnPieces[column]++;
                if (i<aiMoves.size()) {
                    int action = aiMoves[i];
                    int column = action % 7;
                    CGRect r = CGRectMake(startX + column * BOARD_COLUMN_WIDTH,
endY - BOARD_COLUMN_WIDTH - BOARD_COLUMN_WIDTH * columnPieces[column],
BOARD_COLUMN_WIDTH, BOARD_COLUMN_WIDTH);
                    UIBezierPath *path = [UIBezierPath
bezierPathWithOvalInRect:r];
                    UIColor *color = [UIColor redColor];
                    [color setFill];
                    [path fill];
                    columnPieces[column]++;
                }
            }
        }
        UIImage *image = UIGraphicsGetImageFromCurrentImageContext();
        UIGraphicsEndImageContext();
        return image;
}
```

现在运行该应用程序，屏幕显示如图 10.4 所示。

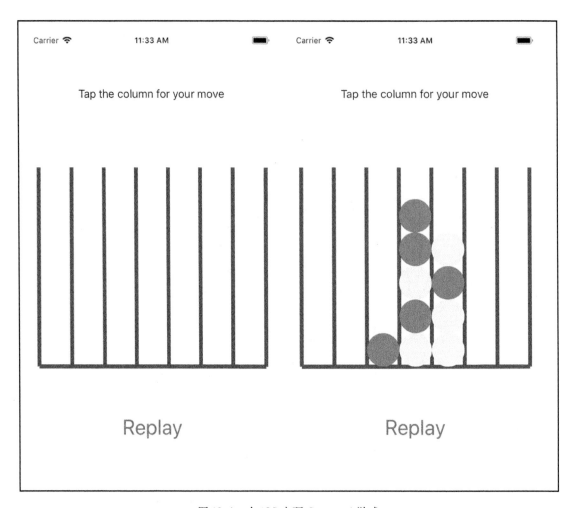

图 10.4　在 iOS 中玩 Connect 4 游戏

利用 AI 玩几场游戏后，游戏结束时的结果如图 10.5 所示。

接着简要分析一下使用该模型玩 Connect 4 游戏的 Android 代码。

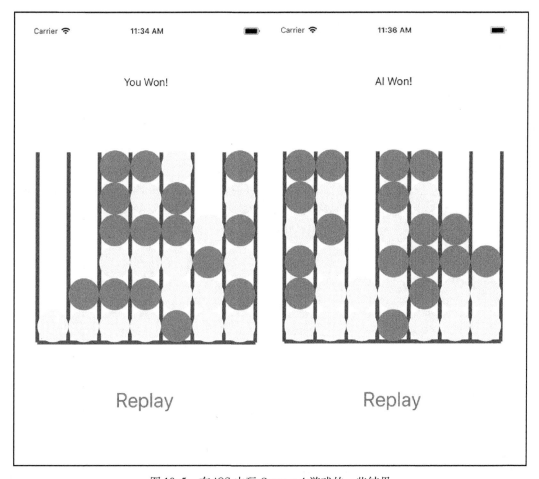

图 10.5　在 iOS 中玩 Connect 4 游戏的一些结果

10.4　利用 Android 中的模型玩 Connect 4 游戏

毫无疑问，正如第 7 章中所述，同样不需要使用自定义的 Android 库来加载模型。只需创建一个名为 AlphaZero 的新的 Android Studio 应用程序，将 alphazero19.pb 模型文件复制到新创建的 assets 文件夹中，并和之前所做的一样，在应用程序的 build.gradle 中添加 compile 'org.tensorflow：tensorflowandroid：+'一行代码。

首先创建一个新类 BoardView，这是 View 类的扩展，用于绘制棋盘以及人工智能体和人类玩家操作的棋子。

```
public class BoardView extends View {
    private Path mPathBoard, mPathAIPieces, mPathHumanPieces;
    private Paint mPaint, mCanvasPaint;
    private Canvas mCanvas;
    private Bitmap mBitmap;
    private MainActivity mActivity;

    private static final float MARGINX = 20.0f;
```

```
private static final float MARGINY = 210.0f;
private float endY;
private float columnWidth;

public BoardView(Context context, AttributeSet attrs) {
    super(context, attrs);
    mActivity = (MainActivity) context;

    setPathPaint();
}
```

此处使用三个 Path 实例——mPathBoard、mPathAIPieces 和 mPathHumanPieces，分别用不同颜色绘制棋盘、人工智能体的操作和人类玩家的操作。在 onDraw 方法中，通过 Path 的 moveTo 和 lineTo 方法以及 Canvas 的 drawPath 方法实现了 BoardView 的绘图功能。

```
protected void onDraw(Canvas canvas) {
    canvas.drawBitmap(mBitmap, 0, 0, mCanvasPaint);
    columnWidth = (canvas.getWidth() - 2*MARGINX) / 7.0f;

    for (int i=0; i<8; i++) {
        float x = MARGINX + i * columnWidth;
        mPathBoard.moveTo(x, MARGINY);
        mPathBoard.lineTo(x, canvas.getHeight()-MARGINY);
    }

    mPathBoard.moveTo(MARGINX, canvas.getHeight()-MARGINY);
    mPathBoard.lineTo(MARGINX + 7*columnWidth, canvas.getHeight()-
                                                MARGINY);
    mPaint.setColor(0xFF0000FF);
    canvas.drawPath(mPathBoard, mPaint);
```

如果是人工智能体先操作，则开始绘制人工智能体的第一个操作，然后绘制人类玩家的第一个操作，如果还有的话，则继续交替绘制人工智能体和人类玩家的操作。

```
endY = canvas.getHeight()-MARGINY;
int columnPieces[] = {0,0,0,0,0,0,0};

for (int i=0; i<mActivity.getAIMoves().size(); i++) {
    int action = mActivity.getAIMoves().get(i);
    int column = action % 7;
    float x = MARGINX + column * columnWidth + columnWidth /
                                                2.0f;
    float y = canvas.getHeight()-MARGINY-
            columnWidth*columnPieces[column]-columnWidth/2.0f;
    mPathAIPieces.addCircle(x,y, columnWidth/2,
                                Path.Direction.CW);
    mPaint.setColor(0xFFFF0000);
    canvas.drawPath(mPathAIPieces, mPaint);
    columnPieces[column]++;

    if (i<mActivity.getHumanMoves().size()) {
        action = mActivity.getHumanMoves().get(i);
        column = action % 7;
```

```
    x = MARGINX + column * columnWidth + columnWidth /
                                            2.0f;
    y = canvas.getHeight()-MARGINY-
        columnWidth*columnPieces[column]-columnWidth/2.0f;
    mPathHumanPieces.addCircle(x,y, columnWidth/2,
                Path.Direction.CW);
    mPaint.setColor(0xFFFFFF00);
    canvas.drawPath(mPathHumanPieces, mPaint);
    columnPieces[column]++;
    }
}
```

如果是人类玩家先操作，则通过与 iOS 代码类似的绘图代码来实现。在 BoardView 方法的 public Boolean onTouchEvent（MotionEvent event）中，返回结果如果是轮到人工智能体进行操作，则检查哪个列被单击。如果该列尚未被六个棋子填满，则在 MainActivity 的 human-Moves 向量中添加人类玩家的新操作并重新绘制视图。

```
public boolean onTouchEvent(MotionEvent event) {
    if (mActivity.getAITurn()) return true;

    float x = event.getX();
    float y = event.getY();

    switch (event.getAction()) {
        case MotionEvent.ACTION_DOWN:
            break;
        case MotionEvent.ACTION_MOVE:
            break;
        case MotionEvent.ACTION_UP:
            if (y < MARGINY || y > endY) return true;

            int column = (int)((x-MARGINX)/columnWidth);
            for (int i=0; i<6; i++)
                if (mActivity.getBoard()[35+column-7*i] == 0) {
                    mActivity.getBoard()[35+column-7*i] =
                                MainActivity.HUMAN_PIECE;
                    mActivity.getHumanMoves().add(35+column-7*i);
                    break;
                }

            invalidate();
```

之后，设置轮到人工智能体的操作回合，如果游戏结束则返回结果；否则，启动一个新的线程来继续玩游戏，让人工智能体根据模型的策略返回结果选择下一步操作，然后是人类玩家触摸并选择下一步操作。

```
mActivity.setAiTurn();
if (mActivity.gameEnded(mActivity.getBoard())) {
    if (mActivity.aiWon(mActivity.getBoard()))
        mActivity.getTextView().setText("AI Won!");
    else if (mActivity.aiLost(mActivity.getBoard()))
        mActivity.getTextView().setText("You Won!");
    else if (mActivity.aiDraw(mActivity.getBoard()))
        mActivity.getTextView().setText("Draw");
```

```
        return true;
    }
Thread thread = new Thread(mActivity);
thread.start();
            break;
        default:
            return false;
    }

    return true;
}
```

主 UI 布局在 activity_main.xml 中定义，其中包含三个 UI 元素：TextView、自定义的 BoardView 和 Button。

```xml
<TextView
    android:id="@+id/textview"
    android:layout_width="wrap_content"
    android:layout_height="wrap_content"
    android:text=""
    android:textAlignment="center"
    android:textColor="@color/colorPrimary"
    android:textSize="24sp"
    android:textStyle="bold"
    app:layout_constraintBottom_toBottomOf="parent"
    app:layout_constraintHorizontal_bias="0.5"
    app:layout_constraintLeft_toLeftOf="parent"
    app:layout_constraintRight_toRightOf="parent"
    app:layout_constraintTop_toTopOf="parent"
    app:layout_constraintVertical_bias="0.06"/>

<com.ailabby.alphazero.BoardView
    android:id="@+id/boardview"
    android:layout_width="fill_parent"
    android:layout_height="fill_parent"
    app:layout_constraintBottom_toBottomOf="parent"
    app:layout_constraintLeft_toLeftOf="parent"
    app:layout_constraintRight_toRightOf="parent"
    app:layout_constraintTop_toTopOf="parent"/>

<Button
    android:id="@+id/button"
    android:layout_width="wrap_content"
    android:layout_height="wrap_content"
    android:text="Play"
    app:layout_constraintBottom_toBottomOf="parent"
    app:layout_constraintHorizontal_bias="0.5"
    app:layout_constraintLeft_toLeftOf="parent"
    app:layout_constraintRight_toRightOf="parent"
    app:layout_constraintTop_toTopOf="parent"
    app:layout_constraintVertical_bias="0.94" />
```

在 MainActivity.java 中，首先定义一些常量和字段。

```java
public class MainActivity extends AppCompatActivity implements Runnable {

    private static final String MODEL_FILE =
    "file:///android_asset/alphazero19.pb";

    private static final String INPUT_NODE = "main_input";
    private static final String OUTPUT_NODE1 = "value_head/Tanh";
    private static final String OUTPUT_NODE2 = "policy_head/MatMul";

    private Button mButton;
    private BoardView mBoardView;
    private TextView mTextView;

    public static final int AI_PIECE = -1;
    public static final int HUMAN_PIECE = 1;
    private static final int PIECES_NUM = 42;

    private Boolean aiFirst = false;
    private Boolean aiTurn = false;

    private Vector<Integer> aiMoves = new Vector<>();
    private Vector<Integer> humanMoves = new Vector<>();

    private int board[] = new int[PIECES_NUM];
    private static final HashMap<Integer, String> PIECE_SYMBOL;
    static
    {
        PIECE_SYMBOL = new HashMap<Integer, String>();
        PIECE_SYMBOL.put(AI_PIECE, "X");
        PIECE_SYMBOL.put(HUMAN_PIECE, "O");
        PIECE_SYMBOL.put(0, "-");
    }

    private TensorFlowInferenceInterface mInferenceInterface;
```

然后定义所有获胜位置，正如在 iOS 版本的应用程序中所做的那样。

```java
private final int winners[][] = {
    {0,1,2,3},
    {1,2,3,4},
    {2,3,4,5},
    {3,4,5,6},

    {7,8,9,10},
    {8,9,10,11},
    {9,10,11,12},
    {10,11,12,13},
    ...
    {0,8,16,24},
    {8,16,24,32},
    {16,24,32,40},
    {7,15,23,31},
    {15,23,31,39},
    {14,22,30,38}};
```

对于 BoardView 类，需要用到一些取值函数和设置函数。

```java
public boolean getAITurn() {
    return aiTurn;
}
public boolean getAIFirst() {
    return aiFirst;
}
public Vector<Integer> getAIMoves() {
    return aiMoves;
}
public Vector<Integer> getHumanMoves() {
    return humanMoves;
}
public int[] getBoard() {
    return board;
}
public void setAiTurn() {
    aiTurn = true;
}
```

以及一些作为 iOS 代码直接端口的辅助函数，用来检查游戏状态。

```java
public boolean aiWon(int bd[]) {
    for (int i=0; i<69; i++) {
        int sum = 0;
        for (int j=0; j<4; j++)
            sum += bd[winners[i][j]];
        if (sum == 4*AI_PIECE ) return true;
    }
    return false;
}

public boolean aiLost(int bd[]) {
    for (int i=0; i<69; i++) {
        int sum = 0;
        for (int j=0; j<4; j++)
            sum += bd[winners[i][j]];
        if (sum == 4*HUMAN_PIECE ) return true;
    }
    return false;
}

public boolean aiDraw(int bd[]) {
    boolean hasZero = false;
    for (int i=0; i<PIECES_NUM; i++) {
        if (bd[i] == 0) {
            hasZero = true;
            break;
        }
    }
    if (!hasZero) return true;
    return false;
}
```

```
public boolean gameEnded(int[] bd) {
    if (aiWon(bd) || aiLost(bd) || aiDraw(bd)) return true;

    return false;
}
```

getAllowedActions 方法也是 iOS 代码的一个直接端口，用于在给定棋盘位置状态下将所有合理操作设为操作向量。

```
void getAllowedActions(int bd[], Vector<Integer> actions) {
    for (int i=0; i<PIECES_NUM; i++) {
        if (i>=PIECES_NUM-7) {
            if (bd[i] == 0)
                actions.add(i);
        }
        else {
            if (bd[i] == 0 && bd[i+7] != 0)
                actions.add(i);
        }
    }
}
```

在 onCreate 方法中，实例化三个 UI 元素，并设置按钮单击侦听器，以便随机决定哪方先执行操作。当人类玩家想要重启游戏时也会单击该按钮，因此需要在绘制棋盘并启动线程玩游戏之前重置 aiMoves 和 humanMoves 向量。

```
protected void onCreate(Bundle savedInstanceState) {
    super.onCreate(savedInstanceState);
    setContentView(R.layout.activity_main);

    mButton = findViewById(R.id.button);
    mTextView = findViewById(R.id.textview);
    mBoardView = findViewById(R.id.boardview);

    mButton.setOnClickListener(new View.OnClickListener() {
        @Override
        public void onClick(View v) {
            mButton.setText("Replay");
            mTextView.setText("");

            Random rand = new Random();
            int n = rand.nextInt(2);
            aiFirst = (n==0);
            if (aiFirst) aiTurn = true;
            else aiTurn = false;

            if (aiTurn)
                mTextView.setText("Waiting for AI's move");
            else
                mTextView.setText("Tap the column for your move");

            for (int i=0; i<PIECES_NUM; i++)
                board[i] = 0;
            aiMoves.clear();
            humanMoves.clear();
```

```
            mBoardView.drawBoard();

            Thread thread = new Thread(MainActivity.this);
            thread.start();
        }
    });
}
```

该线程启动 run 方法，而 run 方法又进一步调用 playGame 方法，首先将棋盘位置转换为一个 binary 整数数组作为模型的输入。

```
public void run() {
    final String result = playGame();
    runOnUiThread(
            new Runnable() {
                @Override
                public void run() {
                    mBoardView.invalidate();
                    mTextView.setText(result);
                }
            });
}
String playGame() {
    if (!aiTurn) return "Tap the column for your move";
    int binary[] = new int[PIECES_NUM*2];
    for (int i=0; i<PIECES_NUM; i++)
        if (board[i] == 1) binary[i] = 1;
        else binary[i] = 0;

    for (int i=0; i<PIECES_NUM; i++)
        if (board[i] == -1) binary[42+i] = 1;
        else binary[PIECES_NUM+i] = 0;
```

playGame 方法的其余部分也同样是 iOS 代码的一个直接端口，用于调用 getProbs 方法以获得所有合理操作中概率最大的操作，其中在模型策略输出中使用了所有操作（包括合理和不合理在内的总计 42 个操作）返回的概率值。

```
    float probs[] = new float[PIECES_NUM];
    for (int i=0; i<PIECES_NUM; i++)
        probs[i] = -100.0f;
    getProbs(binary, probs);
    int action = -1;
    float max = 0.0f;
    for (int i=0; i<PIECES_NUM; i++) {
        if (probs[i] > max) {
            max = probs[i];
            action = i;
        }
    }

    board[action] = AI_PIECE;
    printBoard(board);
    aiMoves.add(action);
```

```
    if (aiWon(board)) return "AI Won!";
    else if (aiLost(board)) return "You Won!";
    else if (aiDraw(board)) return "Draw";

    aiTurn = false;
    return "Tap the column for your move";
}
```

getProbs 方法用于加载尚未加载的模型，以当前棋盘状态为输入来运行模型，获得输出策略，然后调用 softmax 函数得到合理操作的实际概率值（总和为 1）。

```
void getProbs(int binary[], float probs[]) {
    if (mInferenceInterface == null) {
        AssetManager assetManager = getAssets();
        mInferenceInterface = new
        TensorFlowInferenceInterface(assetManager, MODEL_FILE);
    }

    float[] floatValues = new float[2*6*7];
    for (int i=0; i<2*6*7; i++) {
        floatValues[i] = binary[i];
    }

    float[] value = new float[1];
    float[] policy = new float[42];

    mInferenceInterface.feed(INPUT_NODE, floatValues, 1, 2, 6, 7);
    mInferenceInterface.run(new String[] {OUTPUT_NODE1, OUTPUT_NODE2},
                                          false);
    mInferenceInterface.fetch(OUTPUT_NODE1, value);
    mInferenceInterface.fetch(OUTPUT_NODE2, policy);

    Vector<Integer> actions = new Vector<>();
    getAllowedActions(board, actions);
    for (int action : actions) {
        probs[action] = policy[action];
    }

    softmax(probs, PIECES_NUM);
}
```

softmax 方法的定义几乎与 iOS 版本完全相同。

```
void softmax(float vals[], int count) {
    float maxval = -Float.MAX_VALUE;
    for (int i=0; i<count; i++) {
        maxval = max(maxval, vals[i]);
    }
    float sum = 0.0f;
    for (int i=0; i<count; i++) {
        vals[i] = (float)exp(vals[i] - maxval);
        sum += vals[i];
    }
    for (int i=0; i<count; i++) {
```

```
        vals[i] /= sum;
    }
}
```

现在，在 Android 虚拟环境或实际设备上运行应用程序，并通过应用程序玩游戏，则初始屏幕和一些游戏结果如图 10.6 所示。

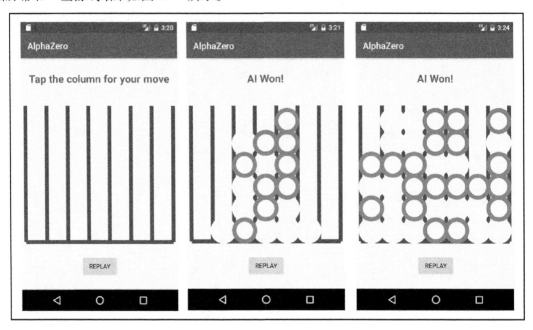

图 10.6　Android 中的游戏棋盘和一些游戏结果

在 iOS 和 Android 中使用上述代码玩 Connect 4 游戏时，很快会发现模型返回的策略并不强大，主要原因是深度神经网络模型未结合由于篇幅限制而未详细介绍的 MCTS。强烈建议读者自行研究实现 MCTS，或参考源代码中的具体实现。另外，还应该将网络模型和 MCTS 应用于其他感兴趣的游戏中，毕竟，AlphaZero 是在无任何专业领域知识条件下采用了通用的 MCTS 和自我对弈强化学习，以使得超强的学习能力很容易地移植到其他问题领域。通过将 MCTS 与深度神经网络模型相结合，可以实现 AlphaZero 所具有的能力。

10.5　小结

本章介绍了 AlphaZero 的神奇世界，这是 DeepMind 团队的成就。在此介绍了如何利用 TensorFlow 为后端的强大的 Keras API 针对 Connect 4 游戏训练一个类 AlphaZero 的模型，以及如何测试和改进这种模型。然后冻结模型，并详细介绍了如何构建 iOS 和 Android 应用程序来使用模型，并通过该模型驱动的人工智能来玩 Connect 4 游戏。虽然这不是能够击败人类国际象棋或围棋冠军的真正 AlphaZero 模型，但希望本章能提供一个坚实基础，以激励你继续复现 AlphaZero 的能力，并进一步将其扩展到其他问题领域。这需要付出许多艰辛努力，但绝对值得。

如果最新的人工智能进展（如 AlphaZero）让人兴奋不已，那么你很可能也会发现针对移动平台的 TensorFlow 驱动的最新解决方案或工具包更令人振奋。正如在第 1 章中提到的 TensorFlow Lite 是 TensorFlow Mobile 的一个替代解决方案，这在前面的所有内容中都已讨论过。据 Google 公司预测，TensorFlow Lite 将是 TensorFlow 在移动设备上的未来趋势，尽管从目前和可预见的将来来看，在实际应用中仍广泛采用 TensorFlow Mobile。

TensorFlow Lite 不仅适用于 iOS 和 Android，在 Android 设备上运行时，还可以利用 Android 神经网络 API 进行硬件加速。另一方面，iOS 开发者也可以利用 Core ML——Apple 公司针对 iOS 11 以上系统推出的最新机器学习框架，可支持在设备上以优化方式运行许多功能强大的预训练深度学习模型，以及经典的机器学习算法和 Keras 构建的模型，且应用程序规模最小。在下章，将介绍如何在 iOS 和 Android 应用程序中使用 TensorFlow Lite 和 Core ML。

第 11 章
TensorFlow Lite 和 Core ML
在移动设备上的应用

在前 9 章中，已利用 TensorFlow Mobile 在移动设备上运行了由 TensorFlow 和 Keras 构建的各种功能强大的深度学习模型。正如在第 1 章中所述，Google 公司也提供了一种 TensorFlow Mobile 的替代品——TensorFlow Lite，以在移动设备上运行模型。根据 Google 的战略意图，其"极大地简化面向小型设备的模型的开发者工作"。为此，有必要详细了解一下 TensorFlow Lite，以应对今后的开发。

如果你是一名 iOS 开发人员或从事与 iOS 和 Android 相关的开发工作，那么 Apple 公司的年度全球开发者大会（WWDC）是一个不容错过的活动。在 2017 年的 WWDC 大会上，Apple 公司发布了新的 Core ML 框架，以支持在 iOS（以及所有其他 Apple 操作系统平台：macOS、tvOS 和 watchOS）上运行深度学习模型和标准的机器学习模型。自从在 iOS 11 中开始推出 Core ML，其已占据绝大部分市场份额。因此，了解 Core ML 在 iOS 应用程序中有何用途是非常有意义的。

综上，在本章中将主要介绍 TensorFlow Lite 和 Core ML，并对比两者的优点和局限，主要内容包括：

1）TensorFlow Lite 概述。

2）在 iOS 中使用 TensorFlow Lite。

3）在 Android 中使用 TensorFlow Lite。

4）面向 iOS 的 Core ML 概述。

5）结合 Scikit Learn 机器学习的 Core ML 应用。

6）结合 Keras 和 TensorFlow 的 Core ML 应用。

11.1　TensorFlow Lite 概述

TensorFlow Lite（https：//www.tensorflow.org/mobile/tflite）是一个支持在移动和嵌入式设备上运行深度学习模型的轻量级解决方案。如果在 TensorFlow 或 Keras 上构建的模型可以成功转换为 TensorFlow Lite 格式，即基于 FlatBuffers（https：//google.github.io/flatbuffers）的新模型格式，与 ProtoBuffers（在第 3 章中已介绍）相似，但比 ProtoBuffers 运行更快，模型更小，那么就可期望模型能够以较低延迟和较小规模运行。在移动应用程序中使用 Tensor-

Flow Lite 的基本工作流程如下：

1）利用 TensorFlow 或以 TensorFlow 为后端利用 Keras 构建并训练（或再训练）一个 TensorFlow 模型，如在前几章中所训练的模型。

也可以选择一个预先构建的 TensorFlow Lite 模型，如在 https：//github. com/tensorflow/models/blob/master/research/slim/nets/mobilenet_v1. md 中提供的 MobileNet 模型（在第 2 章中，其曾用于进行再训练）。在下载的每个 tgz 格式的 MobileNet 模型文件中都包含一个转换后的 TensorFlow Lite 模型。例如，MobileNet_v1_1. 0_224. tgz 文件中包含一个可直接应用于移动设备的 mobilenet_v1_1. 0_224. tflite 文件。若使用这种预构建的 TensorFlow Lite 模型，则可跳过步骤 2）和步骤3）。

2）构建 TensorFlow Lite 转换器工具。如果从 https：//github. com/tensorflow/tensorflow/releases 中下载的是 TensorFlow 1. 5 或 1. 6 版本，那么就可以在终端上从 TensorFlow 源文件的根目录执行 bazel build tensorflow/contrib/lite/toco：toco。如果使用的是更高版本或获取的是最新的 TensorFlow repo，那么也可以使用上述 build 命令来完成，如若不成功，请查阅新版本的说明文档。

3）利用 TensorFlow Lite 转换器工具将 TensorFlow 模型转换为 TensorFlow Lite 模型。在下节将会介绍一个详细示例。

4）在 iOS 或 Android 上部署 TensorFlow Lite 模型——对于 iOS，是利用 C + + API 来加载并运行模型；对于 Android，是使用 Java API（一个 C + + API 封装器）来加载和运行模型。与之前在 TensorFlow Mobile 项目中所用的 Session 类不同，C + + 和 Java API 都是采用专用于 TensorFlow lite 的 Interpreter 类对模型进行推断。在接下来的两节中，将介绍使用 Interpreter 的 iOS C + +代码和 Android Java 代码。

如果是在 Android 上运行 TensorFlow Lite 模型，且 Android 设备是 Android 8. 1（API 版本为27）及以上，并通过专用的神经网络硬件、GPU 或其他一些数字信号处理器支持硬件加速，那么 Interpreter 将会利用 Android 神经网络 API（ https：//developer. android. com/ndk/guides/neuralnetworks/index. html）来加速模型运行。例如，Google 公司的 Pixel 手机就具有图像处理优化的定制芯片，可在 Android 中开启，并支持硬件加速。

接下来，首先讨论如何在 iOS 中使用 TensorFlow Lite。

11. 2 在 iOS 中使用 TensorFlow Lite

在介绍如何创建一个新的 iOS 应用程序并对其添加 TensorFlow Lite 支持之前，首先分析几个使用 TensorFlow Lite 的 TensorFlow iOS 示例应用程序。

11. 2. 1 运行 TensorFlow Lite iOS 示例应用程序

现有两个针对 iOS 的 TensorFlow Lite 示例应用程序——simple 和 camera，类似于 Tensor-

Flow Mobile iOS 应用程序 simple 和 camera，只不过是在 https：//github. com/tensorflow/tensor-flow/releases 的 TensorFlow 1. 5 ~ 1. 8 的官方版本中，或是在最新的 TensorFlow repo 的 Tensor-Flow Lite API 中实现。可以运行以下命令来准备和运行这两个应用程序，类似于 https：//github. com/tensorflow/tensorflow/tree/master/tensorflow/contrib/lite 的 iOS 示例应用程序中的文档所述。

```
cd tensorflow/contrib/lite/examples/ios
./download_models.sh
sudo gem install cocoapods
cd camera
pod install
open tflite_camera_example.xcworkspace
cd ../simple
pod install
open simple.xcworkspace
```

这时将生成两个 Xcode iOS 工程——simple 和 camera（分别在 Xcode 中命名为 tflite_sim-ple_example 和 tflite_camera_example），启动后，可在 iOS 设备上安装并运行这两个应用程序（简单的应用程序也可在 iOS 模拟器上运行）。

download_models. sh 将下载一个包含 mobilenet_quant_v1_224. tflite 模型文件和 labels. txt 标签文件的压缩文件，然后将其复制到 simple/data 和 camera/data 文件夹。注意，在 TensorFlow 1. 5 和 1. 6 官方版本中并不包含该脚本文件。这时需要执行 git clone https：//github. com/tensorflow/tensorflow 并克隆最新源代码来获取。

可查看名为 tflite_camera_example 的 Xcode 工程中 CameraExampleViewController. mm 文件和 tflite_simple_exampleRunModelViewController. mm 文件的源代码，以了解如何使用 Tensor-Flow Lite API 来加载和运行 TensorFlow Lite 模型。在通过详细教程引导如何创建一个新的 iOS 应用程序并添加 TensorFlow Lite 支持以运行一个预构建的 TensorFlow Lite 模型之前，先简要介绍使用 TensorFlow Lite 的好处之一，即之前提到的应用程序的二进制文件大小。

位于 tensorflow/examples/ios/camera 文件夹的 tf_camera_example TensorFlow 移动应用示例程序中所用的 tensorflow_inception. graph. pb 模型文件大小为 95. 7MB，而位于 tensorflow/cont-rib/Lite/examples/ios/camera 文件夹的 tflite_camera_example TensorFlow Lite 示例应用程序中所用的 mobilenet_quant_v1_224. tflite TensorFlow Lite 模型文件只有 4. 3MB。正如在第 2 章中所讨论的 HelloTensorFlow 应用程序，TensorFlow Mobile 再训练的压缩版 Inception v3 模型文件约为 22. 4MB，而再训练的 MobileNet TensorFlow Mobile 模型文件为 17. 6MB。总结一下，四种不同类型的模型大小如下：

1）TensorFlow Mobile Inception v3 模型：95. 7MB。

2）量化再训练的 TensorFlow Mobile Inception v3 模型：22. 4MB。

3）再训练的 TensorFlow Mobile MobileNet 1. 0 224 模型：17. 6MB。

4）TensorFlow Lite MobileNet 1. 0 224 模型：4. 3MB。

如果在 iPhone 上安装并运行这两个应用程序，即可从 iPhone 的设置中观察到 tflite_camera_example 应用程序的大小约为 18.7MB，而 tf_camera_example 应用程序的大小约为 44.2MB。

的确，Inception v3 模型的精度要比 MobileNet 模型更高一些，但在很多情况下，微小的精度差异可忽略不计。此外，不可否认的是，现在的移动应用程序动辄就是几十 MB 甚至更大，在某些情况下，应用程序大小差别 20 或 30MB 听起来并不是什么大问题，但对于较小的嵌入式设备，应用程序的大小就会较为敏感，如果能以更快速度和更小内存达到大致相同的精度，且不用大费周章，这对于用户而言终究是件好事。

11.2.2　在 iOS 中使用预构建的 TensorFlow Lite 模型

使用预构建的用于图像分类的 TensorFlow Lite 模型，执行以下步骤以创建一个新的 iOS 应用程序，并对其添加 TensorFlow Lite 支持。

1）创建一个名为 HelloTFLite 的新的单视图 Xcode iOS 工程，设置开发语言为 Objective - C，然后从 tensorflow/contrib/lite/examples/ios 文件夹加载 ios_image_load.mm 和 ios_image_load.h 文件到工程。

如果偏好使用 Swift 编程语言，可以参考第 2 章或第 5 章，然后按照所介绍的步骤，了解如何将 Objective - C 应用程序转换为 Swift 应用程序。值得注意的是，TensorFlow Lite 的推断代码仍需要在 C + + 中实现，因此会得到一个 Swift、Objective - C 和 C + + 代码的混合编程，其中，Swift 代码主要负责 UI 以及 TensorFlow Lite 推断的预处理和后处理。

2）在工程中添加由 tensorflow/contrib/lite/examples/ios/simple/data 文件夹中 download_models.sh 脚本生成的模型文件和标签文件，以及测试图像（如第 2 章源代码文件夹中的 lab1.jpg）。

3）关闭工程并创建一个内容如下的名为 Podfile 的新文件。

```
platform :ios, '8.0'

target 'HelloTFLite'
        pod 'TensorFlowLite'
```

运行 pod install。然后在 Xcode 中打开 HelloTFLite.xcworkspace，将 ViewController.m 重命名为 ViewController.mm，并添加必要的 C + + 头文件和 TensorFlow Lite 头文件。此时，Xcode 工程截图如图 11.1 所示。

此处，只是展示如何在 iOS 应用程序中使用 TensorFlow Lite pod。还有另一种方法是将 TensorFlow Lite 添加到 iOS 中，类似于在前几章中多次用到的构建自定义 TensorFlowMobile iOS 库。有关如何构建自定义 TensorFlow Lite iOS 库的更多信息，请参阅 https：//github.com/tensorflow/tensorflow/blob/master/tensorflow/contrib/lite/g3doc/ios.md 上的说明文档。

4）从第 2 章的 HelloTensorFlow iOS 应用程序中复制类似的 UI 代码到 ViewController.mm 文件，这些代码采用 UITapGestureRecognizer 函数来捕捉屏幕上的用户手势，然后调用加载

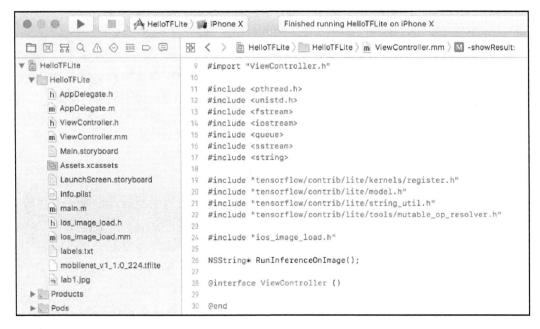

图 11.1　使用 TensorFlow Lite pod 的新的 Xcode iOS 工程

TensorFlow Lite 模型文件的 RunInferenceOnImage 方法。

```
NSString* RunInferenceOnImage() {
    NSString* graph = @"mobilenet_v1_1.0_224";
    std::string input_layer_type = "float";
    std::vector<int> sizes = {1, 224, 224, 3};
    const NSString* graph_path = FilePathForResourceName(graph,
@"tflite");
    std::unique_ptr<tflite::FlatBufferModel>
model(tflite::FlatBufferModel::BuildFromFile([graph_path
UTF8String]));
    if (!model) {
        NSLog(@"Failed to mmap model %@.", graph);
        exit(-1);
    }
```

5）创建 Interpreter 类的实例并设置其输入。

```
tflite::ops::builtin::BuiltinOpResolver resolver;
std::unique_ptr<tflite::Interpreter> interpreter;
tflite::InterpreterBuilder(*model, resolver)(&interpreter);
if (!interpreter) {
    NSLog(@"Failed to construct interpreter.");
    exit(-1);
}
interpreter->SetNumThreads(1);

int input = interpreter->inputs()[0];
interpreter->ResizeInputTensor(input, sizes);
```

```
if (interpreter->AllocateTensors() != kTfLiteOk) {
    NSLog(@"Failed to allocate tensors.");
    exit(-1);
}
```

与 TensorFlow Mobile 不同，在对用于推断的 TensorFlow Lite 模型设置输入时，TensorFlow Lite 采用 interpreter - > inputs（）[0]，而不是具体的输入节点名。

6）在按照与 HelloTensorFlow 应用程序中相同方式 labels. txt 文件后，待分类的图像也以同样的方式加载，但注意，采用的是 TensorFlow Lite 中 Interpreter 的 typed_tensor 方法，而不是 TensorFlow Mobile 的 Tensor 类及其 tensor 方法。图 11. 2 对比了用于加载和处理图像文件数据的 TensorFlow Mobile 代码和 TensorFlow Lite 代码。

```
NSString* image_path = FilePathForResourceName(@"lab1", @"jpg");
int image_width;
int image_height;
int image_channels;
std::vector<tensorflow::uint8> image_data = LoadImageFromFile([image_path UTF8String],
    &image_width, &image_height, &image_channels);
const int wanted_channels = 3;
const float input_mean = 128.0f;
const float input_std = 128.0f;

assert(image_channels >= wanted_channels);
tensorflow::Tensor image_tensor(tensorflow::DT_FLOAT,tensorflow::TensorShape({1,
    wanted_height, wanted_width, wanted_channels}));
auto image_tensor_mapped = image_tensor.tensor<float, 4>();
tensorflow::uint8* in = image_data.data();
float* out = image_tensor_mapped.data();
for (int y = 0; y < wanted_height; ++y) {
    const int in_y = (y * image_height) / wanted_height;
    tensorflow::uint8* in_row = in + (in_y * image_width * image_channels);
    float* out_row = out + (y * wanted_width * wanted_channels);
    for (int x = 0; x < wanted_width; ++x) {
        const int in_x = (x * image_width) / wanted_width;
        tensorflow::uint8* in_pixel = in_row + (in_x * image_channels);
        float* out_pixel = out_row + (x * wanted_channels);
        for (int c = 0; c < wanted_channels; ++c) {
            out_pixel[c] = (in_pixel[c] - input_mean) / input_std;
        }
    }
}
```

```
NSString* image_path = FilePathForResourceName(@"lab1", @"jpg");
int image_width;
int image_height;
int image_channels;
std::vector<uint8_t> image_data = LoadImageFromFile([image_path UTF8String],
    &image_width, &image_height, &image_channels);
const int wanted_width = 224;
const int wanted_height = 224;
const int wanted_channels = 3;
const float input_mean = 127.5f;
const float input_std = 127.5f;
assert(image_channels >= wanted_channels);
uint8_t* in = image_data.data();
float* out = interpreter->typed_tensor<float>(input);
for (int y = 0; y < wanted_height; ++y) {
    const int in_y = (y * image_height) / wanted_height;
    uint8_t* in_row = in + (in_y * image_width * image_channels);
    float* out_row = out + (y * wanted_width * wanted_channels);
    for (int x = 0; x < wanted_width; ++x) {
        const int in_x = (x * image_width) / wanted_width;
        uint8_t* in_pixel = in_row + (in_x * image_channels);
        float* out_pixel = out_row + (x * wanted_channels);
        for (int c = 0; c < wanted_channels; ++c) {
            out_pixel[c] = (in_pixel[c] - input_mean) / input_std;
        }
    }
}
```

图 11. 2　加载和处理图像输入的 TensorFlow Mobile 代码（左图）和 TensorFlow Lite 代码（右图）

7）在调用 GetTopN 辅助方法获得前 N 个分类结果之前，先调用 Interpreter 中的 Invoke 方法来运行模型，并调用 typed_out_tensor 方法来获得模型输出。TensorFlow Mobile 代码和 Lite 代码之间的不同如图 11. 3 所示。

```
std::vector<tensorflow::Tensor> outputs;
tensorflow::Status run_status = session->Run({{input_layer, image_tensor}},
                                             {output_layer}, {}, &outputs);
if (!run_status.ok()) {
    result = @"Error running model";
    return result;
}

tensorflow::Tensor* output = &outputs[0];
const int kNumResults = 5;
const float kThreshold = 0.01f;
std::vector<std::pair<float, int> > top_results;
GetTopN(output->flat<float>(), kNumResults, kThreshold, &top_results);
```

```
if (interpreter->Invoke() != kTfLiteOk) {
    NSLog(@"Failed to invoke!");
    exit(-1);
}

float* output = interpreter->typed_output_tensor<float>(0);
const int output_size = 1000;
const int kNumResults = 5;
const float kThreshold = 0.1f;
std::vector<std::pair<float, int> > top_results;
GetTopN(output, output_size, kNumResults, kThreshold, &top_results);
```

图 11. 3　运行模型并得到输出的 TensorFlow Mobile 代码（左图）和 TensorFlow Lite 代码（右图）

8）GetTopN 方法的实现与 HelloTensorFlow 中的方法类似，只是 TensorFlow Lite 中采用的是 const float * prediction 类型，而不是 TensorFlow Mobile 中的 const Eigen:: TensorMap < Eigen:: Tensor < float, 1, Eigen:: RowMajor >, Eigen:: Aligned > & prediction。TensorFlow Mobile 和 Lite 中的 GetTopN 方法对比如图 11. 4 所示。

9）如果置信值大于阈值（设为 0. 1f），则使用简单的 UIAlertController 来显示由 Tensor-

```
static void GetTopN(
                const Eigen::TensorMap<Eigen::Tensor<float, 1,
                Eigen::RowMajor>,
                Eigen::Aligned>& prediction,
                const int num_results, const float threshold,
                std::vector<std::pair<float, int> >* top_results) {
    // Will contain top N results in ascending order.
    std::priority_queue<std::pair<float, int>,
    std::vector<std::pair<float, int> >,
    std::greater<std::pair<float, int> > > top_result_pq;

    const long count = prediction.size();
    for (int i = 0; i < count; ++i) {
        const float value = prediction(i);

        // Only add it if it beats the threshold and has a chance at being in
        // the top N.
        if (value < threshold) {
            continue;
        }

        top_result_pq.push(std::pair<float, int>(value, i));
```

```
static void GetTopN(const float* prediction, const int prediction_size, const int
num_results,
                const float threshold, std::vector<std::pair<float, int> >*
                top_results) {
    // Will contain top N results in ascending order.
    std::priority_queue<std::pair<float, int>, std::vector<std::pair<float, int> >,
    std::greater<std::pair<float, int> > >
    top_result_pq;

    const long count = prediction_size;
    for (int i = 0; i < count; ++i) {
        const float value = prediction[i];

        // Only add it if it beats the threshold and has a chance at being in
        // the top N.
        if (value < threshold) {
            continue;
        }

        top_result_pq.push(std::pair<float, int>(value, i));

    // If at capacity, kick the smallest value out.
```

图 11.4　处理模型输出返回前几个结果的 TensorFlow Mobile 代码（左图）和 TensorFlow Lite 代码（右图）

Flow Lite 模型返回的置信值较高的结果。

```
-(void) showResult:(NSString *)result {
    UIAlertController* alert = [UIAlertController
alertControllerWithTitle:@"TFLite Model Result" message:result
preferredStyle:UIAlertControllerStyleAlert];
    UIAlertAction* action = [UIAlertAction actionWithTitle:@"OK"
style:UIAlertActionStyleDefault handler:nil];
    [alert addAction:action];
    [self presentViewController:alert animated:YES completion:nil];
}
-(void)tapped:(UITapGestureRecognizer *)tapGestureRecognizer {
        NSString *result = RunInferenceOnImage();
        [self showResult:result];
}
```

现在执行 iOS 应用程序，单击屏幕运行模型。对于测试图像 lab1.jpg，得到的模型结果
如图 11.5 所示。

图 11.5　测试图像和模型推断结果

这就是如何在一个新的 iOS 应用程序中使用预构建的 MobileNet TensorFlow Lite 模型的方法。接下来，将讨论如何使用再训练的 TensorFlow 模型。

11.2.3 在 iOS 中使用用于 TensorFlow Lite 的再训练 TensorFlow 模型

在第 2 章中，再训练了一个 MobileNet TensorFlow 模型以完成犬种识别任务，要在 TensorFlow Lite 中使用该模型，首先需要利用 TensorFlow Lite 转换器工具将其转换为 TensorFlow Lite 格式。

```
bazel build tensorflow/contrib/lite/toco:toco

bazel-bin/tensorflow/contrib/lite/toco/toco \
  --input_file=/tmp/dog_retrained_mobilenet10_224_not_quantized.pb \
  --input_format=TENSORFLOW_GRAPHDEF --output_format=TFLITE \
  --output_file=/tmp/dog_retrained_mobilenet10_224_not_quantized.tflite --
inference_type=FLOAT \
  --input_type=FLOAT --input_array=input \
  --output_array=final_result --input_shape=1,224,224,3
```

此处必须使用 − −input_array 和 − −output_array 来指定输入节点名和输出节点名。有关转换器工具的命令行参数的详细信息，请参阅 https：//github. com/tensorflow/tensorflow/blob/master/tensorflow/contrib/lite/toco/g3doc/cmdline_examples. md。

在 Xcode 工程中添加经转换的 TensorFlow Lite 模型文件 dog_retrained_mobilenet10_224_not_quantized. tflite，以及 HelloTensorFlow 中相同的标签文件 dog_retrained_labels. txt 之后，只需将步骤 4）中的命令行 "NSString ∗ graph = @ " mobilenet_v1_1. 0_224" ；" 更改为 "NSString ∗ graph = @ "dog_retrained_mobilenet10_224_not_quantized" ；"，以及将 "const int output_size = 1000；" 更改为 "const int output_size = 121；"（这是因为 MobileNet 模型对 1000 个对象进行分类，而再训练的犬种模型可分类 121 个犬种），然后使用 TensorFlow Lite 格式的再训练模型再次运行应用程序。所得结果大致相同。

由此可见，在将 MobileNet TensorFlow 模型成功转换为 TensorFlow Lite 模型之后，使用再训练的 MobileNet TensorFlow 模型非常简单。那么本书和其他地方介绍的所有其他自定义模型会是怎样的情况呢？

11.2.4 在 iOS 中使用自定义的 TensorFlow Lite 模型

在前面的内容中，我们已训练了许多自定义的 TensorFlow 模型，并将其冻结以用于移动设备。遗憾的是，如果尝试使用上节中所构建的 bazelbin/tensorflow/contrib/lite/toco/toco TensorFlow Lite 转换器工具将模型从 TensorFlow 格式转换为 TensorFlow Lite 格式，都将失败，除了在上节中涉及的第 2 章中的再训练模型；大多数错误类型都是 "转换不支持的操作"。例如，以下命令尝试将第 3 章中的 TensorFlow 目标检测模型转换为 TensorFlow Lite 格式。

```
bazel-bin/tensorflow/contrib/lite/toco/toco \
  --input_file=/tmp/ssd_mobilenet_v1_frozen_inference_graph.pb \
  --input_format=TENSORFLOW_GRAPHDEF  --output_format=TFLITE \
  --output_file=/tmp/ssd_mobilenet_v1_frozen_inference_graph.tflite --
inference_type=FLOAT \
  --input_type=FLOAT --input_arrays=image_tensor \
```

```
    --
output_arrays=detection_boxes,detection_scores,detection_classes,num_detect
ions \
    --input_shapes=1,224,224,3
```

在 TensorFlow 1.6 中会产生很多错误，包括：

```
Converting unsupported operation: TensorArrayV3
Converting unsupported operation: Enter
Converting unsupported operation: Equal
Converting unsupported operation: NonMaxSuppressionV2
Converting unsupported operation: ZerosLike
```

下列命令是尝试将第 4 章中的神经风格迁移模型转换为 TensorFlow Lite 格式。

```
bazel-bin/tensorflow/contrib/lite/toco/toco \
    --input_file=/tmp/stylize_quantized.pb \
    --input_format=TENSORFLOW_GRAPHDEF --output_format=TFLITE \
    --output_file=/tmp/stylize_quantized.tflite --inference_type=FLOAT \
    --inference_type=QUANTIZED_UINT8 \
    --input_arrays=input,style_num \
    --output_array=transformer/expand/conv3/conv/Sigmoid \
    --input_shapes=1,224,224,3:26
```

接下来的命令是尝试转换第 10 章中的模型。

```
bazel-bin/tensorflow/contrib/lite/toco/toco \
    --input_file=/tmp/alphazero19.pb \
    --input_format=TENSORFLOW_GRAPHDEF --output_format=TFLITE \
    --output_file=/tmp/alphazero19.tflite --inference_type=FLOAT \
    --input_type=FLOAT --input_arrays=main_input \
    --output_arrays=value_head/Tanh,policy_head/MatMul \
    --input_shapes=1,2,6,7
```

不过还是会产生许多"转换不支持的操作"的错误。TensorFlow Lite 在未来版本中将支持更多操作，如果想要尝试 TensorFlow 1.6 中的 TensorFlow Lite，应最好限于预训练和再训练的 Inception 和 MobileNet 模型，与此同时，要密切关注未来的 TensorFlow Lite 版本。在本书前几章和其他资料中涉及的更多的 TensorFlow 模型可能会在 TensorFlow 更高版本中成功转换为 TensorFlow Lite 格式。

目前而言，对于一个利用 TensorFlow 或 Keras 构建的自定义复杂模型可能无法成功地进行 TensorFlow Lite 转换，正如在前面内容中所述，应该继续使用 TensorFlow Mobile，除非是非要使用 TensorFlow Lite，并且不介意增加更多 TensorFlow Lite 支持的操作，毕竟 TensorFlow 是一个开源项目。

在结束对 TensorFlow Lite 的讨论之前，我们将了解如何在 Android 中使用 TensorFlow Lite。

11.3　在 Android 中使用 TensorFlow Lite

为简单起见，此处将展示如何在一个新的 Android 应用程序中添加一个预构建的 Tensor-Flow Lite MobileNet 模型，并在此过程中发现一些有用的提示。现有一个使用 TensorFlow Lite 的 Android 示例应用程序，希望首先在 API 级别至少为 15 的 Android 设备上的运行 Android Studio（https：//www.tensorflow.org/mobile/tflite/demo_android），然后再通过以下步骤在新的 Android 应用程序中使用 TensorFlow Lite。如果成功构建并运行示例应用程序，那么当在

Android 设备周围移动时，就应该能够看到由设备摄像头和 TensorFlow Lite MobileNet 模型识别的目标对象。

现在执行以下步骤来创建一个新的 Android 应用程序，并添加 TensorFlow Lite 支持来实现图像分类，正如在第 2 章中的 HelloTensorFlow Android 应用程序的功能那样。

1）创建一个新的 Android Studio 工程，并将应用程序命名为 HelloTFLite。设置最小 SDK 为 API 15：Android 4.0.3，并选择所有其他默认值。

2）创建一个新的 assets 文件夹，将位于 tensorflow/contrib/lite/java/demo/app/src/main/assets 文件夹中的示例应用程序的 mobilenet_quant_v1_224.tflite TensorFlow Lite 文件和 labels.txt 文件，以及测试图像拖放到 HelloTFLite 应用程序的 assets 文件夹中。

3）将 ImageClassifier.java 文件从 tensorflow/contrib/lite/java/demo/app/src/main/java/com/example/android/tflitecamerademo 文件夹拖放到 Android Studio 的 HelloTFLite 应用程序中。ImageClassifier.java 文件中包含了使用 TensorFlow Lite Java API 来加载和运行 TensorFlow Lite 模型的所有代码，稍后将进行详细分析。

4）打开应用程序的 build.gradle 文件，在 dependencies 代码段的末尾添加 compile 'org.tensorflow：tensorflow-lite：0.1'，并在 android 中的 buildTypes 代码段后面添加下列三行代码：

```
aaptOptions {
    noCompress "tflite"
}
```

这是为避免在运行应用程序时出现以下错误所必需的。

```
10185-10185/com.ailabby.hellotflite W/System.err:
java.io.FileNotFoundException: This file can not be opened as a file
descriptor; it is probably compressed
03-20 00:32:28.805 10185-10185/com.ailabby.hellotflite W/System.err: at
android.content.res.AssetManager.openAssetFd(Native Method)
03-20 00:32:28.806 10185-10185/com.ailabby.hellotflite W/System.err: at
android.content.res.AssetManager.openFd(AssetManager.java:390)
03-20 00:32:28.806 10185-10185/com.ailabby.hellotflite W/System.err: at
com.ailabby.hellotflite.ImageClassifier.loadModelFile(ImageClassifier.java:
173)
```

此时，Android Studio 中的 HelloTFLite 应用程序如图 11.6 所示。

5）正如前面那样，在 activity_main.xml 文件中添加 ImageView 和一个 Button，然后在 MainActivity.java 文件的 onCreate 方法中将 ImageView 设置为测试图像的内容，同时设置 Button 的单击事件监听器来启动一个新线程，并实例化一个名为 classifier 的 ImageClassifier 实例。

```
private ImageClassifier classifier;

@Override
protected void onCreate(Bundle savedInstanceState) {
...

    try {
        classifier = new ImageClassifier(this);
    } catch (IOException e) {
        Log.e(TAG, "Failed to initialize an image classifier.");
    }
```

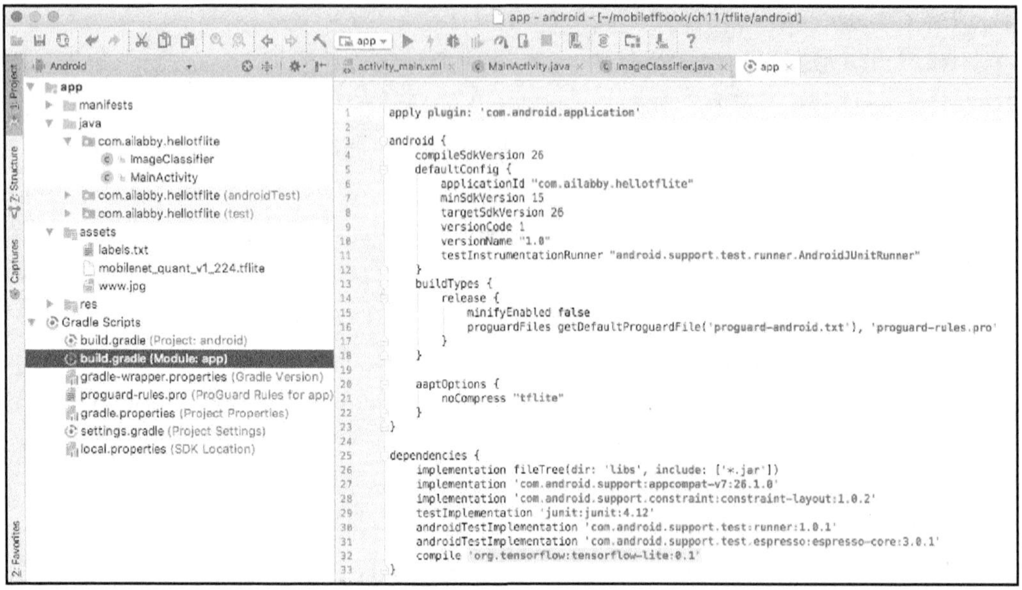

图 11.6　使用 TensorFlow Lite 和预构建的 MobileNet 图像分类模型的新的 Android 应用程序

6）线程的 run 方法将测试图像数据读入 Bitmap，调用 ImageClassifier 的 classifyFrame 方法，并将结果显示为 Toast。

```
Bitmap bitmap =
BitmapFactory.decodeStream(getAssets().open(IMG_FILE));
Bitmap croppedBitmap = Bitmap.createScaledBitmap(bitmap,
INPUT_SIZE, INPUT_SIZE, true);
if (classifier == null ) {
    Log.e(TAG, "Uninitialized Classifier or invalid context.");
    return;
}
final String result = classifier.classifyFrame(croppedBitmap);
runOnUiThread(
        new Runnable() {
            @Override
            public void run() {
                mButton.setText("TF Lite Classify");
                Toast.makeText(getApplicationContext(), result,
Toast.LENGTH_LONG).show();
            }
        });
```

如果现在运行该应用程序，将会显示测试图像和一个标题为"TF Lite Classify"的按钮。单击按钮，会显示分类结果，如"拉布拉多猎犬：0.86　哈巴狗：0.05　斑点狗：0.04"。

ImageClassifier 类中 TensorFlow Lite 的相关代码使用了 org. tensorflow. lite. Interpreter 核心类及其 run 方法来运行模型，具体如下：

```
import org.tensorflow.lite.Interpreter;

public class ImageClassifier {

    private Interpreter tflite;
    private byte[][] labelProbArray = null;

    ImageClassifier(Activity activity) throws IOException {
        tflite = new Interpreter(loadModelFile(activity));
        ...
    }

    String classifyFrame(Bitmap bitmap) {
        if (tflite == null) {
            Log.e(TAG, "Image classifier has not been initialized;
                                                Skipped.");
            return "Uninitialized Classifier.";
        }
        convertBitmapToByteBuffer(bitmap);
        tflite.run(imgData, labelProbArray);
        ...
    }
}
```

其中, loadModelFile 方法定义如下:

```
private MappedByteBuffer loadModelFile(Activity activity) throws
IOException {
    AssetFileDescriptor fileDescriptor =
activity.getAssets().openFd(MODEL_PATH);
    FileInputStream inputStream = new
FileInputStream(fileDescriptor.getFileDescriptor());
    FileChannel fileChannel = inputStream.getChannel();
    long startOffset = fileDescriptor.getStartOffset();
    long declaredLength = fileDescriptor.getDeclaredLength();
    return fileChannel.map(FileChannel.MapMode.READ_ONLY, startOffset,
declaredLength);
}
```

回顾步骤4), 必须在 build. gradle 文件中添加 noCompress "tflite", 否则执行 openFd 方法会产生错误。该方法可返回模型的内存映射, 在第 6 章和第 9 章中, 已讨论过利用convert_graphdef_memmapped_format 工具将 TensorFlow Mobile 模型转换为内存映射格式。

上面就是在一个新的 Android 应用程序中加载和运行预构建 TensorFlow Lite 模型所需的全部过程。如果有兴趣使用再训练并转换后的 TensorFlow Lite 模型, 例如在 iOS 应用程序、Android 应用程序或一个自定义 TensorFlow Lite 模型中成功获得一个转换后的 TensorFlow Lite 模型, 那么可以在 HelloTFLite 应用程序中进行尝试。现在暂且抛开 TensorFlow Lite, 而继续讨论对于 iOS 开发人员来说更加关注的另一个 WWDC 重量级主题。

11.4　面向 iOS 的 Core ML 概述

Apple 公司推出的 Core ML 框架（https://developer. apple. com/documentation/coreml）可以使得 iOS 开发人员轻松地在 iOS 应用程序中使用经过训练的机器学习模型, 运行 iOS 11

或更高版本，并利用 Xcode 9 或更高版本进行开发。可以下载并使用预训练过的模型，这些模型已是 Core ML 格式，由 Apple 公司在 https：//developer. apple. com/machine - learning 上提供，或利用一种名为 coremltools 的 Python 工具（https：//apple. github. io/coremltools 上的 CoreML 社区工具）将其他机器学习模型和深度学习模型转换为 Core ML 格式。

这些 Core ML 格式的预训练模型包括主流的 MobileNet 和 Inception v3 模型，以及最新的 ResNet50 模型（在第 10 章中已简要介绍了残差网络）。可转换为 Core ML 格式的模型包括由 Caffe 或 Keras 构建的深度学习模型，以及传统的机器学习模型，如由非常流行的 Python 机器学习库——Scikit Learn（http：//scikit - learn. org）构建的线性回归模型、支持向量机、决策树模型。

因此，如果想要在 iOS 中使用传统的机器学习模型，那么 Scikit Learn 和 Core ML 绝对是最佳选择。虽然这是一本关于移动 TensorFlow 的书，但开发智能应用程序有时并不需要深度学习；经典的机器学习在某些场合下是完全可行的。此外，Core ML 对 Scikit Learn 模型非常支持，因此有必要简单了解一下，从而在需要时可暂时不考虑移动 TensorFlow。

如果想要使用 Apple 公司提供的预训练的 MobileNet Core ML 模型，可在 https：//developer. apple. com/documentation/vision/classifying_images_with_vision_and_core_ml 上查看 Apple 公司的示例代码项目——Classifying Images with Vision and Core ML，也可以在 https：//developer. apple. com/machine - learning 上浏览关于 Core ML 的 WWDC 视频。

在接下来的两节中，将展示两个示例教程，分别是关于如何转换和使用以 TensorFlow 为后端，在 Keras 下开发的 Scikit Learn 模型和股票预测 RNN 模型（参见第 8 章）。此处，将学习利用 Objective - C 和 Swift 源代码从头开发的使用转换后的 Core ML 模型的完整 iOS 应用程序。如果"从头开始"一词会令你兴奋并想起 AlphaZero，那么说明你可能很喜欢第 10 章。

11.5 结合 Scikit Learn 机器学习的 Core ML 应用

线性回归和支持向量机是两种最常见的经典机器学习算法，当然 Scikit Learn 也支持这两种算法。接下来，将讨论如何利用这两种算法来构建房价预测模型。

11.5.1 构建和转换 Scikit Learn 模型

首先，获取房价数据集，可从 https：//wiki. csc. calpoly. edu/datasets/wiki/Houses 下载。所下载的 RealEstate. csv 文件如下：

```
MLS,Location,Price,Bedrooms,Bathrooms,Size,Price/SQ.Ft,Status
132842,Arroyo Grande,795000.00,3,3,2371,335.30,Short Sale
134364,Paso Robles,399000.00,4,3,2818,141.59,Short Sale
135141,Paso Robles,545000.00,4,3,3032,179.75,Short Sale
...
```

此处将使用一个主流的开源 Python 数据分析库——Pandas（https：//pandas. pydata. org）来解析 csv 文件。要安装 Scikit Learn 和 Pandas，只需运行以下命令，最好是在之前创建的 TensorFlow 和 Keras 虚拟环境中执行。

```
pip install scikit-learn
pip install pandas
```

现在输入以下代码来读取和解析 RealEstate. csv 文件，以第 4 列~第 6 列（卧室、浴室和面积）的所有行作为输入数据，将第 3 列（价格）的所有行作为目标输出。

```
from sklearn.linear_model import LinearRegression
from sklearn.svm import LinearSVR
import pandas as pd
import sklearn.model_selection as ms

data = pd.read_csv('RealEstate.csv')
X, y = data.iloc[:, 3:6], data.iloc[:, 2]
```

将数据集分为训练集和测试集，并通过标准 fit 方法，利用 Scikit Learn 中的线性回归模型来训练数据集。

```
X_train, X_test, y_train, y_test = ms.train_test_split(X, y,
test_size=0.25)

lr = LinearRegression()
lr.fit(X_train, y_train)
```

采用 predict 方法，以三个新的输入（3 间卧室、2 间浴室、1560ft^2 等）对训练后的模型进行测试。

```
X_new = [[ 3, 2, 1560.0],
         [3, 2, 1680],
         [5, 3, 2120]]

print(lr.predict(X_new))
```

此时将输出三个预测房价值：〔319289. 9552276 352603. 45104977 343770. 57498118〕。

要训练支持向量机模型并以 X_new 为输入进行测试，需添加以下代码：

```
svm = LinearSVR(random_state=42)
svm.fit(X_train, y_train)

print(svm.predict(X_new))
```

由此可通过支持向量机模型输出预测的房价为〔298014. 41462535 320991. 94354092 404822. 78465954〕。此处并不讨论哪种模型更好，如何优化线性回归模型或支持向量机模型，或如何在 Scikit Learn 支持的所有算法中选择一个更模型——关于这些主题现已有许多图书和在线资源。

要将 lr 和 svm 两种 Scikit Learn 模型转换为可用于 iOS 应用程序的 Core ML 格式，首先需要安装 Core ML 工具（https：//github. com/apple/coremltools）。建议在第 8 章和第 10 章中创建并使用的 TensorFlow 和 Keras 虚拟环境中通过 pip install – U coremltools 命令进行安装，因为在下节中，还将利用该工具来转换 Keras 模型。

现在只需运行以下代码，即可将两个 Scikit Learn 模型转换为 Core ML 格式。

```
import coremltools
coreml_model = coremltools.converters.sklearn.convert(lr, ["Bedrooms",
"Bathrooms", "Size"], "Price")
coreml_model.save("HouseLR.mlmodel")

coreml_model = coremltools.converters.sklearn.convert(svm, ["Bedrooms",
"Bathrooms", "Size"], "Price")
coreml_model.save("HouseSVM.mlmodel")
```

有关转换器工具的更多细节，请参见 https：//apple. github. io/coremltools/ coremltools. converters. html 上的在线文档。现在可将这两个模型添加到由 Objective – C 或 Swift 开发的 iOS 应用程序中，不过在此仅给出 Swift 示例。在下节中，将分析使用由 Keras 和 TensorFlow 模型转换而得到的用于股票预测的 Core ML 模型的 Objective – C 和 Swift 示例。

11.5.2 在 iOS 中使用转换的 Core ML 模型

在添加两个 Core ML 模型文件——HouseLR. mlmodel 和 HouseSVM. mlmodel 之后，一个新的基于 Swift 的 Xcode iOS 项目——HouseLR. mlmodel 如图 11.7 所示。

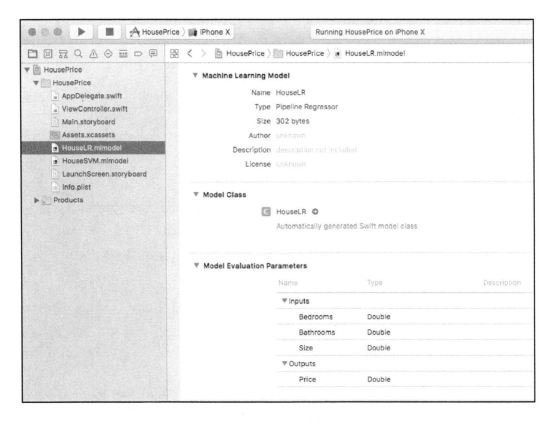

图 11.7　基于 Swift 的 iOS 工程及线性回归 Core ML 模型

另一个 HouseSVM. mlmodel 模型看起来完全一样，只是机器学习模型的名称和模型类从 HouseLR 更改为 HouseSVM。

在 ViewController. swift 中的 ViewController 类中添加以下代码：

```
private let lr = HouseLR()
private let svm = HouseSVM()

override func viewDidLoad() {
    super.viewDidLoad()
```

```
let lr_input = HouseLRInput(Bedrooms: 3, Bathrooms: 2, Size: 1560)
let svm_input = HouseSVMInput(Bedrooms: 3, Bathrooms: 2, Size: 1560)
guard let lr_output = try? lr.prediction(input: lr_input) else {
    return
}
print(lr_output.Price)
guard let svm_output = try? svm.prediction(input: svm_input) else {
    return
}
print(svm_output.Price)
}
```

这应该很简单。运行应用程序将会输出：

```
319289.955227601
298014.414625352
```

结果与上节 Python 脚本输出的两个数组中的前两个数字相同，因为是将 Python 代码中
X_new 值的第一个输入用作 HouseLR 和 HouseSVM 的预测输入。

11.6 结合 Keras 和 TensorFlow 的 Core ML 应用

coremltools 工具还官方支持转换 Keras 构建的模型（参见 https：//apple. github. io/corem-
ltools/coremltools. converters. html 上的 Keras 转换链接）。coremltools 的最新版本可与第 8 章中
用于构建 Keras 股票预测模型的 TensorFlow 和 Keras 版本兼容。利用 coremltools 生成 Core ML
格式的模型有两种方法。第一种方法是在模型训练完成后，在 Keras 的 Python 代码中直接调
用 coremltools 的 convert 和 save 方法。例如，在 ch8/python/keras/train. py 文件的 model. fit 之
后添加下面的最后三行代码：

```
model.fit(
    X_train,
    y_train,
    batch_size=512,
    epochs=epochs,
    validation_split=0.05)

import coremltools
coreml_model = coremltools.converters.keras.convert(model)
coreml_model.save("Stock.mlmodel")
```

在模型转换时，运行新脚本可忽略以下警告：

```
WARNING:root:Keras version 2.1.5 detected. Last version known to be
fully compatible of Keras is 2.1.3.
```

在将生成的 Stock. mlmodel 文件拖放到 Xcode 9. 2 iOS 工程中时，会使用默认的输入
名——input1 和默认的输出名——output1，如图 11. 8 所示，这对基于 Objective – C 和 swift 的
iOS 应用程序都适用。

使用 coremltools 生成 Core ML 格式的模型的另一种方法是在转换成 AlphaZero TensorFlow
检查点文件之前，先以 Keras HDF5 模型格式来保存 Keras 构建的模型，即之前在第 10 章中
所用的格式。要实现上述方法，只需运行 model. save（'stock. h5'）。

然后，可通过以下代码段将 Keras . h5 模型转换为 Core ML 模型：

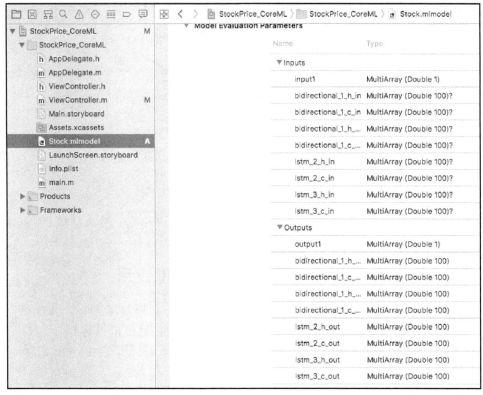

图 11.8　在基于 Objective - C 的应用程序中由 Keras 和 TensorFlow 转换而得到的股票预测 Core ML 模型

```
import coremltools
coreml_model = coremltools.converters.keras.convert('stock.h5',
 input_names = ['bidirectional_1_input'],
output_names = ['activation_1/Identity'])
coreml_model.save('Stock.mlmodel')
```

注意，此处使用的输入名和输出名与冻结 TensorFlow 检查点文件时所用的名称相同。若在将 Stock. mlmodel 拖放到一个 Objective - C 工程中时，会在自动生成的 Stock. h 中产生错误，这是因为在 Xcode 9.2 中存在一个 bug，不能正确处理 activation_1/Identity 输出名中的 "/" 字符。如果是基于 Swift 的 iOS 工程，则在自动生成的 Stock. swift 文件中会将 "/" 字符改为 "_"，从而避免产生编译错误，基于 Swift 的应用程序如图 11.9 所示。

若要在 Objective - C 中使用模型，需创建一个 Stock 对象和一个指定数据类型和形状的 MLMultiArray 对象，然后用一些输入数据填充数组对象，并使用由 MLMultiArray 数据初始化的 StockInput 实例来调用 predictionFromFeatures 方法。

```
#import "ViewController.h"
#import "Stock.h"

@interface ViewController ()
@end

@implementation ViewController
```

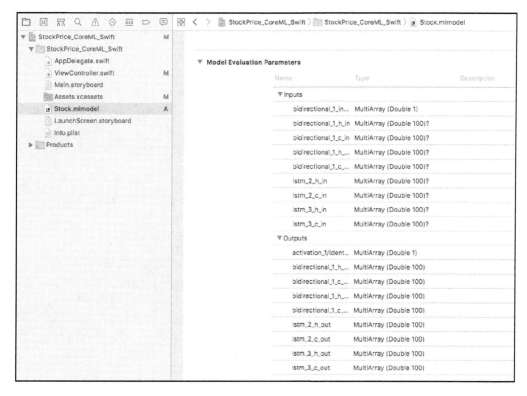

图 11.9　在基于 Swift 的应用程序中由 Keras 和 TensorFlow 转换而得到的股票预测 Core ML 模型

```
- (void)viewDidLoad {
    [super viewDidLoad];

    Stock *stock = [[Stock alloc] init];
    double input[] = {
        0.40294855,
        0.39574954,
        0.39789235,
        0.39879138,
        0.40368535,
        0.41156033,
        0.41556879,
        0.41904324,
        0.42543786,
        0.42040193,
        0.42384258,
        0.42249741,
        0.4153998 ,
        0.41925279,
        0.41295281,
        0.40598363,
        0.40289448,
        0.44182321,
        0.45822208,
```

```
        0.44975226};

    NSError *error = nil;
    NSArray *shape = @[@20, @1, @1];
    MLMultiArray *mlMultiArray = [[MLMultiArray alloc]
initWithShape:(NSArray*)shape dataType:MLMultiArrayDataTypeDouble
error:&error] ;

    for (int i = 0; i < 20; i++) {
        [mlMultiArray setObject:[NSNumber numberWithDouble:input[i]]
atIndexedSubscript:(NSInteger)i];
    }
    StockOutput *output = [stock predictionFromFeatures:[[StockInput alloc]
initWithInput1:mlMultiArray] error:&error];
    NSLog(@"output = %@", output.output1 );
}
```

此处采用的硬编码的规范化输入和 NSLog，只是为了演示如何使用 Core ML 模型。这时运行该应用程序，将会得到输出值 0.4486984312534332，经反规范化后，这显示了所预测的次日股票价格。

上述代码的 Swift 版本如下：

```
import UIKit
import CoreML

class ViewController: UIViewController {
    private let stock = Stock()
    override func viewDidLoad() {
        super.viewDidLoad()
        let input = [
            0.40294855,
            0.39574954,
            ...
            0.45822208,
            0.44975226]
        guard let mlMultiArray = try? MLMultiArray(shape:[20,1,1],
dataType:MLMultiArrayDataType.double) else {
            fatalError("Unexpected runtime error. MLMultiArray")
        }
        for (index, element) in input.enumerated() {
            mlMultiArray[index] = NSNumber(floatLiteral: element)
        }
        guard let output = try? stock.prediction(input:
StockInput(bidirectional_1_input:mlMultiArray)) else {
            return
        }
        print(output.activation_1_Identity)
    }
}
```

注意，正如在 TensorFlow Mobile 的 iOS 应用程序中一样，此处使用 bidirectional_1_input 和 activation_1_Identity 来设置输入和输出。

如果试图转换在第 10 章中构建和训练的 AlphaZero 模型，将会产生一个错误——ValueError：Unknown loss function：softmax_cross_entropy_with_logits。如果试图转换在本书中构建的其他 TensorFlow 模型，可使用的最佳非官方工具是 TensorFlow to Core ML 转换器（https：//github. com/tf - coreml/tf - coreml）。遗憾的是，与 TensorFlow Lite 类似，该工具仅支持有限的 TensorFlow 操作，其中，部分原因是 Core ML 的限制，另一部分原因是源于 tf - coreml 转换器的限制。此处并不深入讨论将 TensorFlow 模型转换为 Core ML 模型的具体细节。但至少已了解了如何转换和使用由 Scikit Learn 构建的传统机器学习模型，以及基于 Keras 的 RNN 模型，希望这为今后构建和使用 Core ML 模型打下一个良好的基础。当然，如果偏好 Core ML，那么应该更多关注其未来的改进版本，以及 coremltools 和 tf - coreml 转换器的未来版本。关于 Core ML 还有很多内容尚未涉及——要了解其所有功能，请参阅 https：//developer. apple. com/documentation/coreml/core_ml_api 上完整的 API 文档。

11.7　小结

本章介绍了在移动和嵌入式设备上使用机器学习模型和深度学习模型的两种前沿工具：TensorFlow Lite 和 Core ML。尽管 TensorFlow Lite 对 TensorFlow 操作的支持有限，但其未来版本将支持越来越多的 TensorFlow 功能，同时延迟较低且应用程序规模较小。另外，还提供了关于如何从头开发基于 TensorFlow Lite 的 iOS 和 Android 图像分类应用程序的详细示例教程。Core ML 是 Apple 公司为移动开发人员在 iOS 应用程序中集成机器学习而提供的框架，对于转换和使用 Scikit Learn 构建的经典机器学习模型，以及基于 Keras 的模型都具有很好的支持。然后，还讨论了如何将 Scikit Learn 和 Keras 模型转换为 Core ML 模型，并应用于 Objective - C 和 Swift 应用程序。目前，TensorFlow Lite 和 Core ML 还都有一些局限性，导致其无法转换本书中所构建的 TensorFlow 和 Keras 复杂模型。但现在已有一些实际用例，未来会变得更好。现在能做的就是深入了解其用途、局限性和潜力，这样就可以针对不同的任务选择最合适的工具，无论是现在还是将来。毕竟，现在还没有达到那么完美。

在下章，也就是本书的最后一章，将选择一些之前构建的模型，并在树莓派平台（一款小巧、实惠但功能强大的计算机）上增加强化学习功能（AlphaGo 和 AlphaZero 成功背后的一项关键技术，以及《麻省理工科技评论》评选的 2017 年十大突破性技术之一），谁会不喜欢这三者的结合呢。在这章中将学习在一个由树莓派驱动的小型机器人中增加智能——看、听、走、平衡，当然还有学习。如果说自动驾驶汽车是当今最热门的人工智能技术之一，那么自动行走的机器人可能会成为日常生活中最酷的玩具之一。

第 12 章
树莓派上的 TensorFlow
应用程序开发

　　树莓派是由树莓派基金会研发的小型单片机，用于促进学校和基础计算机科学教育。树莓派也是一款经济实惠的用来学习编程的小型计算机。因为小且功能强大——实际上，TensorFlow 的开发人员在大约 2016 年的树莓派早期版本上就支持了 TensorFlow，可以在其上运行复杂的 TensorFlow 模型。这可能超出了"基础计算机科学教育"或"编程学习"的范畴，但从另一方面考虑，如果回顾过去几年中移动设备的所有快速发展，就不会对在越来越小的设备上实现越来越多的功能感到惊讶。

　　本章将探索 TensorFlow 官方支持的最小设备——树莓派的有趣和令人兴奋的世界。首先介绍如何获得和设置一个新的树莓派 3B 板，其中包括在本章用到的所有必要附件，以使其具有看、听、说的功能。然后介绍如何使用 GoPiGo 机器人基础套件（https：//www. dexterindustries. com/shop/gopigo3 – robot – base – kit）将树莓派板变成一个可以移动的机器人。之后，将讨论在树莓派上安装 TensorFlow 的最简单的步骤，并开发树莓派示例应用程序。另外，还将讨论如何将第 2 章中所用的图像分类模型与文本 – 语音功能进行集成，使得机器人能够告知所识别的内容，以及如何将第 5 章中所用的语音识别模型与 GoPiGo API 进行集成，以便用户可以通过语音命令来控制机器人的运动。

　　最后，将展示如何使用 TensorFlow 和 OpenAI Gym（一个用于开发和比较强化学习算法的 Python 工具包）在模拟环境中实现一个功能强大的强化学习算法，使得机器人能够在真实的物理环境中运动和保持平衡。

　　2016 年 Google I/O 大会举办了一个名为如何使用云视觉和语音 API 来构建树莓派智能机器人的研讨会。其使用 Google 公司的云 API 来实现图像分类、语音识别与合成。本章将学习如何实现演示任务，以及在设备上离线进行强化学习，以展示 TensorFlow 在树莓派上的强大功能。

　　综上，本章将主要讨论以下内容，以实现开发一个具有移动、观察、倾听、说话和学习功能的机器人。

　　1）安装树莓派并运行。

　　2）在树莓派上安装 TensorFlow。

　　3）图像识别和文本 – 语音转换。

4）音频识别和机器人运动。

5）树莓派上的强化学习。

12.1 安装树莓派并运行

此处将使用树莓派 3B 主板，其可从网上购买。所用的配件和测试的主板及其报价如下：

1）在开发过程中使用的 CanaKit 5V 2.5A 树莓派电源，约为 10 美元。

2）用于录制语音命令的 Kinobo – USB 迷你麦克风，约为 4 美元。

3）用于播放合成声音的 USHONK USB 迷你扬声器，约为 12 美元。

4）支持图像分类的 Arducam 500 万像素 1080p 传感器 OV5647 迷你相机，约为 14 美元。

5）用于存储 Raspbian（树莓派的官方操作系统）的安装文件，并在安装后作为硬盘驱动器的 16 GB MicroSD 和适配器，约为 10 美元。

6）用作交换分区，以便手动构建用于开发和运行 TensorFlow C + + 代码的 TensorFlow 库的 USB 磁盘，如 SanDisk 32GB USB 驱动器，约为 9 美元。

7）GoPiGo 机器人基础套件，用于将树莓派板变成一个可移动的机器人，售价为 110 美元（官方网站 https：//www. dexterindustries. com/shop）。

另外，还需要一条将树莓派板与计算机显示器相连的 HDMI 连接线、USB 键盘和 USB 鼠标。包括 110 美元的 GoPiGo 在内，用来开发这款具有移动、看、听和说等功能的树莓派机器人总共花费约为 200 美元。虽然与功能强大的树莓派计算机相比，GoPiGo 套装似乎有点贵，但如果没有它，静态不动的树莓派可能会黯然失色。

一个时间较久的博客文章——如何花费 100 美元和 TensorFlow 开发一个具有观察能力的机器人（https：//www. oreilly. com/learning/how – to – build – aro-bot – that – sees – with – 100 – and – tensorflow）由 Lukas Biewald 发布，其中包括如何使用 TensorFlow 和树莓派 3 以及一些部件来开发一个具有看和说功能的机器人。该文章非常有趣。而本章所介绍的内容包括了在 GoPiGo（用户友好且 Google 公司推荐的一款可将树莓派变成机器人的套件）上安装树莓派 3 的更详细步骤，以及更新的 TensorFlow 1.6 版本，此外还增加了语音命令识别和强化学习功能。

接下来，首先讨论如何设置 Raspbian——用于树莓派板的操作系统。

12.1.1　安装树莓派

安装树莓派最简单的方法是按照 https：//www. raspberrypi. org/learning/software – guide/quickstart 上的 Raspbian 软件安装指南进行安装，包括简单的三个步骤：

1）在 Windows 或 Mac 操作系统上下载并安装 SD 格式化程序（https：//www. sdcard. org/downloads/formatter_4/index. html）。

2）利用 SD 格式化程序对 MicroSD 卡进行格式化。

3）在 https：//www. raspberrypi. org/downloads/noobs 下载新版开箱即用软件（NOOBS）

的离线压缩版本。解压后，将 NOOBS 文件夹中的所有文件拖放到格式化的 MicroSD 卡中。

现在弹出 MicroSD 卡并将其插入树莓派板。用 HDMI 线与显示器连接，并将 USB 键盘和鼠标连接到主板。给主板供电，然后按照屏幕上的步骤完成 Raspbian 的安装，包括设置Wi-Fi 网络。整个安装过程不到 1h 即可完成。安装完成后，可以打开一个终端，输入 ifconfig 查找主板的 IP 地址，然后执行 ssh pi@ < board_ip_address > 命令从计算机访问主板，正如后面将会看到的，在需要测试控制树莓派机器人移动时非常方便——即在机器人运动时无须携带键盘、鼠标和显示器。

但是默认情况下是禁用 SSH 的，因此在第一次尝试 SSH 到树莓派主板时，会出现 "SSH 连接拒绝" 的错误。启用 SSH 的快捷方式是执行以下两条命令：

```
sudo systemctl enable ssh
sudo systemctl start ssh
```

之后，在以 pi 登录时可使用默认密码 raspberry 进行 ssh 操作。当然，也可以使用 passwd 命令将默认密码更改为新密码。

现在已安装完成 Raspbian，接着将 USB 迷你麦克风、USB 迷你扬声器和迷你摄像头插入到树莓派主板。USB 麦克风和扬声器都是即插即用的。插入后，可以使用 aplay -l 命令查找所支持的音频播放设备。

```
aplay -l
**** List of PLAYBACK Hardware Devices ****
card 0: Device_1 [USB2.0 Device], device 0: USB Audio [USB Audio]
  Subdevices: 1/1
  Subdevice #0: subdevice #0
card 2: ALSA [bcm2835 ALSA], device 0: bcm2835 ALSA [bcm2835 ALSA]
  Subdevices: 8/8
  Subdevice #0: subdevice #0
  Subdevice #1: subdevice #1
  Subdevice #2: subdevice #2
  Subdevice #3: subdevice #3
  Subdevice #4: subdevice #4
  Subdevice #5: subdevice #5
  Subdevice #6: subdevice #6
  Subdevice #7: subdevice #7
card 2: ALSA [bcm2835 ALSA], device 1: bcm2835 ALSA [bcm2835 IEC958/HDMI]
  Subdevices: 1/1
  Subdevice #0: subdevice #0
```

树莓派主板上也有一个音频插孔，可以在开发过程中获得音频输出。不过，显然 USB 扬声器更方便。

执行 arecord -l 命令查找所支持的录音设备。

```
arecord -l
**** List of CAPTURE Hardware Devices ****
card 1: Device [USB PnP Sound Device], device 0: USB Audio [USB Audio]
  Subdevices: 1/1
  Subdevice #0: subdevice #0
```

现在可以通过以下命令测试音频录制。

```
arecord -D plughw:1,0 -d 3 test.wav
```

－D 是指定音频输入设备，如 arecord－l 命令的输出所示，此处表示这是一个卡为 1，设备为 0 的即插即用设备。－d 是指定录制时间（单位为 s）。

要在 USB 扬声器上播放录制的音频，首先需要在主目录中创建一个名为 . asoundrc 的文件，其内容如下：

```
pcm.!default {
        type plug
        slave {
                pcm "hw:0,0"
        }
}

ctl.!default {
        type hw
        card 0
}
```

注意，"hw：0，0" 是与执行 aplay－l 命令返回的 USB 扬声器设备为卡 0，设备 0 的信息相匹配的。现在可以通过 aplay test. wav 命令在扬声器上播放测试录制的音频。

 有时，在树莓派主板重启后，系统会自动更改 USB 扬声器的卡号，这时运行 play test. wav，就不会听到音频信号。在这种情况下，可以再次运行 aplay－l 命令来查找为 USB 扬声器设置的新卡号，并相应地更新 ~/. asoundrc 文件。

如果想要调节扬声器的音量，可以使用 amixer set PCM －－100% 命令，其中 100% 是指将音量设置为最大。

要加载摄像头的驱动程序，需运行 sudo modprobe bcm2835－v4l2 命令。然后，运行 vc-gencmd get_camera 命令来验证是否检测到摄像头。若检测到，应返回 supported = 1 detected = 1。在每次启动主板时都需要加载摄像头驱动程序（这是必需的），应运行 sudo vi /etc/modules，并在 /etc/modules 末尾添加 bcm2835－v4l2（或者也可以运行 sudo bash－c " echo 'bcm2835－v4l2' ＞＞ /etc/modules" 来完成此操作）。在随后运行 TensorFlow 图像分类示例程序时将会测试摄像头。

上述是为完成任务而需对树莓派进行设置的全部工作。接下来，将分析如何操作树莓派。

12.1.2 运行树莓派

GoPiGo 是一个将树莓派主板变成一个移动机器人的主流套件。在购买并收到之前介绍的 GoPiGo 机器人基础套件后，按照 https：//www. dexterindustries. com/GoPiGo/get－started－with－thegopigo3－raspberry－pi－robot/1－assemble－gopigo3 上的具体步骤将其与树莓派主板组装在一起。这可能会花费 1~2h 的时间。

在完成上述工作后，树莓派机器人，以及之前列出的所有配件，如图 12.1 所示。

现在用树莓派电源来起动机器人，在起动后，通过 ssh pi@ ＜your_pi_board_ip＞命令与之通信。在安装 GoPiGo Python 库时，可利用 GoPiGo 的 Python API（http：//

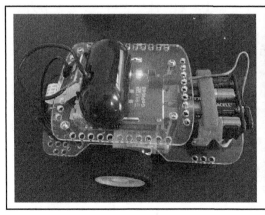

图 12.1　包含 GoPiGo 套件和摄像头、USB 扬声器和 USB 麦克风的树莓派机器人

gopigo3. readthedocs. io/en/master/api – basic. html）来控制机器人，运行下面的命令，将执行一个创建新的/home/pi/Dexter 文件夹，并安装所有库和固件文件的 shell 脚本。

```
sudo sh -c "curl -kL dexterindustries.com/update_gopigo3 | bash"
```

另外，还需转到 ~/Dexter 文件夹并运行以下命令来更新 GoPiGo 主板上的固件：

```
bash GoPiGo3/Firmware/gopigo3_flash_firmware.sh
```

现在运行 sudo reboot 重新启动主板，使更新生效。重启树莓派主板后，可通过命令 sudo pip install ipython 安装 IPython，然后再由 IPython 测试 GoPiGo 和树莓派的运动。

要测试 GoPiGo Python API 的基本功能，首先需运行 IPython，然后逐行输入以下代码：

```
import easygopigo3 as easy
gpg3_obj = easy.EasyGoPiGo3()

gpg3_obj.drive_cm(5)
gpg3_obj.drive_cm(-5)
gpg3_obj.turn_degrees(30)
gpg3_obj.turn_degrees(-30)
gpg3_obj.stop()
```

一定确保将 GoPiGo 树莓派机器人放置在一个安全平面上，因为机器人将开始四处运动。在最后的测试中，应使用 GoPiGo 电池组来驱动机器人，这样机器人就可以自由移动了。但在开发和最初的测试中，应使用电源适配器以节省电池，除非使用的是可充电电池。如果是将机器人放置在桌面上，一定要小心，因为一旦发出一个错误运动命令，可能会导致机器人掉落。

drive_cm 命令是控制机器人向前或向后运动，这取决于其参数值是正还是负。turn_degrees 命令是控制机器人顺时针或逆时针旋转，也取决于其参数值是正还是负。上述示例代码是控制机器人向前移动 5cm，然后向后移动 5cm，接着顺时针旋转 30°，最后逆时针旋转 30°。默认情况下，所有这些命令调用都是命令块调用，因此在机器人完成运动之前不会返回值。若要进行非命令块调用，需添加 False 参数，如下：

```
gpg3_obj.drive_cm(5, False)
gpg3_obj.turn_degrees(30, False)
```

另外，还可以调用 forward、backward 和许多其他 API，按照 http：//gopigo3. readthedocs. io/en/master/api – basic. html 上的说明文档来控制机器人的运动，但在本章仅用到 drive_cm 和 turn_degrees 命令。

接下来，准备利用 TensorFlow 使得机器人更加智能。

12.2 在树莓派上安装 TensorFlow

要在 Python 中使用 TensorFlow，正如后面的 12.4 和 12.5 节中所完成的操作，可在 TensorFlow Jenkins continuous integrate 网站（http：//ci. tensorflow. org/view/Nightly/job/nightlypi/223/artifact/output – artifacts）上安装用于树莓派的 TensorFlow 1.6 nightly build 版本。

```
sudo pip install
http://ci.tensorflow.org/view/Nightly/job/nightly-pi/lastSuccessfulBuild/ar
tifact/output-artifacts/tensorflow-1.6.0-cp27-none-any.whl
```

这种方法较为常用，且在由 Pete Warden 发布的博客文章 "Cross – compiling TensorFlow for the Raspberry Pi"（https：//petewarden. com/2017/08/20/cross – compilingtensorflow – for – the – raspberry – pi）中进行了详细介绍。

稍微复杂的一种方法是使用 makefile，这在需要构建和使用 TensorFlow 库时，是必需的。官方 TensorFlow makefile 文档中树莓派一节（https：//github. com/tensorflow/tensorflow/tree/master/tensorflow/contrib/makefile）介绍了构建 TensorFlow 库的详细步骤，但有可能并不适用于 TensorFlow 的所有版本。所介绍的步骤特别适用于 TensorFlow 的早期版本，但是在 TensorFlow 1.6 中会产生许多 "undefined reference to google：：protobuf" 的错误。

下面介绍的步骤已在 TensorFlow 1.6 版本进行了测试；当然也可以在 TensorFlow 下载页面中尝试新的版本，或通过 git clone https：//github. com/tensorflow/tensorflow 命令克隆最新的 TensorFlow 源文件，并修复所有可能出现的错误。

然后 cd 到 TensorFlow 源文件的根目录，并执行以下命令：

```
tensorflow/contrib/makefile/download_dependencies.sh
sudo apt-get install -y autoconf automake libtool gcc-4.8 g++-4.8
cd tensorflow/contrib/makefile/downloads/protobuf/
./autogen.sh
./configure
make CXX=g++-4.8
sudo make install
sudo ldconfig # refresh shared library cache
cd ../../../../../..
export HOST_NSYNC_LIB=`tensorflow/contrib/makefile/compile_nsync.sh`
export TARGET_NSYNC_LIB="$HOST_NSYNC_LIB"
```

确保运行 make CXX = g + + – 4.8，而不是像 TensorFlow makefile 官方文档中所说的那样只运行 make，这是由于为修复 "undefined reference to google：：Protobuf" 的错误，而必须使用与编译 TensorFlow 库相同的 gcc 版本来编译 Protobuf。现在尝试通过以下命令来构建 TensorFlow 库：

```
make -f tensorflow/contrib/makefile/Makefile HOST_OS=PI TARGET=PI \
 OPTFLAGS="-Os -mfpu=neon-vfpv4 -funsafe-math-optimizations -ftree-
vectorize" CXX=g++-4.8
```

在经过几小时的编译之后，可能会出现"virtual memory exhausted：Cannot allocate memory"或树莓派主板因内存耗尽而死机等错误。为解决这些问题，需要设置一个交换内存（swap），因为如果没有交换内存，那么当应用程序耗尽内存时，应用程序就会由于内核占用过多而导致崩溃。设置交换内存有两种方法：交换文件和交换分区。Raspbian 系统在 SD 卡上默认使用一个 100MB 的交换文件，执行 free 命令可得信息如下：

```
pi@raspberrypi:~/tensorflow-1.6.0 $ free -h
total used free shared buff/cache available
Mem: 927M 45M 843M 660K 38M 838M
Swap: 99M 74M 25M
```

若要将交换文件大小增大到 1GB，则需要通过 sudo vi /etc/dphys - swapfile 命令修改/etc/dphys - swapfile 文件，将其中的 CONF_SWAPSIZE = 100 更改为 CONF_SWAPSIZE = 1024，然后重启交换文件服务。

```
sudo /etc/init.d/dphys-swapfile stop
sudo /etc/init.d/dphys-swapfile start
```

执行上述操作之后，运行 free - h 命令将显示交换总内存为 1.0 GB。

交换分区是在独立的 USB 磁盘上创建的，由于交换分区不会被分段，而 SD 卡上的交换文件很容易被分段，从而导致访问速度变慢，因此交换分区是首选方法。要设置交换分区，需要在树莓派主板上插入一个空的 U 盘，然后运行 sudo blkid，则会显示如下信息：

```
/dev/sda1: LABEL="EFI" UUID="67E3-17ED" TYPE="vfat" PARTLABEL="EFI System
Partition" PARTUUID="622fddad-da3c-4a09-b6b3-11233a2ca1f6"
/dev/sda2: UUID="E67F-6EAB" TYPE="vfat" PARTLABEL="NO NAME"
PARTUUID="a045107a-9e7f-47c7-9a4b-7400d8d40f8c"
```

/dev/sda2 是用作交换分区的分区。现在将其卸载并格式化而成为一个交换分区：

```
sudo umount /dev/sda2
sudo mkswap /dev/sda2
mkswap: /dev/sda2: warning: wiping old swap signature.
Setting up swapspace version 1, size = 29.5 GiB (31671701504 bytes)
no label, UUID=23443cde-9483-4ed7-b151-0e6899eba9de
```

执行 mkswap 命令，会看到一个 UUID 输出；运行 sudo vi /etc/fstab，并在 fstab 文件中添加如下一行 UUID 值：

```
UUID=<UUID value> none swap sw,pri=5 0 0
```

保存并退出 fstab 文件，然后运行 sudo swapon - a。现在，再运行 free - h，此时将会看到交换总内存接近 USB 存储大小。其实交换内存完全不需要这么大，实际上，对于 1 GB 内存的树莓派 3 主板，推荐的最大交换内存是 2GB，此处之所以设置这么大，是因为想要成功地编译 TensorFlow 库。

请注意，只要是改变交换内存的设置，都需重新运行 make 命令。

```
make -f tensorflow/contrib/makefile/Makefile HOST_OS=PI TARGET=PI \
  OPTFLAGS="-Os -mfpu=neon-vfpv4 -funsafe-math-optimizations -ftree-
  vectorize" CXX=g++-4.8
```

操作完成后，将生成 TensorFlow 库——TensorFlow/contrib/makefile/gen/lib/libtensorflow - core.a，如果在前几章中已手动编译过 TensorFlow 库，应该对它很熟悉。接下来，就可以使用所生成的库来开发图像分类示例。

12.3　图像识别和文本－语音转换

在 tensorflow/contrib/pi_examples：label_image 和 camera 中有两个 TensorFlow 树莓派示例应用程序（https：//github. com/tensorflow/tensorflow/tree/master/tensorflow/contrib/pi＿examples）。此处将修改摄像头示例应用程序，以集成文本－语音转换功能，使得应用程序能够在机器人移动时说出所识别到的图像。在编译和测试这两个应用程序之前，需要安装一些库并下载预编译的 TensorFlow Inception 模型文件。

```
sudo apt-get install -y libjpeg-dev
sudo apt-get install libv4l-dev
curl
https://storage.googleapis.com/download.tensorflow.org/models/inception_dec
_2015_stripped.zip -o /tmp/inception_dec_2015_stripped.zip

cd ~/tensorflow-1.6.0
unzip /tmp/inception_dec_2015_stripped.zip -d
tensorflow/contrib/pi_examples/label_image/data/
```

编译 label_image 和 camera 应用程序，运行：

```
make -f tensorflow/contrib/pi_examples/label_image/Makefile
make -f tensorflow/contrib/pi_examples/camera/Makefile
```

在编译应用程序时可能会遇到以下错误：

```
./tensorflow/core/platform/default/mutex.h:25:22: fatal error: nsync_cv.h:
No such file or directory
 #include "nsync_cv.h"
 ^
 compilation terminated.
```

要解决该问题，可运行：sudo cp tensorflow/contrib/makefile/downloads/nsync/public/nsync * . h/usr/include。

然后编辑 tensorflow/contrib/pi_examples/label_image/Makefile 或 tensorflow/contrib/pi_examples/camera/Makefile 文件，添加以下库，并在再次运行 make 命令之前包含如下路径：

```
-L$(DOWNLOADSDIR)/nsync/builds/default.linux.c++11 \

-lnsync \
```

要测试运行这两个应用程序，只需对其直接运行：

```
tensorflow/contrib/pi_examples/label_image/gen/bin/label_image
tensorflow/contrib/pi_examples/camera/gen/bin/camera
```

查看 C＋＋源代码——tensorflow/contrib/pi_examples/label_image/label_image. cc 和 tensorflow/contrib/pi_examples/camera/camera. cc，会发现其中使用了与前几章 iOS 应用程序中类似的 C＋＋代码来加载模型图文件，准备输入张量，运行模型，并得到输出张量。

该摄像头示例程序也默认使用了解压在 label_image/data 文件夹中的预编译的 Inception 模型。不过对于特定的图像分类任务，可以提供使用迁移学习的再训练模型，就像在第 2 章中做的那样，在运行两个示例应用程序时使用 －－graph 参数。

一般来说，语音是树莓派机器人与人交互的主要 UI。在理想情况下，应该运行一个 TensorFlow 驱动的自然声音的文本－语音转换（Text to Speech，TTS）模型，如 WaveNet（ht-

tps：//deepmind. com/blog/wavenet – generative – model – raw – audio）或 Tacotron（https：//
github. com/keithito/tacotron），但运行和部署这样一个模型已超出本章的讨论范畴。实验证
明，可使用一个由 CMU 开发的名为 Flite 的更简单的 TTS 库（http：//www. festvox. org/flite），
该 TTS 库性能相当不错，且只需一个简单命令（sudo apt – get install flite）即可安装。如果希
望安装最新版本的 Flite 以获得更好的 TTS 性能，只需从上述链接下载最新的 Flite 源代码并
进行编译。

若要在 USB 扬声器上测试 Flite，则需运行带 – t 参数的 flite，后面是一个双引号的文本
字符串，如 flite – t "i recommend the ATM machine"。如果不喜欢默认的声音，还可以通过运
行 flite – lv 来查找其他支持的声音，这时应返回 Voices available：kal awb_time kal16 awb rms
slt。然后可指定用于 TTS 的语音：flite – voice rms – t " i recommend the ATM machine"。

为了能够让摄像头应用程序说出所识别的对象（这应是树莓派机器人移动时所具备的能
力），可执行简单的 pipe 命令：

```
tensorflow/contrib/pi_examples/camera/gen/bin/camera | xargs -n 1 flite -t
```

这时，可能会听到很多声音。为此需要优化 TTS 的图像分类结果，同样修改 camera. cc
文件，并在 PrintTopLabels 函数中添加以下代码，然后再通过 make – f tensorflow/contrib/pi_
examples/camera/Makefile 命令重新编译示例程序。

```
std::string cmd = "flite -voice rms -t \"";
cmd.append(labels[label_index]);
cmd.append("\"");
system(cmd.c_str());
```

至此，已在未利用任何云 API 的情况下，完成了如何构建一个基于云视觉和语音 API 的
RasPi 智能机器人演示示例中的图像分类和语音合成任务，接下来，将学习如何使用与第 5
章中相同的模型在树莓派上进行音频识别。

12.4　音频识别和机器人运动

要使用 TensorFlow 教程中的预训练音频识别模型（https：//www. tensorflow. org/tutorials/
audio_recognition）或之前介绍过的再训练模型，需重用 https：//gist. github. com/aallan 上的
listen. py Python 脚本，并调用 GoPiGo API 来控制机器人在识别到四种基本音频命令——
"左""右""走"和"停"之后的运动。预训练的模型支持的其他六个命令——"是"
"否""上""下""开"和"关"，在本示例中并不适用，如果需要的话，可以使用第 5 章
中所讨论的再训练模型，来支持针对特定任务的其他语音命令。

要运行上述脚本，首先从 http：//download. tensorflow. org/models/speech _ commands _
v0. 01. zip 下载预训练的音频识别模型，将其解压到/tmp 文件夹，或将第 5 章中的模型 scp 到
树莓派主板上的/tmp 文件夹，然后运行：

```
python listen.py --graph /tmp/conv_actions_frozen.pb --labels
/tmp/conv_actions_labels.txt -I plughw:1,0
```

或可运行：

```
python listen.py --graph /tmp/speech_commands_graph.pb --labels
/tmp/conv_actions_labels.txt -I plughw:1,0
```

注意，plughw value 1，0 应与 USB 麦克风的卡号和设备号一致，这可通过之前介绍的 arecord −l 命令查找。

listen. py 脚本还支持许多其他参数。例如，可以使用 −− detection_threshold 0.5，而不是默认的检测阈值 0.8。

在调用 GoPiGo API 并使机器人移动之前，首先大致了解一下 listen. py 的工作原理。listen. py 是使用 Python 的 subprocess 模块及其 Popen 类生成一个新的进程，并以适当参数来执行 arecord 命令。Popen 类具有一个 stdout 属性，可指定读取所录制音频字节的 arecord 执行命令的标准输出文件句柄。

加载经过训练的模型图的 Python 代码如下：

```
with tf.gfile.FastGFile(filename, 'rb') as f:
  graph_def = tf.GraphDef()
  graph_def.ParseFromString(f.read())
  tf.import_graph_def(graph_def, name='')
```

利用 tf. Session（）创建一个 TensorFlow 会话，在加载图并创建会话之后，记录的音频缓冲区与采样率一起作为输入数据发送到 TensorFlow 会话的 run 方法中，之后该方法可返回预测的识别结果。

```
run(softmax_tensor, {
 self.input_samples_name_: input_data,
 self.input_rate_name_: self.sample_rate_
 })
```

其中，softmax_tensor 定义为 TensorFlow 图的 get_tensor_by_name（self. output_name_），而 output_name_、input_samples_name_，以及 input_rate_name_ 分别被定义为 labels_softmax、decoded_sample_data：0、decoded_sample_data：1，这与第 5 章的 iOS 和 Android 应用程序中所用的名称相同。

在前几章中，主要是先利用 Python 来训练和测试 TensorFlow 模型，然后在 iOS 中通过 C ++ 或在 Android 中通过 Java 接口代码在本地 TensorFlow C ++ 库中运行这些模型。在树莓派上，可以选择利用 TensorFlow Python API 直接在树莓派主板上运行 TensorFlow 模型，或使用 C ++ API（如在 label_image 和 camera 示例中），尽管通常情况下仍需要在功能更强大的计算机上训练这些模型。相关完整的 TensorFlow Python API 文档，请参阅 https：//www. tensorflow. org/api_docs/python。

若要通过 GoPiGo Python API 使机器人根据语音命令进行运动，首先需将以下两行代码添加到 listen. py 文件。

```
import easygopigo3 as gpg

gpg3_obj = gpg.EasyGoPiGo3()
```

然后在 def add_data 方法的末尾处添加以下代码：

```
if current_top_score > self.detection_threshold_ and time_since_last_top >
self.suppression_ms_:
  self.previous_top_label_ = current_top_label
  self.previous_top_label_time_ = current_time_ms
  is_new_command = True
```

```
    logger.info(current_top_label)

    if current_top_label=="go":
      gpg3_obj.drive_cm(10, False)
    elif current_top_label=="left":
      gpg3_obj.turn_degrees(-30, False)
    elif current_top_label=="right":
      gpg3_obj.turn_degrees(30, False)
    elif current_top_label=="stop":
      gpg3_obj.stop()
```

现在，将树莓派机器人放置在地面上，通过 ssh 实现计算机与其通信，并运行以下脚本：

```
python listen.py --graph /tmp/conv_actions_frozen.pb --labels
/tmp/conv_actions_labels.txt -I plughw:1,0 --detection_threshold 0.5
```

这时会得到输出，如下：

```
INFO:audio:started recording
INFO:audio:_silence_
INFO:audio:_silence_
```

然后发布"左""右""停""走""停"等语音命令，可观察到机器人能够识别这些命令，并进行相应的运动。

```
INFO:audio:left
INFO:audio:_silence_
INFO:audio:_silence_
INFO:audio:right
INFO:audio:_silence_
INFO:audio:stop
INFO:audio:_silence_
INFO:audio:go
INFO:audio:stop
```

还可以在一个独立的终端上运行摄像头应用程序，这样当机器人根据语音命令移动时，会对观察到的新图像进行识别，并说出结果。这就是开发一个具有听、动、看和说功能的树莓派基础机器人所需要的一切工作，即 Google I/O 2016 上的演示程序的功能，只不过在此没有使用任何云 API。上述机器人远远不是一个能够理解人类自然语言，进行有趣对话或执行有用且非琐碎任务的特种机器人。但利用预训练、再训练或其他功能强大的 TensorFlow 模型，以及各种传感器，肯定可以为上述已开发的树莓派机器人增加越来越多的智能和能力。

在了解了如何在树莓派上运行预训练和再训练的 TensorFlow 模型之后，在下节中，我们将展示如何为机器人添加一个在 TensorFlow 中编译和训练的功能强大的强化学习模型。毕竟，强化学习的试错法及其与环境交互以获得最大回报的特性，使之成为一种非常适合于机器人的机器学习方法。

12.5 树莓派上的强化学习

OpenAI Gym（https：//gym. openai. com）是一个开源的 Python 工具包，提供了许多模拟环境来帮助开发、比较和训练强化学习算法，因此无须购买所有传感器，以及在真实环境中训练机器人，否则时间和经济成本都很高。本节将展示如何在一个名为 CartPole 的 OpenAI

Gym 模拟环境（https：//gym. openai. com/envs/CartPole – v0）中利用 TensorFlow 在树莓派上开发、比较和训练不同的强化学习模型。

要安装 OpenAI Gym，需运行以下命令：

```
git clone https://github.com/openai/gym.git
cd gym
sudo pip install -e .
```

可通过运行 pip list 来验证是否已安装 TensorFlow 和 gym（在 12.2 节的最后部分介绍了如何安装 TensorFlow）。

```
pi@raspberrypi:~ $ pip list
gym (0.10.4, /home/pi/gym)
tensorflow (1.6.0)
```

或者也可以启动 IPython，然后导入 TensorFlow 和 gym。

```
pi@raspberrypi:~ $ ipython
Python 2.7.9 (default, Sep 17 2016, 20:26:04)
IPython 5.5.0 -- An enhanced Interactive Python.

In [1]: import tensorflow as tf

In [2]: import gym

In [3]: tf.__version__
Out[3]: '1.6.0'

In [4]: gym.__version__
Out[4]: '0.10.4'
```

现在已经准备好使用 TensorFlow 和 gym 编译在树莓派上运行的一些有趣的强化学习模型。

12.5.1 理解 CartPole 仿真环境

CartPole 是一种可以用来训练机器人保持平衡的环境——即机器人携带物品并在移动时希望保持平衡状态。限于本章的讨论范畴，此处仅构建在 CartPole 模拟环境下的模型，但该模型及其构建和训练方法可应用于类似 CartPole 的真实物理环境中。

在 CartPole 环境中，一根杆与一辆沿轨道水平移动的小车相连。对小车施加 1（向右加速）或 0（向左加速）的操作。要求杆保持直立，目标是防止其倒下。杆每保持直立一个时间步，则奖励加 1。当杆偏离垂直方向超过 15°，或小车偏离中心位置超过 2.4 个单位时，则该事件结束。

现在来分析 CartPole 环境。首先，创建一个新环境，并确定智能体在环境中可采取的所有可能行为。

```
env = gym.make("CartPole-v0")
env.action_space
# Discrete(2)
env.action_space.sample()
# 0 or 1
```

每次观测（状态）都包含四个关于小车的值：水平位置、速度、杆的角度以及角速度。

```
obs=env.reset()
obs
# array([ 0.04052535, 0.00829587, -0.03525301, -0.00400378])
```

环境中的每一步（动作）都会产生一个新的观测结果、动作奖励、事件是否结束（一旦结束，则不能再采取进一步的行为），以及一些附加信息。

```
obs, reward, done, info = env.step(1)

obs
# array([ 0.04069127, 0.2039052 , -0.03533309, -0.30759772])
```

动作（或步骤）1 表示向右移动，动作 0 表示向左移动。要想查看向右移动小车时该事件过程持续了多长时间，可运行下列代码：

```
while not done:
    obs, reward, done, info = env.step(1)
    print(obs)

#[ 0.08048328 0.98696604 -0.09655727 -1.54009127]
#[ 0.1002226 1.18310769 -0.12735909 -1.86127705]
#[ 0.12388476 1.37937549 -0.16458463 -2.19063676]
#[ 0.15147227 1.5756628 -0.20839737 -2.52925864]
#[ 0.18298552 1.77178219 -0.25898254 -2.87789912]
```

现在，手动从头到尾执行一系列操作，并输出观测结果的第一个值（水平位置）和第三个值（杆与垂直方向的夹角，单位为°），因为这两个值决定了事件是否结束。

首先，重置环境并让小车向右加速运动多次。

```
import numpy as np

obs=env.reset()
obs[0], obs[2]*360/np.pi
# (0.008710582898326602, 1.4858315848689436)

obs, reward, done, info = env.step(1)
obs[0], obs[2]*360/np.pi
# (0.009525842685697472, 1.5936049816642313)

obs, reward, done, info = env.step(1)
obs[0], obs[2]*360/np.pi
# (0.014239775393474322, 1.040038643681757)

obs, reward, done, info = env.step(1)
obs[0], obs[2]*360/np.pi
# (0.0228521194217381, -0.17418034908781568)
```

可见，随着小车向右移动，其水平位置的值变得越来越大，杆的垂直程度越来越小，最后一步显示为负数，这意味着杆倒在中心位置的左侧。所有这一切都是说得通的，只要在脑海中想象出一条你最喜欢的狗推着一辆立着杆的小车的生动画面。现在改变动作，让小车向左（0）加速运动多次。

```
obs, reward, done, info = env.step(0)
obs[0], obs[2]*360/np.pi
# (0.03536432554326476, -2.0525933052704954)
```

```
obs, reward, done, info = env.step(0)
obs[0], obs[2]*360/np.pi
# (0.04397450935915654, -3.261322987287562)

obs, reward, done, info = env.step(0)
obs[0], obs[2]*360/np.pi
# (0.04868738508385764, -3.812330822419413)

obs, reward, done, info = env.step(0)
obs[0], obs[2]*360/np.pi
# (0.04950617929263011, -3.7134404042580687)

obs, reward, done, info = env.step(0)
obs[0], obs[2]*360/np.pi
# (0.04643238384389254, -2.968245724428785)

obs, reward, done, info = env.step(0)
obs[0], obs[2]*360/np.pi
# (0.0394656700006712444, -1.5760901885345346)
```

一开始，可能会惊讶地发现动作 0 会导致位置（obs［0］）连续多次变大，但记住，车
是以一定速度移动的，将小车向另一方向移动的一个或多个动作不会立即减小位置值。如果
继续向左移动小车，如前面两个步骤所示，将会发现小车的位置开始变小（向左）。现在继
续执行动作 0，可以观察到位置越来越小，成为一个负值，表示小车在中心位置的左侧，而
杆的角度越来越大。

```
obs, reward, done, info = env.step(0)
obs[0], obs[2]*360/np.pi
# (0.028603948219811447, 0.46789197320636305)

obs, reward, done, info = env.step(0)
obs[0], obs[2]*360/np.pi
# (0.013843572459953138, 3.1726728882727504)

obs, reward, done, info = env.step(0)
obs[0], obs[2]*360/np.pi
# (-0.00482029774222077, 6.551160678086707)

obs, reward, done, info = env.step(0)
obs[0], obs[2]*360/np.pi
# (-0.02739315127299434, 10.619948631208114)
```

如上所述，CartPole 环境的定义是："当杆与垂直方向的夹角超过 15° 时，事件结束"，
所以，再动作多次，并输出 done 值。

```
obs, reward, done, info = env.step(0)
obs[0], obs[2]*360/np.pi, done
# (-0.053880356973985064, 15.39896478042983, False)

obs, reward, done, info = env.step(0)
obs[0], obs[2]*360/np.pi, done
# (-0.08428612474261402, 20.9109976051126, False)
```

```
obs, reward, done, info = env.step(0)
obs[0], obs[2]*360/np.pi, done
# (-0.11861214326416822, 27.181070460526062, True)

obs, reward, done, info = env.step(0)
# WARN: You are calling 'step()' even though this environment has already
returned done = True. You should always call 'reset()' once you receive
'done = True' -- any further steps are undefined behavior.
```

在环境决定为 done 值返回 True 时，会有一些延迟，尽管前两个步骤已经返回夹角大于 15°（当杆与垂直方向的夹角超过 15° 时，事件结束），但仍可以对环境执行动作 0。第三步返回 done 值为 True，对环境执行的下一步（最后一步）会产生一个警告，因为在环境中，该事件已结束。

在 CartPole 环境中，每次 step 调用返回的 reward 值总是为 1，信息始终为 {}。这就是 CartPole 模拟环境的全部信息。接下来，了解 CartPole 是如何工作的，首先看看在每个状态（观测）下能有什么样的策略，然后根据策略来确定应采取什么动作（步骤），由此可以尽可能长时间地保持杆直立，换句话说，能够最大限度地获得奖励。切记，强化学习中的策略只是一个函数，以智能体所处状态作为输入，并输出智能体下一步应采取的行动，以达到奖励最大化或长期回报的目的。

12.5.2 基本直觉策略

显然，每次都采取同样的动作（全为 0 或 1）不会让杆保持直立太久。为进行基准比较，可以运行以下代码，并观察在每次事件都执行相同动作时，1000 次以上事件的平均奖励。

```
# single_minded_policy.py

import gym
import numpy as np

env = gym.make("CartPole-v0")
total_rewards = []
for _ in range(1000):
  rewards = 0
  obs = env.reset()
  action = env.action_space.sample()
  while True:
    obs, reward, done, info = env.step(action)
    rewards += reward
    if done:
      break
  total_rewards.append(rewards)

print(np.mean(total_rewards))
# 9.36
```

由此可见，1000 次事件的平均奖励约为 10。值得注意的是，env. action_space. sample（）是对一次 0 或 1 动作进行采样，相当于 0 或 1 的随机输出。可以通过计算 np. sum

（［env. action_space. sample（）for _ in range（10000）］）来验证，结果应该接近 5000。

若要确定何种策略的效果更好，可以先采用一种简单且直观的策略，即在杆的角度为正（垂直线右侧）时，执行动作 1（小车右移）；当杆的角度为负（垂直线左侧）时，执行动作 0（小车左移）。这一策略较为合理，因为这可能是尽可能长时间保持小车上的杆平衡所执行的操作。

```
# simple_policy.py

import gym
import numpy as np

env = gym.make("CartPole-v0")
total_rewards = []
for _ in range(1000):
  rewards = 0
  obs = env.reset()
  while True:
    action = 1 if obs[2] > 0 else 0
    obs, reward, done, info = env.step(action)
    rewards += reward
    if done:
        break
  total_rewards.append(rewards)

print(np.mean(total_rewards))
# 42.19
```

此时，1000 次事件的平均奖励为 42，比 9.36 有了很大改善。

接下来分析，是否可以提出一种更好、更精准的策略。回想一下，策略只是一个从状态到动作的映射或函数。在过去几年中学习神经网络的一个主要结论就是如果不清楚如何定义一个复杂函数，如强化学习中的策略，那么就考虑应用神经网络，因为这是一个万能函数逼近器（详细解释参见由 Michael Nelson 撰写的 "A visual proof that neural nets can compute any function"（http：//neuralnetworksanddeeplearning. com/chap4. html））。

 在上章已讨论了 AlphaGo 和 AlphaZero，另外，Jim Fleming 曾写了一篇有趣的博客文章，题目是 "Before AlphaGo there was TD－Gammon"（https：//medium. com/jim－fleming/before－alphago－therewas－td－gammon－13deff866197），这是首个利用神经网络作为评价函数进行自我训练，并击败人类西洋双陆棋冠军的强化学习应用。这篇博客和 Sutton 与 Barto 合著的 *Reinforcement Learning：An Introduction* 一书都对 TD－Gammon 进行了深入阐述；另外，如果想要了解关于神经网络作为一个强大的万能函数的更多信息，也可以搜索原始论文 "Temporal Difference Learning and TD－Gammon"。

12.5.3　利用神经网络构建更好的策略

首先分析如何利用一个简单的全连接（密集）神经网络来构建一个随机策略，其中取一次观测中的 4 个值作为输入，采用一个包含 4 个神经元的隐层，以及输出为动作 0 的概率，在此基础上，智能体可在 0 和 1 之间采样下一个动作。

```python
# nn_random_policy.py

import tensorflow as tf
import numpy as np
import gym

env = gym.make("CartPole-v0")

num_inputs = env.observation_space.shape[0]
inputs = tf.placeholder(tf.float32, shape=[None, num_inputs])
hidden = tf.layers.dense(inputs, 4, activation=tf.nn.relu)
outputs = tf.layers.dense(hidden, 1, activation=tf.nn.sigmoid)
action = tf.multinomial(tf.log(tf.concat([outputs, 1-outputs], 1)), 1)

with tf.Session() as sess:
    sess.run(tf.global_variables_initializer())

    total_rewards = []
    for _ in range(1000):
        rewards = 0
        obs = env.reset()
        while True:
            a = sess.run(action, feed_dict={inputs: obs.reshape(1, num_inputs)})
            obs, reward, done, info = env.step(a[0][0])
            rewards += reward
            if done:
                break
        total_rewards.append(rewards)

print(np.mean(total_rewards))
```

注意，此处采用 tf. multinomial 函数根据动作 0 和 1 的概率分布来进行动作采样，分别定义为 outputs 和 1 − outputs（两个概率之和为 1）。总的回报平均值在 20 左右，这比单一策略好，但比上节中的简单直觉策略差。这是一个由神经网络生成且未经过任何训练的随机策略。

在训练网络时，采用 tf. nn. sigmoid_cross_entropy_with_logits 来定义网络输出和利用上节中简单策略定义的期望动作 y_target 之间的损失函数，由此可期望这一神经网络策略能够获得与非神经网络的基本策略大致相同的回报。

```python
# nn_simple_policy.py

import tensorflow as tf
import numpy as np
import gym

env = gym.make("CartPole-v0")

num_inputs = env.observation_space.shape[0]
inputs = tf.placeholder(tf.float32, shape=[None, num_inputs])
```

```
y = tf.placeholder(tf.float32, shape=[None, 1])
hidden = tf.layers.dense(inputs, 4, activation=tf.nn.relu)
logits = tf.layers.dense(hidden, 1)
outputs = tf.nn.sigmoid(logits)
action = tf.multinomial(tf.log(tf.concat([outputs, 1-outputs], 1)), 1)

cross_entropy = tf.nn.sigmoid_cross_entropy_with_logits(labels=y,
logits=logits)
optimizer = tf.train.AdamOptimizer(0.01)
training_op = optimizer.minimize(cross_entropy)

with tf.Session() as sess:
  sess.run(tf.global_variables_initializer())

  for _ in range(1000):
    obs = env.reset()

    while True:
      y_target = np.array([[1. if obs[2] < 0 else 0.]])
      a, _ = sess.run([action, training_op], feed_dict={inputs:
obs.reshape(1, num_inputs), y: y_target})
      obs, reward, done, info = env.step(a[0][0])
      if done:
        break
  print("training done")
```

此处，定义 outputs 为 logits 网络输出的 sigmoid 函数，即动作 0 的概率，然后使用
tf. multinomial 对动作进行采样。注意，采用的是标准的 tf. train. AdamOptimizer 及其 minimize
方法来训练网络。运行以下代码来测试并观察策略的效果。

```
total_rewards = []
for _ in range(1000):
  rewards = 0
  obs = env.reset()

  while True:
    y_target = np.array([1. if obs[2] < 0 else 0.])
    a = sess.run(action, feed_dict={inputs: obs.reshape(1, num_inputs)})
    obs, reward, done, info = env.step(a[0][0])
    rewards += reward
    if done:
      break
  total_rewards.append(rewards)

print(np.mean(total_rewards))
```

总的回报平均值大约为 40，和使用未具有神经网络的简单策略差不多，这正是所期望
的，因为是特意采用简单策略，且训练阶段设置 y：y_target 来训练网络的。

接下来，探讨如何在此基础上实现策略梯度法，以使得神经网络的性能更好，从而获得
几倍的奖励回报。

策略梯度的基本思想是，训练神经网络以生成一个更好的策略，当所有智能体已知在任
何给定状态下执行某个动作可从环境获得奖励（这意味着在训练时不能使用监督学习），这

时有两种新机制：

1）折扣奖励：每个动作的值需考虑其未来动作的奖励。例如，一个可获得即时奖励1，但在两个动作（步）后就会导致事件结束的动作，其长期奖励应该比一个获得即时奖励1，但在10步后才结束事件的动作要少。一个动作的典型折扣奖励公式是其即时奖励加上未来奖励的倍数，以及折扣率的未来步骤数幂次之和。因此，如果一个动作序列在事件结束前的奖励为1，1，1，1，1，那么第1个动作的折扣奖励为1 +（1×折扣率）+（1×折扣率^2）+（1×折扣率^3）+（1×折扣率^4）。

2）测试运行当前策略，观察哪些动作会产生更高的折扣奖励，然后以折扣奖励更新当前策略的梯度（损失权重），这样，在网络更新后，具有较高折扣奖励的动作将具有更高的下次被选中的概率。重复测试运行并多次更新上述过程，以训练神经网络获得更好的策略。

有关策略梯度的更详细的讨论和演示，参见 Andrej Karpathy 的博客文章"Deep Reinforcement Learning：Pong from Pixels"（http：//karpathy. github. io/2016/05/31/rl）。接下来，讨论如何为 TensorFlow 中的 CartPole 问题实现一个策略梯度。

首先，导入 tensorflow、numpy 和 gym，并定义一个计算标准化折扣奖励的辅助方法。

```
import tensorflow as tf
import numpy as np
import gym

def normalized_discounted_rewards(rewards):
    dr = np.zeros(len(rewards))
    dr[-1] = rewards[-1]
    for n in range(2, len(rewards)+1):
        dr[-n] = rewards[-n] + dr[-n+1] * discount_rate
    return (dr - dr.mean()) / dr.std()
```

例如，如果折扣率为0.95，则奖励列表 [1，1，1] 中第1个动作的折扣奖励为1 + 1 × 0.95 + 1 × 0.95^2 = 2.8525，第2个和最后一个动作的折扣奖励为1.95 和1；奖励列表 [1，1，1，1，1] 中第1个动作的折扣奖励为1 + 1 × 0.95 + 1 × 0.95^2 + 1 × 0.95^3 + 1 × 0.95^4 = 4.5244，其余动作为3.7099，2.8525，1.95 和1。[1，1，1] 和 [1，1，1，1，1] 的标准化折扣奖励分别为 [1.2141，0.0209，-1.2350] 和 [1.3777，0.7242，0.0362，-0.6879，-1.4502]。每个标准化折扣列表都是按降序排列的，这意味着一个动作持续的时间越长（在事件结束之前），其相应的奖励就越大。

接下来，创建 CartPole 的 gym 环境，定义 learning_rate 和 discount_rate 两个超参数，并像前面一样构建4 个输入神经元、4 个隐神经元和1 个输出神经元的网络。

```
env = gym.make("CartPole-v0")

learning_rate = 0.05
discount_rate = 0.95

num_inputs = env.observation_space.shape[0]
inputs = tf.placeholder(tf.float32, shape=[None, num_inputs])
hidden = tf.layers.dense(inputs, 4, activation=tf.nn.relu)
logits = tf.layers.dense(hidden, 1)
outputs = tf.nn.sigmoid(logits)
```

```
action = tf.multinomial(tf.log(tf.concat([outputs, 1-outputs], 1)), 1)

prob_action_0 = tf.to_float(1-action)
cross_entropy = tf.nn.sigmoid_cross_entropy_with_logits(logits=logits,
labels=prob_action_0)
optimizer = tf.train.AdamOptimizer(learning_rate)
```

注意，此处并未使用 minimize 函数，正如在前面的神经网络简单策略示例中那样，因为需要手动微调梯度以考虑每个动作的折扣奖励。这就需要首先采用 compute_gradients 方法，然后以想要的方式来更新梯度，最后调用 apply_gradients 方法（大多场合下所用的 minimize 方法实际上是在后台调用 compute_gradients 和 apply_gradients，参见 https：//github. com/ten-sorflow/tensorflow/blob/master/tensorflow/python/training/optimizer. py 以获取更多相关信息）。

接下来，计算网络参数（权重和偏差）的交叉熵损失梯度，并设置梯度的占位符，这是稍后在同时考虑计算所得的梯度和动作在测试运行期间使用当前策略所得的折扣奖励情况下将提供的值。

```
gvs = optimizer.compute_gradients(cross_entropy)
gvs = [(g, v) for g, v in gvs if g != None]
gs = [g for g, _ in gvs]

gps = []
gvs_feed = []
for g, v in gvs:
    gp = tf.placeholder(tf.float32, shape=g.get_shape())
    gps.append(gp)
    gvs_feed.append((gp, v))
training_op = optimizer.apply_gradients(gvs_feed)
```

由 optimizer. compute_gradients（cross_entropy）返回的 gvs 是一个元组列表，其中每个元组由梯度（针对可训练变量的 cross_entropy）和可训练变量组成。例如，如果在整个程序运行后查看 gvs，则会得到如下内容：

```
[(<tf.Tensor 'gradients/dense/MatMul_grad/tuple/control_dependency_1:0'
shape=(4, 4) dtype=float32>,
 <tf.Variable 'dense/kernel:0' shape=(4, 4) dtype=float32_ref>),
 (<tf.Tensor 'gradients/dense/BiasAdd_grad/tuple/control_dependency_1:0'
shape=(4,) dtype=float32>,
 <tf.Variable 'dense/bias:0' shape=(4,) dtype=float32_ref>),
 (<tf.Tensor 'gradients/dense_2/MatMul_grad/tuple/control_dependency_1:0'
shape=(4, 1) dtype=float32>,
 <tf.Variable 'dense_1/kernel:0' shape=(4, 1) dtype=float32_ref>),
 (<tf.Tensor 'gradients/dense_2/BiasAdd_grad/tuple/control_dependency_1:0'
shape=(1,) dtype=float32>,
 <tf.Variable 'dense_1/bias:0' shape=(1,) dtype=float32_ref>)]
```

注意，kernel 只是权重的另一个名称，(4,4)、(4,)、(4,1) 和 (1,) 是第一层（输入层到隐层）和第二层（隐层到输出层）的权重和偏差的形状。如果在 IPython 中多次运行脚本，则 tf 对象的默认图将包含之前运行中的可训练变量，因此除非调用 tf. reset_default_graph（），才需要通过 gvs = [（g, v）for g, v in gvs if g ！= None] 来删除那些无用的训练变量，这将返回 None 梯度（关于 computer_gradients 的更多信息，请参阅 https：//

www. tensorflow. org/api_docs/python/tf/train/AdamOptimizer#compute_gradients）。

现在，执行一些游戏并保存奖励和梯度值。

```
with tf.Session() as sess:
    sess.run(tf.global_variables_initializer())

    for _ in range(1000):
        rewards, grads = [], []
        obs = env.reset()
        # 使用当前策略测试游戏
        while True:
            a, gs_val = sess.run([action, gs], feed_dict={inputs:
                                    obs.reshape(1, num_inputs)})
            obs, reward, done, info = env.step(a[0][0])
            rewards.append(reward)
            grads.append(gs_val)
            if done:
                break
```

在测试游戏后，用折扣奖励更新梯度并训练网络（切记，training_op 被定义为 optimizer. apply_gradients（gvs_feed））。

```
# 更新梯度并进行训练
nd_rewards = normalized_discounted_rewards(rewards)
gp_val = {}
for i, gp in enumerate(gps):
    gp_val[gp] = np.mean([grads[k][i] * reward for k, reward in
                    enumerate(nd_rewards)], axis=0)
sess.run(training_op, feed_dict=gp_val)
```

最后，经过 1000 次的游戏测试和更新后，可对训练后的模型进行测试。

```
total_rewards = []

for _ in range(100):
  rewards = 0
  obs = env.reset()

  while True:
    a = sess.run(action, feed_dict={inputs: obs.reshape(1,
                                    num_inputs)})
    obs, reward, done, info = env.step(a[0][0])
    rewards += reward
    if done:
      break
  total_rewards.append(rewards)

print(np.mean(total_rewards))
```

注意，现在是使用训练后的策略网络和 sess. run，并以当前观测作为输入来获取下一个动作。输出的总奖励平均值约为 200，无论是否使用神经网络，这都比简单直觉策略有了很大的改进。

也可以在训练后通过 tf. train. Saver 来保存已训练的模型，正如在前面内容中多次操作的那样。

```
saver = tf.train.Saver()
saver.save(sess, "./nnpg.ckpt")
```
然后，可以在一个单独的测试程序中重新加载该模型。
```
with tf.Session() as sess:
  saver.restore(sess, "./nnpg.ckpt")
```
上述所有的策略都是在树莓派上运行实现的，甚至是利用 TensorFlow 来训练强化学习策略梯度模型的实现，大约需要 15min 即可完成。以下是在树莓派上运行所讨论的每个策略后，返回的总奖励。
```
pi@raspberrypi:~/mobiletf/ch12 $ python single_minded_policy.py
9.362

pi@raspberrypi:~/mobiletf/ch12 $ python simple_policy.py
42.535

pi@raspberrypi:~/mobiletf/ch12 $ python nn_random_policy.py
21.182

pi@raspberrypi:~/mobiletf/ch12 $ python nn_simple_policy.py
41.852

pi@raspberrypi:~/mobiletf/ch12 $ python nn_pg.py
199.116
```
至此，已具有了一个基于神经网络的策略模型，可帮助机器人保持平衡，且在模拟环境下经过了充分测试，在用真实的环境数据替代模拟环境 API 返回值后，就可以将其部署在一个真实的物理环境中了，当然，构建和训练神经网络强化学习模型的代码也易于重用。

12.6　小结

在本章，首先详细介绍了使用所有必要的配件和操作系统来安装树莓派的具体步骤，以及将树莓派变成移动机器人的 GoPiGo 套件。然后介绍了如何在树莓派上安装 TensorFlow 并编译 TensorFlow 库，以及如何将 TTS 与图像分类集成，音频命令识别与 GoPiGO API 集成，从而生成一个可以移动、观察、倾听和说话的树莓派机器人，所有这些都不需要云 API。最后，介绍了用于强化学习的 OpenAI Gym 工具包，并展示了如何使用 TensorFlow 构建和训练一个强大的强化学习神经网络模型，以使得机器人在模拟环境中保持平衡。

结束语

到了说再见的时候了。本书首先从三个预训练的图像分类、目标检测和神经风格迁移的 TensorFlow 模型开始，详细讨论了如何对这些模型进行再训练，并应用于 iOS 和 Android 应用程序。然后，介绍了 TensorFlow 教程中通过 Python 构建的三个有趣模型——音频识别、图像标注和快速绘图，并展示了如何在移动设备上再训练和运行这些模型。

之后，从零开始在 TensorFlow 和 Keras 中开发了用于预测股票价格的 RNN 模型，用于数字识别和像素平移的两个 GAN 模型，用于玩 Connect 4 游戏的类 AlphaZero 模型，以及使用所有这些 TensorFlow 模型的完整 iOS 和 Android 应用程序。然后介绍了如何在标准机器学习模型和转换后的 TensorFlow 模型中使用 TensorFlow Lite，以及 Apple 公司的 Core ML，并讨论了两者的潜力和局限性。最后，探讨了如何利用 TensorFlow 开发一个树莓派机器人，该机器人能够通过强大的强化学习算法实现移动、观察、倾听、说话和学习。

另外，还介绍了利用 TensorFlow pod 和手动编译的 TensorFlow 库开发的基于 Objective – C 和 Swift 的 iOS 应用程序，以及使用现成的 TensorFlow 库和手动编译的库开发的 Android 应用程序，以修复在移动设备上部署和运行 TensorFlow 模型时可能遇到的各种错误。

尽管本书的内容较多，但仍有很大内容尚未涉及。新版本的 TensorFlow 日益更新。最新研究论文中的 TensorFlow 新模型已不断实现和面世。本书的主要目的是展示使用各种 TensorFlow 智能模型的 iOS 和 Android 应用程序，以及所有实用的故障排除和调试技巧，以便可以在移动设备上快速部署和运行你喜欢使用的 TensorFlow 模型，从而实现重量级的移动 AI 应用程序。

如果想利用 TensorFlow 或 Keras 建立自己的优秀模型，实现令人兴奋的算法和网络，那么还需要在读完本书之后继续深入学习，因为本书并不能详细介绍所有实现，但希望能激励你开始新的征程，而且本书保证一旦编译和训练好模型，你将会知道如何随时随地在移动设备上快速部署和运行这些模型。

对于选择何种研究路线，以及解决什么样的人工智能难题，Ian Goodfellow 在接受 Andrew Ng 的访谈中所给出的建议可能是最好的解答："试问自己下一步最想做什么，哪条路最适合自己：强化学习、无监督学习或生成对抗网络"。不管怎样，这都将是一条充满激情的探索之路，当然还需要不懈努力，从本书学到的技能将如同智能手机一样，随时可以提供帮助和服务，并随时准备让这些可爱、智能的小设备变得更体贴、更智能。

图书在版编目（CIP）数据

TensorFlow AI 移动项目开发实战/（美）杰夫·唐（Jeff Tang）著；连晓峰等译. —北京：机械工业出版社，2022.9

书名原文：Intelligent Mobile Projects with TensorFlow

ISBN 978 - 7 - 111 - 71266 - 4

Ⅰ. ①T…　Ⅱ. ①杰…　②连…　Ⅲ. ①人工智能 – 算法　Ⅳ. ①TP18

中国版本图书馆 CIP 数据核字（2022）第 135739 号

机械工业出版社（北京市百万庄大街 22 号　邮政编码 100037）

策划编辑：林　桢　　　　　责任编辑：林　桢

责任校对：闫玥红　张　薇　　封面设计：鞠　杨

责任印制：常天培

北京机工印刷厂有限公司印刷

2022 年 9 月第 1 版第 1 次印刷

184mm×240mm·17.5 印张·421 千字

标准书号：ISBN 978 - 7 - 111 - 71266 - 4

定价：109.00 元

电话服务　　　　　　　　　　　网络服务

客服电话：010 – 88361066　　　机　工　官　网：www.cmpbook.com

　　　　　010 – 88379833　　　机　工　官　博：weibo.com/cmp1952

　　　　　010 – 68326294　　　金　书　网：www.golden – book.com

封底无防伪标均为盗版　　　机工教育服务网：www.cmpedu.com